Maschinenkunde

für den

Schlachthof-Betrieb

von

Dr. Oskar Schwarz,

Direktor des städt. Schlacht- und Viehhofes zu Stolp i. P.

Mit 169 in den Text gedruckten Abbildungen.

Springer-Verlag Berlin Heidelberg GmbH 1901

ISBN 978-3-662-31972-7   ISBN 978-3-662-32799-9 (eBook)
DOI 10.1007/978-3-662-32799-9
Softcover reprint of the hardcover 1st edition 1901

Herrn

Dr. med. Robert Ostertag

Professor an der Thierärztlichen Hochschule zu Berlin

dem unermüdlichen Förderer der Fleischbeschau

hochachtungsvoll gewidmet

vom

Verfasser.

Vorwort.

Mit Vermehrung der öffentlichen Schlachthöfe und besserer technischer Ausstattung derselben wachsen natürlich die an die Leiter solcher Institute zu stellenden Anforderungen. Deshalb müssen diejenigen, welche sich dem Schlachthof-Dienste widmen wollen, nicht nur eine besondere Ausbildung in der Fleischbeschau erhalten, was jetzt ja in vollkommenster Weise geschieht, sondern sie müssen sich auch auf technischem Gebiete vorbereiten, um in allen an sie herantretenden Fragen mitreden und event. später sogar selbst Verbesserungs-Vorschläge machen zu können.

Nun giebt es allerdings verschiedene Bücher maschinentechnischen Inhalts, aus denen man des Wissenswerthen genug schöpfen kann; allein die Auswahl des die Schlachthöfe besonders Berührenden ist nicht so einfach. Dazu kommt, dass sich mancherlei hier und da als Winke aus der Praxis zerstreut findet, es also für den Einzelnen eine höchst mühevolle Arbeit wäre, sich das Nöthige und ihn speciell Interessirende zusammen zu suchen.

Deshalb habe ich mich bemüht, in vorliegendem Werkchen alles das zusammen zu fassen, was ein angehender Schlachthof-Verwalter wissen muss, um sich in technischen Fragen eine eigene Meinung bilden zu können und nicht gar von der Ansicht ihm unterstellter Fachleute vollständig abhängig zu sein. »Je heller und richtiger der Vorgesetzte in allen diesen (den Maschinenbetrieb betreffenden) Dingen sieht«, sagt Scholl, »um so besser steht es um den Wärter und die Maschine selbst.«

Aber auch anderen technischen Beamten der Stadt gegenüber wird der Schlachthof-Direktor eine gewisse Selbständigkeit und Unabhängigkeit erlangen, wenn er sich mit dem Inhalte vorliegenden Büchleins möglichst vertraut macht, und es werden seitens der städtischen Behörden Massnahmen vermieden werden, welche oft nach Lage der Sache leider nicht ganz ungerechtfertigt sind, die aber doch dazu beitragen, das Ansehen des leitenden Beamten der betreffenden Anstalt zu schädigen.

Solche, die Stellung der Schlachthof-Direktoren beeinträchtigenden Massnahmen vermeiden zu helfen, ist der Zweck vorliegender Arbeit, zu welcher mir Herr Professor Dr. med. Ostertag-Berlin die Anregung gab, für die ich ihm an dieser Stelle meinen verbindlichsten Dank ausspreche.

Zu ganz besonderem Danke verpflichtet bin ich ferner dem diplom. Ingenieur Herrn Rich. Stetefeld-Pankow-Berlin, Redakteur der »Zeitschrift für die gesammte Kälteindustrie«, und dem Direktor des Städt. Gas- und Wasserwerks zu Stolp, Herrn Kuckuk, welche mich auf einem. meinem eigentlichen Berufe ziemlich fern liegenden Gebiete mit Durchsicht und gelegentlicher Ergänzung des Manuskripts in liebenswürdigster Weise unterstützt haben.

Stolp i./P., im November 1900.

Schwarz.

Inhaltsverzeichniss.

I. Einleitung.

Den Kernpunkt in allen grösseren, mit Maschinen arbeitenden Betrieben bildet die treibende Kraft. Während in anderen technischen Anlagen Wasser, Elektricität, Gas, Benzin, Petroleum u. a. m. als solche benutzt werden können, sind die Schlachthöfe dadurch, dass sie zu gewissen Zwecken (Brühen, Wasseranwärmen u. s. w.) direkten Dampf gebrauchen, in der Hauptsache auf diesen angewiesen. Natürlich ist nicht ausgeschlossen, dass in einzelnen Schlachthof-Anlagen irgend eine vorhandene Kraftquelle für die Wasserbeschaffung, Kühlmaschine u. dergl. mitbenutzt werden kann. In solchen Fällen muss dann der nöthige Dampf auf andere Weise beschafft werden, wozu man sich eines Niederdruck-, ökonomischer aber eines kleinen Hochdruckkessels bedient. Im allgemeinen sind die liegenden Hochdruckkessel für solche Zwecke geeigneter als stehende, weil sie einen grösseren Dampfraum besitzen als jene, also eine raschere Dampfentnahme ermöglichen. Dieses ist aber für Schlachthöfe insofern von Wichtigkeit, als sich, namentlich in kleineren Anlagen, der ganze Betrieb auf wenige Stunden zusammendrängt, somit in verhältnissmässig kurzer Zeit viel Dampf verbraucht wird.

In allerkleinsten, ganz primitiven Schlachthäusern wird das zum Brühen der Schweine nöthige Wasser in einem eingemauerten Kessel heiss gemacht. Sobald das Wasser die nöthige Temperatur erreicht hat, wirft man die Schweine hinein, wobei dieselben allerdings Gefahr laufen »festzubrühen«, d. h. die Epidermis wird durch zu hohe Temperatur zu fest und lässt sich dann nur sehr schwer entfernen. Man hat es eben bei diesem Verfahren nicht in der Hand wie bei dem mittels Dampf erhitzten Brühwasser, dasselbe genau auf die erforderliche bezw. gewünschte Temperatur einzustellen. Besser als obiges Verfahren ist es schon, wenn das Wasser in dem in Abb. 1, S. 2, dargestellten Kessel heissgemacht und dann über die in einem Trog liegenden Schweine gegossen wird, ein in fast allen Privatschlachtstätten gebräuchliches Verfahren.

Die Wasserbeschaffung erfolgt in solchen kleinsten Anlagen mittels einer gewöhnlichen Handpumpe, in allen etwas grösseren Betrieben reicht diese aber nicht aus; daher muss, falls keine allgemeine städtische Wasserleitung oder sonst ein natürlicher Zufluss mit Druck vorhanden ist, in solchen Fällen das Wasser durch eine Dampfpumpe oder ein ähnliches Förderungsmittel in ein Bassin gedrückt werden. Zu einer derartigen Anordnung gehört aber schon ein Dampfkessel, so dass wir in neuerer Zeit thatsächlich in den kleinsten Anlagen bereits einen solchen vorfinden. Es sind diese deshalb im folgenden Kapitel möglichst eingehend besprochen, insbesondere sind die Störungen im Betriebe der Dampfkessel, die Dampfkesselexplosionen, die Kesselreinigungsverfahren, ferner die Wahl des Brennmaterials u. s. w. in den Kreis der Betrachtungen gezogen.

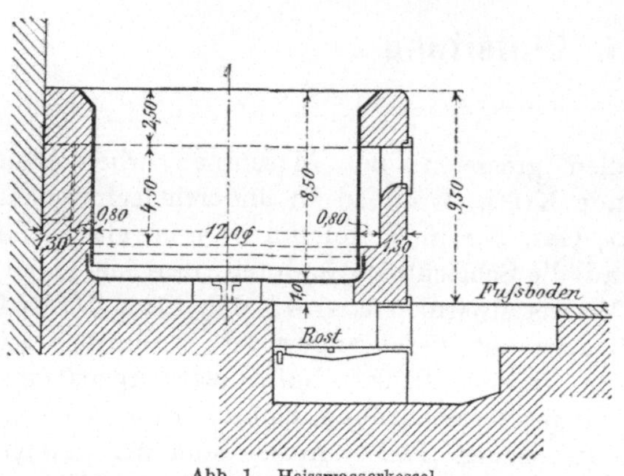

Abb. 1. Heisswasserkessel.

An diese Beschreibungen schloss ich als »Anhang« sämmtliche auf die Aufstellung und den Betrieb von Kesseln bezüglichen Bestimmungen, und zwar nicht nur der Dampfkessel, sondern auch der Dampffässer, zu denen die Fleischdesinfektoren (Sterilisatoren, Fleischdämpfer, Kochapparate u. s. w.), sowie die Extraktoren (Kafill-Desinfektoren) gehören, von denen erstere sich jetzt bereits auf vielen, selbst kleineren Schlachthöfen finden. Eine besondere Besprechung haben diese Apparate im übrigen nicht gefunden, weil ich dieselben im Kap. XII meines Handbuches »Bau, Einrichtung und Betrieb öffentlicher Schlacht- und Viehhöfe« (2. Aufl. 1898) ziemlich ausführlich behandelt habe, auch in Aussicht genommen ist, in einer späteren Auflage desselben diesen Abschnitt noch zu erweitern.

Auch auf die Kühlmaschinen und die sich an diese schliessende Eisbereitung näher einzugehen, erübrigte, weil wir in »Lorenz, Neuere Kühlmaschinen« 3. Aufl. München 1901, ein treffliches, praktisches Werkchen besitzen, dessen Anschaffung jedem, der mit Kühlmaschinen zu thun hat, nur angelegentlichst empfohlen werden kann.

Dagegen wurden die Dampfmaschinen eingehender beschrieben, weil solche auf allen etwas grösseren, mit Kühlhäusern versehenen Schlachthöfen vorhanden sind. Naturgemäss schloss sich an dieses Kapitel dasjenige über das zum Schmieren und Reinigen der Maschinen wie zum Abdichten zusammengesetzter Theile nöthige Material. Dieses Kapitel, welches für den Betrieb von ausserordentlicher Wichtigkeit ist, wurde etwas ausführlicher behandelt.

Die Uebertragung der Triebkraft auf andere Maschinen bildet das
V. Kapitel, in welchem gleichzeitig auf die verschiedenen Arten von
Treibriemen, deren Behandlung, Verbindung u. s. w näher eingegangen
ist. An dieses Kapitel sowohl wie an dasjenige über die Dampfmaschinen reihen sich als Anhang die betreffenden Unfallverhütungsvorschriften.

Den Schluss des Buches bildet das Kapitel über die Wasserbeschaffung, in welchem die verschiedenen Arten von Wasserförderungs-
Vorrichtungen und dann noch die Bereitungsmethoden warmen Wassers
behandelt sind.

II. Dampfkessel-Anlagen.

Bei jeder Dampfkessel-Anlage unterscheiden wir die Feuerungs-
Anlage und den eigentlichen Kessel.

Unter *Feuerungs-Anlage* versteht man im allgemeinen jede
Vorrichtung, welche den Zweck hat, Wärme durch Verbrennung zu
erzeugen und diese einem Körper irgend welcher Beschaffenheit mitzutheilen, sei es, um dessen Temperatur zu erhöhen oder eine Aenderung
seines Aggregatzustandes herbeizuführen.

Der Raum, in welchem sich die Verbrennung vollzieht, heisst
Feuerraum, die aus dem Brennmaterial sich entwickelnden, luft-
förmigen Verbrennungsprodukte nennt man Heizgase. Damit die bei
der Verbrennung entwickelte Wärme zur Verdampfung des Wassers
benutzt werden kann, muss dieselbe den Verbrennungsgasen entzogen
und in das Wasser geleitet werden. Zu diesem Zweck lässt man die
Gase an den innerlich mit Wasser bedeckten Kesselwänden entlang
ziehen. Die Kanäle, in welchen die Gase zu diesem Zwecke geleitet
werden, heissen Feuerzüge oder kurz Züge; sie können entweder
ringsum durch Kesselwand begrenzt sein oder zum Theil durch
Kesselwand, zum Theil durch Ofenmauerwerk. Die Kesselwand,
welche mit den Feuerzügen in Berührung tritt, nennt man Heizfläche. Sie muss auf der Innenseite mit Wasser bedeckt sein, wenn
eines Theils die Wärmeübertragung möglichst vollkommen sein, anderen
Theils die Gefahr des Erglühens der Kesselwand ausgeschlossen sein
soll. Die Heizgase geben ihre Wärme um so schneller an das Kesselwasser ab, je höher ihre eigene Temperatur, je niedriger die des
Wassers und je grösser die Heizfläche ist. Deshalb ist die in der unmittelbaren Nähe der Feuerung liegende Heizfläche viel wirksamer als
derjenige Theil, welcher von den schon etwas abgekühlten Gasen be-

strichen wird. Je schneller der Wärmeübergang erfolgt, um so leichter wird die an der Kesselwand befindliche Wasserschicht, theils durch ihre Ausdehnung, theils durch das Entstehen von Dampfblasen, um so stärker ist daher auch die entstehende Strömung. Diese Strömung erleichtert aber den Uebergang der Wärme von der Kesselwand an das Wasser und ist daher, obgleich selbst Folge der Wärmeleitung, ein Mittel, dieselbe zu verstärken und die Wirkung der Heizfläche zu steigern. Es sind daher Kesselformen, welche eine kräftige Wasserströmung hervorrufen, im Stande, unter sonst gleichen Umständen mehr Wasser auf 1 qm Heizfläche zu verdampfen als stromlose Kessel. Im allgemeinen sind nur Unter- und Seitenflächen geeignet, eine Strömung hervorzurufen oder zu unterstützen. Obere Wandungen tragen nicht dazu bei, weil das daselbst erwärmte Wasser nicht weiter steigen kann. Sie sind daher auch weniger wirksam als Unter- und Seitenflächen; ja, sie sind sogar bei starker Erhitzung gefährlich, da an solchen Flächen leicht Dampfblasen hängen bleiben, welche die Wärmeleitung so vermindern, dass die Bleche sogar glühend werden können.

Nachdem die Feuergase die Züge passirt und den grössten Theil ihrer Wärme an den zu erwärmenden Körper abgegeben haben, werden sie schliesslich mit einer auf ein bestimmtes Maass festzusetzenden Temperatur in den Schornstein geleitet, um den für die Verbrennung nothwendigen Zug zu erzeugen.

Eine Feuerungs-Anlage einfachster Art ist in Abb. 2 schematisch dargestellt: F ist der Feuerraum, zu welchem man durch die Thür H

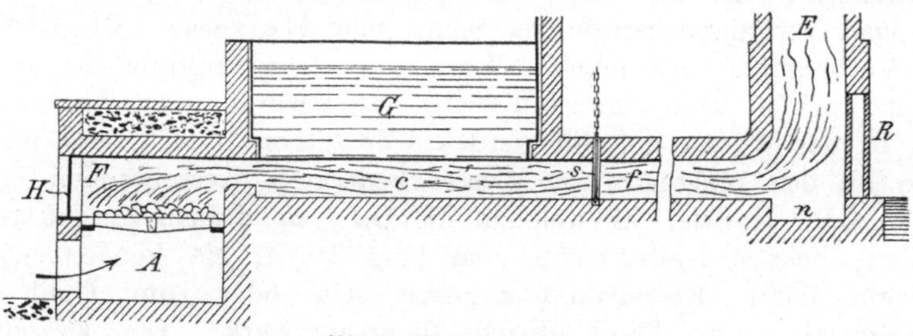

Abb. 2. Feuerungsanlage.

gelangt. Der Feuerraum ist nach unten durch ein von eisernen Stäben gebildetes Gitter, den Rost, abgeschlossen, welcher die Unterlage für das Feuerungsmaterial bildet. Unter dem Rost liegt der Aschenraum A zur Aufnahme der durch den Rost fallenden Asche. Auch dieser Raum wird gewöhnlich mit einer Thür versehen, durch deren Oeffnungsweite man den Zug regulirt. Die Heizgase werden in dem Kanale C — oder je nach Wahl des Systems in mehreren, verschieden angeordneten Kanälen — an dem Boden oder an den Seitenflächen des

Gefässes entlang bezw. durch dasselbe hindurch geführt, nachdem sie die sogenannte Feuerbrücke passirt haben. Letztere hat den Zweck, den Luftzutritt in die Verbrennung (durch Wirbelbildung, wie beim Argand-Brenner) zu begünstigen, und nicht, wie vielfach behauptet wird, den Querschnitt des Feuerraumes (an dieser Stelle Feuerlucke genannt) auf den etwa kleiner ausfallenden der Züge zu reduciren. Ausserdem bildet die Feuerbrücke eine Abgrenzung des Feuerraumes und eines Widerlagers für die Brennstoffschicht. Sehr vortheilhaft wird man den Raum über der Feuerbrücke mit feuerfesten Steinen überwölben.

Die Konstruktion und die Dimensionen des Feuerraumes, welcher sich je nachdem ausserhalb, innerhalb oder unterhalb des Kessels befinden kann, hängen von der Beschaffenheit des Brennmaterials und der stündlich verbrauchten Menge desselben ab. In der gewöhnlichen Form ist der Feuerraum als eine prismatische oder cylindrische Kammer aus Mauerwerk oder Eisen, oder auch aus beiden Materialien kombinirt, hergestellt.

Eine vortheilhafte Verbrennung hängt hauptsächlich von der Art der Bedienung, von dem Brennmaterial, über welches am Schlusse des Kapitels gesprochen wird, am meisten aber von der Menge der zugeführten Verbrennungsluft ab, und diese Luftmenge wird wiederum bedingt durch die Grösse des Rostes bezw. durch die genügend grossen Zwischenräume zwischen den einzelnen Stäben. Dieselben müssen aber wiederum so dicht liegen, dass das Hindurchfallen des Brennmaterials möglichst verhindert wird.

Man unterscheidet Planroste und Treppenroste. Bei den Planrosten liegen die Stäbe hochkantig nebeneinander und bilden mit ihren Oberflächen eine Ebene, welche entweder genau horizontal liegt oder um einige Grade geneigt ist. Bei den Treppenrosten werden flachliegende Stäbe verwendet, welche treppenartig übereinander liegen und in ihrer Gesammtheit eine um 30 bis 40° geneigte Ebene bilden.

Den verschiedenen Lagen des Rostes entsprechend unterscheidet man bei Dampfkesseln, wie schon angedeutet, Vorfeuerung, Unterfeuerung und Innenfeuerung. Jede dieser Rostlagen hat ihre eigenthümlichen Vorzüge und Nachtheile.

Bei der Vorfeuerung (Abb. 2) findet in dem Verbrennungsraume selbst noch keine Wärmeübertragung an den Kessel statt, auch ist durch zweifache Umwölbung des Feuerraumes und Ausfüllung des Zwischenraumes zwischen beiden Wölbungen mit Asche die Wärmeausstrahlung möglichst eingeschränkt. Die Temperatur im Feuerraume ist deshalb sehr hoch, so dass bei richtigen Zugverhältnissen eine sehr vollkommene Verbrennung stattfindet.

Bei der Innenfeuerung, welche u. a. aus den Abbildungen 14/21, 29/30, 34/35 und 38/39 ersichtlich ist, sind die Eigenschaften entgegengesetzte. Die Umgebung des Feuerraumes mit der zur Wärmeentziehung sehr geneigten Kesselfläche bringt es mit sich, dass schon während der Verbrennung ein grosser Theil der entwickelten Wärme durch Strahlung an das Wasser übertragen wird, so dass die Temperatur im Feuerraume wesentlich niedriger, die Verbrennung daher unvollkommener sein wird als bei Vorfeuerung. Trotzdem ist aber bei den meisten Brennmaterialien die Ausnutzung der Wärme hier eine bessere, weil alle ausgestrahlte Wärme vom Wasser aufgenommen, also zur Dampfbildung benutzt wird. Sehr fette, gasreiche, sowie auch langflammige Kohlen eignen sich nach Scholl*) der Russbildung wegen nicht zur Verbrennung auf innenliegenden Rosten, wenn über denselben kein reichlicher Raum zur Entwickelung der Flamme vorhanden ist.

Die Unterfeuerung (Abb. 22, 23, 25 bis 28) steht mit ihren Eigenschaften zwischen Vor- und Innenfeuerung. Sie bringt die stärkste Hitze an eine durch Schlamm- und Kesselsteinablagerung besonders betroffene Stelle und ist daher schon aus diesem Grunde wenig empfehlenswerth.

Ueber die zweckmässigste Form der Roststäbe für Planroste gehen die Ansichten noch sehr auseinander.

Nach Scholl hat ein guter Planrost folgende Anforderungen zu erfüllen:

1. Er muss die genügende Menge Luft durchlassen**);
2. er darf nicht zu viel Kohlen zwischen den Stäben durchfallen lassen;
3. er muss sich leicht von Asche und Schlacke reinigen lassen;
4. er muss dauerhaft sein, d. h. er darf sich nicht verziehen, nicht schmelzen oder verbrennen;
5. die Gesammtfläche des Rostes muss so gross sein, dass stündlich die erforderliche Menge Brennmaterial möglichst vollkommen verbrennen kann.

Der Planrost wurde früher aus einzelnen gusseisernen Stäben (Abb. 3, A, B, C, S. 7) hergestellt, welche neben einander gelegt durch ihre seitlichen Ansätze (C) die Breiten der Rostspalten bestimmen. Bei dem

---

*) »Führer des Maschinisten«, 11. Aufl. Braunschweig 1896.

**) Nach Ruppert ist das »Heulen« oder »Brummen« der Kessel (Heizrohr-, Lokomobil- und Flammrohrkessel) 1. auf die Beschaffenheit des Brennmaterials (nicht schlackende Kohle) und 2. auf die Einmaurung zurückzuführen, z. B. falls eine niedere Feuerbrücke das ungehinderte Durchziehen der Flamme gestattet. Die heftigsten Luftschwingungen entstehen auf der Rostfläche, während die Rohre nur den Ton bilden. Die Schwingungen bilden sich besonders auf dem rückwärtigen Theil des Rostes, wenn bei sonst lebhaftem Feuer auf einer kleinen Fläche die Kohle niedergebrannt ist und die Stäbe frei werden, so dass die Luft ungehindert durchziehen kann. Eine Hand voll Kohlen auf die rechte Stelle kann schon das Uebel beseitigen.

Nolden'schen Rost (Abb. 4) sind die einzelnen Stäbe von besonderer gleichmässiger Höhe. Aehnlich ist diesem der Hillig'sche Rost, aber in der Mitte höher. Charakteristisch ist an ihm seine geringe Dicke, schmale Fuge und grosse Höhe, ferner aber auch seine Auflage, welche einerseits mit einem hakenförmigen Ende, andererseits mit einer schrägen Fläche erfolgt, wodurch die freie Ausdehnung der Stäbe vollständig gesichert und deren Verwerfen in Folge der gehinderten Ausdehnung verhütet ist. Von Einfluss auf das Verwerfen der Stäbe ist überhaupt in jedem Fall die sog. Auflage. Hierunter versteht man die zapfenartig auslaufenden Enden des Stabes, mit welchen er auf der Unterlage (Mauerwerk u. dergl.) aufliegt.

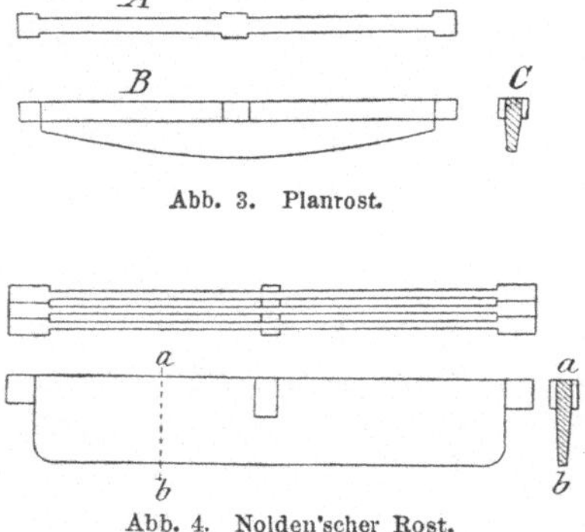

Abb. 3. Planrost.

Abb. 4. Nolden'scher Rost.

In der Praxis gut bewährt haben sich schmiedeeiserne Roststäbe von R. Wolf-Magdeburg-Buckau. Es sind immer 3 Stäbe mittels zweier Bolzen und dazwischen gelegter, nach oben spitz zulaufender Eisenplättchen zusammengeniethet. Die Fuge ist in der ganzen Spaltlänge offen, und durch das Zusammenniethen von 3 Stäben ist deren Verwerfen verhindert. Zu erwähnen ist ferner der Mehl'sche Rost, welcher für klare Braunkohle, Sägespähne und Lohe geeignet ist. Die Stäbe dieses Rostes sind kurz und schmal, und die hinter einander liegenden Stäbe schieben sich mit ihren Enden zwischen einander, so dass die Fugen in der Längsrichtung versetzt sind.

Während bei den eben beschriebenen Rosten die Fugen parallel laufen, bilden sie bei den Polygonalrosten ein Quadratnetz. Bleibt das Verhältniss zwischen Feld- und Fugenbreite ungeändert, so muss die gesammte Fugenfläche dem Parallelroste gegenüber sich hierdurch verdoppeln,

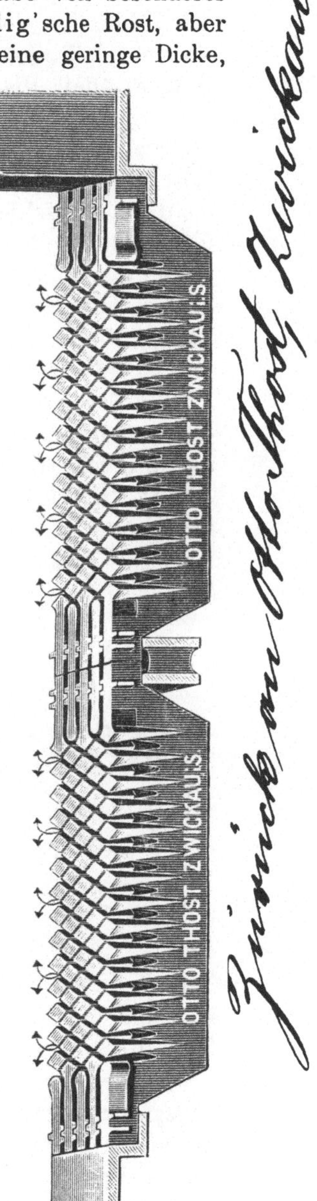

Abb. 5. Polygonrost von Thost.

oder man wird, wenn dies, wie gewöhnlich, nicht beabsichtigt ist, die Feldbreite doppelt so gross, d. h. einen kräftigeren und daher widerstandsfähigeren Roststab anwenden können. Hierin mag der Hauptvortheil dieser Roste zu suchen sein. Dagegen macht die Entfernung der Schlacke, geschmolzener Asche, welche sich in den Fugen festsetzt, bei den durchbrochenen Roststäben grössere Schwierigkeiten als beim Parallelrost. Für jede Art Kohle dürften sie daher nicht zu empfehlen sein, ebenso wenig, wie sie sich für Schlachthöfe überhaupt eignen, wenn die Verbrennung von Konfiskaten in der Kesselfeuerung vorgenommen wird, was bekanntlich auf den meisten Schlachthöfen geschieht. Gerade auf dem Polygonrost backen die Kadavertheile fest und verstopfen die Luftspalten. Werden sie dann mit Gewalt entfernt, so geschieht das meistens mit gleichzeitiger Verletzung des Rostes.

In Abb. 5, S. 7, ist ein solcher Polygonrost abgebildet. Um die Abnutzung scharfkantiger Köpfchen zu vermeiden, werden dieselben von Thost kreisrund gemacht und gleichzeitig mit einer Cirkulationsrinne ausgestattet.

Eine besondere Art von Rost stellt der Schlangen- oder Wellenrost (Abb. 6 und 7) aus derselben Fabrik dar. Je nach der Aneinander-

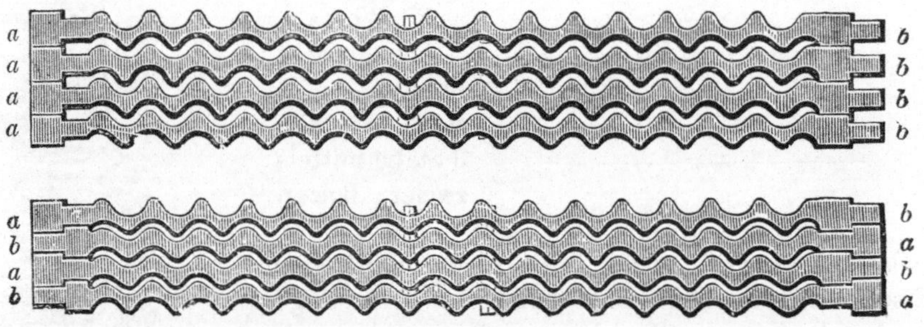

Abb. 6 u. 7. Schlangen- oder Wellenrost.

lagerung der Köpfe (a) wird ein schmaler (Abb. 7) oder breiter Spalt (Abb. 6) erzielt.

Diese Schlangenroste werden ebenso wie die Polygonalroste mit angegossener Heissluft-Feuerbrücke versehen. Letztere legt sich an die gemauerte Feuerbrücke an und soll diese vor dem Verbrennen schützen. Durch besondere Konstruktion der Feuerbrücken-Roststäbe soll eine bessere Verbrennung und intensivere Hitze erzielt werden.

Die Roststäbe können in einfacher, doppelter (Abb. 5) und sogar dreifacher Lage hinter einander liegen.

Für klares, nicht backendes Brennmaterial wird auch mit Vortheil der Treppenrost angewendet, welcher in Abb. 8, S. 9, (von oben gesehen) und Abb. 9 (Längsdurchschnitt), H. Paucksch-Landsberg a./W., und in Abb. 27 dargestellt ist. Die Roststäbe sind kurze, an die Treppenwangen angegossene Stufen. Der Neigungswinkel des Rostes beträgt hier 45°. Kurze und breite Treppenroste verdienen den Vorzug vor langen und schmalen Rosten, weil bei ihnen der Verbrennungsprocess gleichförmiger ist. Die Beschickung des Rostes geschieht durch Eintragen der Kohle in den Fülltrichter, aus welchen sie nach Massgabe der unten fortschreitenden Verbrennung herabsinkt. Zum Ausräumen der Asche ist zwischen dem untersten Träger und der Rohrwand Raum gelassen; für das Anzünden des Feuers hat der Fülltrichter eine Klappthür.

Für stark backende und ebenso für schlackenreiche Brennstoffe sind die Treppenroste weniger geeignet. Man soll sie in solchen Fällen kippbar machen. Als besonders guter Treppenrost wird derjenige des Ingenieurs C. Lüders (Gebr. Sachsenberg-Rosslau) empfohlen. Ferner ist noch zu nennen der Einbecker Stufenrost, der Langen'sche Etagenrost und die Schrägrostfeuerung von Thost, welche in Form des Polygonrostes, des Wellenrostes u. s. w. angefertigt wird. Die Schrägroste liegen unter einem Winkel von 30 bis 35° und sollen den Treppenrost ersetzen. Von derselben Firma wird auch eine in letzter Zeit recht beliebte und gerühmte Feuerung, die Cario-Innenfeuerung in den Handel gebracht. Dieselbe besteht aus einem in der Mitte gewölbten Roste. Der Neigungswinkel dieser Wölbung ist dem Böschungswinkel des Brennstoffes angepasst. Die Beschickung erfolgt durch Umkippen einer langen muldenförmigen Schaufel. U. a. wird dieses Verfahren auf dem Schlachthofe zu Nürnberg mit gutem Erfolge angewendet. Zu erwähnen sind schliesslich noch die Ten-Brink- und die dieser ähnliche Donneley'sche Feuerung. Die 3 zu-

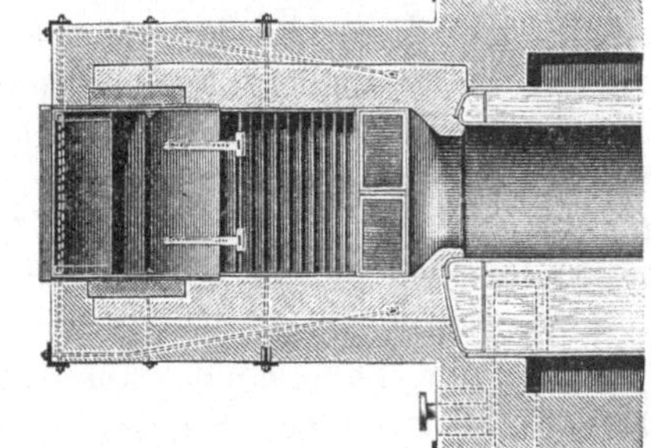

Abb. 8. Pauck'scher Treppenrost (von oben gesehen).

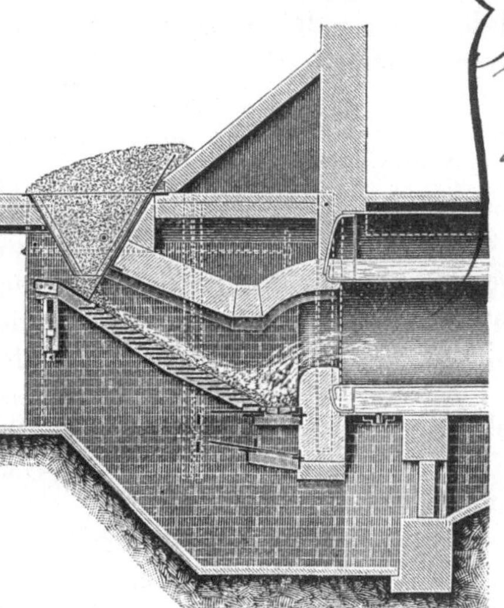

Abb. 9. Pauck'scher Treppenrost (Längendurchschnitt).

letzt genannten Vorrichtungen werden auch als **Rauchverbrennungs-Apparate** bezeichnet, welche dazu dienen, eine grössere Unabhängigkeit von der Intelligenz und dem guten Willen des Heizers, Erleichterung der Arbeit desselben, Ersparung von Arbeitskräften und besseren Heizeffekt zu erzielen.

Aus dem Feuerraum gelangen die Heizgase, wie schon angedeutet, in die Heiz- oder Feuerkanäle. Diese sollen so geformt sein, dass sie die Feuergase dicht an den Kessel drängen, damit die Wärme von dieser Heizfläche möglichst gut aufgenommen wird. Hieraus folgt, dass die Kanäle nicht zu weit sein dürfen; zu enge Kanäle erschweren aber den Durchgang der Feuergase. Alle Reibungswiderstände müssen vermieden werden. Je besser der Zug, um so höher ist die Verbrennungstemperatur und um so besser die Wärmeübertragung.

An denjenigen Stellen, an welchen die grösste Hitze herrscht, stellt man die Feuerkanäle aus Chamotte-Steinen oder ähnlichem feuerfestem Material her, welches in magerem Lehm gemauert wird.

Nachdem die Heizgase die Feuerzüge verlassen haben, gelangen sie in den, gewöhnlich mehreren Kesseln dienenden **Fuchs** (Abb. 2f.), d. h. in den den Heizraum mit dem Schornstein verbindenden Kanal, dessen Querschnitt durch einen vom Heizerstande regulirbaren Schieber s nach Erfordern verengt werden kann. Der Fuchs, dessen Querschnitt mindestens gleich dem oberen Schornstein-Querschnitt sein soll, mündet, gewöhnlich etwas ansteigend, in den **Schornstein.** Diese Ausmündung soll an der oberen Kante abgerundet sein, damit die Feuerluft nicht rechtwinklig in denselben stösst und nun plötzlich umbiegen muss. Den Abschluss des Schornsteins nach unten pflegt man durch eine, zur Ansammlung der Flugasche dienende Grube n (Abb. 2) zu vermitteln. Mitunter bringt man solche Aschenfänge an mehreren Stellen des Kanalsystems an. Münden verschiedene Fuchse in ein und denselben Schornstein, so theilt man diesen unten durch **Zungen,** welche so aufgeführt werden, dass die Gase gezwungen sind, in vertikalem Sinne sich zu bewegen.

Jeder freitragende **Schornstein** ruht auf einem Sockel mit einem in der Regel quadratischen Grundrisse. In diesem Sockel befinden sich die das Befahren des Fuchses und des Schornsteins ermöglichenden Oeffnungen, Reinigungsthüren (Abb. 2, R), welche so gross angelegt sind, dass ein erwachsener Mann (daher die Bezeichnung »Mannloch«) dieselben bequem zu passiren vermag. Der Verschluss dieser Oeffnungen geschieht durch 2 ca. 0,13 m starke Wände aus gewöhnlichen Backsteinen, mit Lehm vermauert, um nach Erforderniss schnell abgebrochen und erneuert werden zu können. Der zwischen beiden Wänden bleibende Luftraum soll die Abkühlung der Heizgase vermeiden. Meistens ist überhaupt der ganze untere Theil des Schornsteins mit Isolirschicht gemauert.

Der Querschnitt des Schornsteins kann quadratisch, achteckig oder rund sein. Letztere Form ist die gebräuchlichste, aber auch, da nur sog. Formsteine zur Verwendung kommen, die theuerste. Bei grossen Schornsteinen wird meistens nur die runde, bei kleinen die viereckige Form gewählt. Die Zugerzeugungsfähigkeit hängt von der Höhe und dem Querschnitt ab. Jeder Schornstein muss mindestens so hoch sein als die nächsten grossen Objekte; die Höhe soll nie unter 16 m betragen. Häder stellt eine Tabelle auf, nach welcher ein Heizkessel von 30 qm Heizfläche einen unteren Durchmesser von 1,0, einen oberen von 0,6 und eine Höhe von 16 m hat. Bei jeden weiteren 10 qm Heizfläche vermehrt sich die Höhe um 2 m, während unterer und oberer Durchmesser sich durchschnittlich um 0,1 m erhöhen. Nach Scholl soll der Querschnitt des Schornsteins gleich $^1/_4$ der Rostfläche oder gleich dem der Züge des zugehörigen Dampfkessels sein.

In der Regel ist die engste Stelle an die obere Ausmündung gelegt, indem man den Schornstein (Esse) der Stabilität wegen von unten nach oben an Querschnitt, wie an Mauerstärke abnehmen lässt. Die Durchmesserabnahme des Schornsteins nennt man sein Geläuft.

In dem Schornsteine befinden sich in Entfernungen von 0,3 m Steigeeisen zum Befahren desselben; auch versieht man den Schornstein gern mit einem Blitzableiter.

Ausser gemauerten sind auch schmiedeeiserne Schornsteine in Gebrauch. Dieselben geben weniger Zug als gemauerte, da die Rauchgase schneller abgekühlt werden. Ausserdem rosten sie leicht durch. Sie werden nur da angewandt, wo es sich um schlechten Baugrund handelt, der Schornstein in kurzer Zeit hergestellt werden muss und nur wenige (höchstens 10) Jahre benutzt werden soll.

Zu jeder Kesselfeuerungs-Anlage gehört eine grobe oder Ofen-Armatur, gerade so wie zu jedem Kessel selbst eine feine Armatur gehört, über welche weiter unten gesprochen werden wird. Die grobe Armatur besteht aus: Rost, Feuerthürrahmen bezw. Frontplatte oder Feuergeschränk nebst Feuer- oder Heizthüren, Schürplatte, Aschenfallbeschlägen, Ankerplatten, Ankern, Kehrthüren, Rauchschieber mit Rahmen, Gewicht und Kette u. s. w. Den Rost haben wir bereits kennen gelernt.

Die Front- oder Stirnplatte oder das Feuergeschränk (auch Zarge genannt) ist eine gusseiserne Platte, welche aus einem Stück, oder um die Gefahr des Zerspringens zu vermeiden, besser aus mehreren Theilen besteht. Sie ist mit dem Mauerwerk verankert und dient zum Dichthalten der vorderen Seite des Mauerwerks und zum Anbringen der Thüren. Letztere, welche möglichst klein, höchstens 0,45 m breit und 0,30 m hoch sind, werden meistens einflügelig gemacht. Damit sie sich nicht krumm werfen, sondern dauernd schliessen, wendet man Schutzplatten an, welche entweder mit Stehbolzen in ca.

100 mm Entfernung angeniethet, oder auch mit der Thür aus einem Stück gegossen sind. In manchen Thüren sind besondere Luftlöcher (3 bis 5) vorhanden, durch welche frische Luft eintritt, welche eines Theils die Verbrennung unterstützen, anderen Theils die Thür etwas kühlen soll. Auch bringt man in der Thür eine durch eine drehbare oder verschiebbare Rosette schliessbare Oeffnung an, welche zur Beobachtung des Feuers und zur Regulirung des Luftzutritts dient.

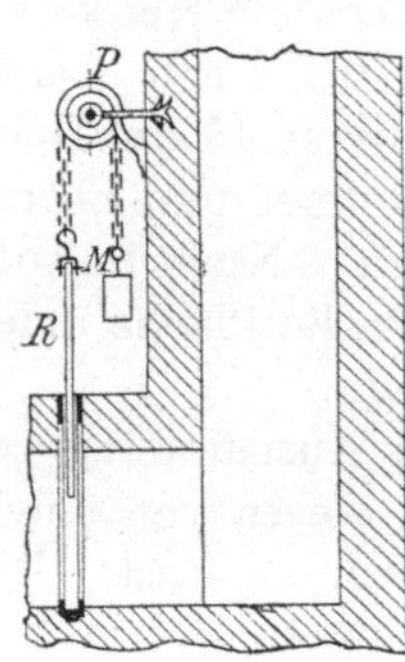

Abb. 10. Zugschieber.

Zur Regulirung des Zuges dient aber, wie oben schon angedeutet, hauptsächlich der Schieber (Abb. 2s). Derselbe kann die Gestalt einer Klappe, eines Ventils oder eines wirklichen Schiebers haben. In Abb. 10 ist ein Zugschieber, auch Register genannt, dargestellt, wie man ihn sehr häufig findet. Der in dem eingemauerten Rahmen leicht bewegliche Schieber R hängt an einer Kette, die, über die Rolle P gehend, ein Gegengewicht M trägt. Die Kette kann auch nach dem Stande des Heizers geleitet werden, damit diesem die Zugregulirung so bequem wie möglich gemacht wird.

Bessere Verschlüsse soll man durch Klappen erzielen. Auch hat man Thüren, bei deren Oeffnen sich der Schieber selbstthätig regulirt, d. h., der alten Heizerregel: »Bei jedesmaligem Oeffnen der Feuerthüren ist der Zug zu vermindern« entsprechend, der Schieber geschlossen wird, sobald man die Feuerthür öffnet (Abb. 11

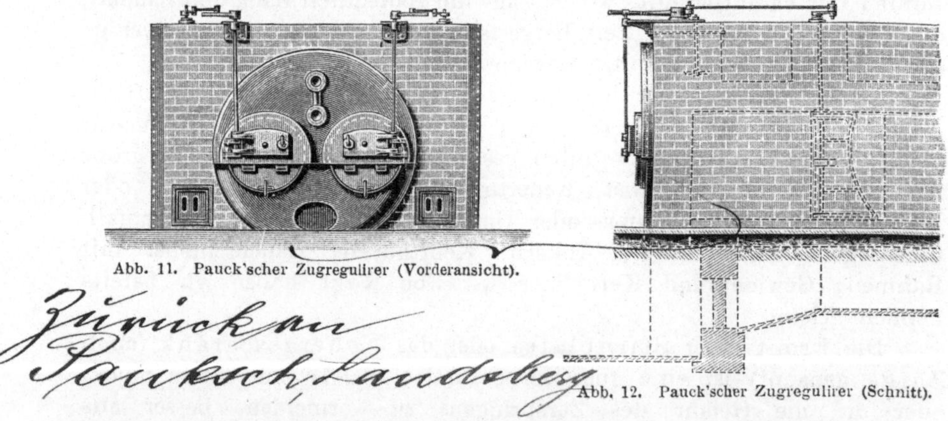

Abb. 11. Pauck'scher Zugregulirer (Vorderansicht).

Abb. 12. Pauck'scher Zugregulirer (Schnitt).

und 12, Vorderansicht und Schnitt, H. Paucksch-Landsberg a./W.). Andere derartige den Zug regulirende Apparate sind von C. Walter-Malchow i./M. und der Feuerzugregler »System Hörenz« (O. Hörenz-Dresden), der an jedem Kessel angebracht werden kann.

Die Dampfkessel. Wir kommen nun zu den Dampfkesseln selbst. Man versteht darunter geschlossene und in der Regel aus

Schmiedeeisen gefertigte, meist cylindrische Gefässe, in denen zum Betriebe von Dampfmaschinen oder zum Heizen u. dergl. Wasserdampf von einer gewissen Spannung erzeugt wird. Die Grösse der Leistung einer Dampfkessel-Anlage bestimmt man, wenn man angiebt, wieviel Gewichtseinheiten, sagen wir Kilogramm, Wasser stündlich verdampft werden, und welche Spannung der erzeugte Dampf besitzt. Am einfachsten ist die Leistungsfähigkeit zu ermitteln aus der Grösse der vom Feuer oder von den Verbrennungsgasen berührten Kesselfläche, gewöhnlich »Heizfläche‹ genannt. Von letzterer hängt hauptsächlich die Dampfmenge ab, welche ein Kessel stündlich entwickeln kann. Die stündliche Dampferzeugung für ein Quadratmeter Heizfläche ist unbestimmt und schwankt zwischen 15 und 25 kg.

Vielfach ist es auch üblich, die Grösse eines Kessels nach Pferdestärken (P. S. oder *HP*) zu bestimmen. Da die von einer Dampfmaschine stündlich verbrauchte Dampfmenge pro Pferdestärke von dem System der Maschine abhängig und zwischen ganz bedeutenden Grenzen schwankt, so ist diese Bezeichnung noch unbestimmter als erstere.

Die Dampfkessel zeigen nach Betriebsspannung, Zweck, Form und Material ausserordentliche Verschiedenheiten, so dass eine Eintheilung derselben nach sehr verschiedenen Gesichtspunkten erfolgen kann. Im allgemeinen kann man bezüglich der Betriebsspannung unterscheiden:

Niederdruckkessel und

Hochdruckkessel;

erstere mit einem Ueberdruck bis höchstens $^1/_2$ Atmosphäre, letztere mit mehr als 3 Atmosphären. Ein Mittelding zwischen beiden bildeten nach früherer Eintheilung die Mitteldruckkessel (von $^1/_2$ bis 3 Atm.). Bevor wir zur Besprechung der einzelnen Kesselsysteme übergehen, wollen wir uns noch mit den

Eigenschaften des Dampfes beschäftigen. Bekanntlich besteht Wasser aus einer chemischen Verbindung von Wasserstoff und Sauerstoff. Wird Wasser erhitzt, so nimmt es eine gasförmige Gestalt an und wird Dampf genannt. Entzieht man dem Dampfe Wärme, d. h. kühlt man ihn ab, so verwandelt er sich in Wasser; diesen Vorgang bezeichnet man als Kondensation. Er spielt, wie wir weiter unten bei Besprechung der Dampfmaschinen sehen werden, bei der Arbeitsleistung derselben eine Rolle.

Der Uebergang des Wassers in dampfförmigen oder umgekehrt des Dampfes in flüssigen Zustand erfolgt bei bestimmten Temperaturen. Dieselben sind je nach dem Luftdruck verschieden: der Druck von 1 kg auf 1 qcm ist gleich einer (neuen) Atmosphäre (= einem Barometerstand von 73,55 cm bei 0^0 C.), der Dampf aus 1 kg Wasser wiegt ebenfalls 1 kg, er nimmt aber einen weit grösseren Raum ein als das Wasser, aus welchem er entstanden ist. Je grösser der Druck ist, unter welchem der Dampf steht, um so kleiner ist sein Volumen, z. B. 1 kg Dampf nimmt bei 0 Atm. Ueberdruck den Raum von 1720 l, bei 1 Atm. von 896, bei 5 Atm. von 319, bei 10 Atm. nur von 180 l ein. Ferner wiegen 1000 l Dampf bei 0 Atm. Ueberdruck 0,5823 kg, bei 1 Atm. 1,1161 kg, bei 5 Atm. 3,1319 kg, bei 10 Atm. 5,5340 kg.

Erwärmt man das Wasser in einem offenen Gefässe bis 100° C., so nimmt die Temperatur nicht weiter zu, sondern alle weiter zugeführte Wärme wird dazu verwendet, Wasser in Dampf zu verwandeln. Aber auch bei niedriger Temperatur als 100° C. wird Wasser in Dampf verwandelt.

Beim Kochen bilden sich in den unteren Wasserschichten auf der Heizfläche Dampfblasen, diese steigen empor und werfen das Wasser hin und her. Man nennt diesen Vorgang bekanntlich »wallen«. Der durch das Kochen erzeugte Dampf sammelt sich im geschlossenen Gefässe über dem Wasser an; da er nicht entweichen kann, wird er von dem neu hinzukommenden Dampf zusammengedrückt; je mehr Dampf hinzukommt, um so mehr Dampf muss sich in denselben Raum hineinpressen, um so mehr drückt deshalb der Dampf auf die Wandungen und auf das Wasser, es entsteht deshalb ein immer grösserer Druck in dem Gefässe, den man Dampfdruck oder Dampfspannung nennt. — Je mehr der Dampfdruck zunimmt, um so höher wird auch die Temperatur des Wassers und des Dampfes.

Es ist z. B. die Temperatur des Dampfes bei:

0 Atm. Ueberdruck	100° C.
1 » »	120 »
2 » »	133 »
3 » »	143 »
4 » »	151 »
5 » »	158 »
6 » »	164 »
7 » »	169 »
8 » »	174 »
9 » »	179 »
10 » »	183 » *)

In einem offenen Gefässe kann natürlich kein Druck entstehen, da der entstandene Dampf immer wieder entweicht; deshalb steigt die Temperatur auch nicht über 100° C., die Wassermenge aber nimmt natürlich ab. Wird nun in einem Dampfkessel, welcher Wasser und Dampf von bestimmter Temperatur enthält, die Spannung plötzlich durch Dampfentnahme vermindert, so findet sehr schnell eine starke

---

*) Diese Tabelle ist ganz besonders für den Betrieb der Sterilisations- und Extraktionsapparate interessant.

Dampfentwickelung statt, bis der Druck wieder eine Höhe erreicht hat, welche der herrschenden Temperatur als Siedepunkt entspricht. Diesen Vorgang nennt man Sättigung des Dampfes. Wird gesättigtem Dampf in einem wasserfreien Gefäss Wärme zugeführt, so steigt die Temperatur und, wenn keine Ausdehnung möglich ist, auch der Druck. Solcher Dampf hat eine höhere Temperatur als der gesättigte von gleicher Spannung und gleichem Einheitsgewichte, man nennt ihn daher überhitzt. Ueberhitzter Dampf kann sich auch bilden, wenn der aus dem Kessel entweichende Dampf durch ein erhitztes Röhrensystem geleitet oder überhaupt in solcher Weise erwärmt wird, dass er mit dem kühleren Wasser nachher nicht wieder in Berührung kommt. Wird dagegen gesättigtem Dampf Wärme entzogen, so erfolgt eine theilweise Kondensation, es entsteht ein Gemisch von Dampf und Wasser und der Dampf bleibt gesättigt.

Die Dampferzeugung ist selten frei von störenden Nebenerscheinungen, welche, um sie unschädlich zu machen, sorgfältig überwacht werden müssen. Hierher gehört u. a. das sog. Wasserwerfen, welches in einem Mitreissen mechanisch mit dem Dampf vermengten Wassers durch den Dampfstrom besteht. Diese Erscheinung hat ihre Ursache entweder in zu starkem Schäumen des Wassers an der Oberfläche oder in einem zu kleinen Dampfraum. Theilweises Anfüllen des Cylinders der Dampfmaschine mit Wasser, welches zu heftigen Stössen, ja sogar zu Brüchen Anlass geben kann, ist oft die Folge.

Ueber ein anderes, allgemeineres und oft grösseres Uebel, das Ansetzen von Kesselstein, wird am Schlusse dieses Kapitels gesprochen werden.

Die Dampfkessel werden meistens aus Schmiedeeisenblech-Tafeln angefertigt, die in die gehörige Form gebogen, zusammengeniethet und sodann an den Fugen verstemmt werden. Neuerdings findet man auch nicht selten Dampfkessel, bei denen fast alle Verbindungen durch Schweissen hergestellt sind. Ausser dem Schmiedeeisen finden auch Flusseisenbleche, Stahl, Gusseisen, Kupfer und Messing für den Bau von Dampfkesseln Verwendung. Ein Material ist zur Anfertigung von Dampfkesseln um so geeigneter, je grösser seine Festigkeit und Dehnbarkeit unter den Betriebstemperaturen, je grösser seine Dauerhaftigkeit, je grösser seine Wärmeleitungsfähigkeit und je geringer sein Preis ist.

Für die Beurtheilung der Materialien zum Bau von Dampfkesseln sind seit 1881 Grundsätze vereinbart, welche unter dem Namen »Würzburger Normen« bekannt sind. Dieselben sind 1890 durch den internationalen Verband der Dampfkesselüberwachungsvereine einer Abänderung unterworfen worden.

Die Form der Kessel ist, obgleich sie grosse Verschiedenheiten gestattet, doch keineswegs willkürlich. Es sind im Gegentheil bei Feststellung der Kesselform so vielerlei Rücksichten zu nehmen, dass deren gleichzeitige Erfüllung oft recht schwierig ist. Nach Scholl muss der Kessel eine solche Form haben,

»dass er für die gewünschte Dampfspannung genügende Festigkeit ohne Aufwand zu starker Wanddicken erhält,

dass eine möglichst günstige Einwirkung des Feuers stattfindet,

dass er in allen Theilen von innen und aussen leicht zugänglich ist,

dass der Wasserraum zur Heizfläche in passendem Verhältniss steht,

dass der Dampfraum hinreichende Grösse enthält.

Hierzu kommen noch Rücksichten auf die bequeme Lage des Rostes, die zweckmässige Führung der Feuerzüge, die Strömung des Wassers im Innern des Kessels beim Sieden, die Möglichkeit leichter vollkommener Entleerung des Kessels, die Anordnung der Speisung und der Kesselarmatur, sowie in manchen Fällen räumliche Beschränkung auf eine kleine Grundfläche.«

Als eigentliche Grundform aller Kessel muss der Cylinder angesehen werden.

Der mit Wasser gefüllte Theil eines Kessels heisst der Wasserraum, der darüber freibleibende für die Aufnahme des entwickelten Dampfes bestimmte, der Dampfraum. Letzterer wird durch Aufsetzen eines besonderen Behälters auf den Kessel, den Dom, noch bedeutend vergrössert. Die Entnahme des Dampfes erfolgt von hier aus mittels des Hauptventils. Ausserdem sind noch andere Armaturen dort befestigt.

Die verschiedenen Arten von Dampfkesseln. Man unterscheidet liegende und stehende, feste und bewegliche (Lokomobilen) Kessel. Letztere finden in neuerer Zeit infolge sachgemässer Konstruktion mehr Verwendung für die verschiedensten Zwecke als früher.

Die festen oder stationären Kessel sind meistens mit gemauerten Feuerungsanlagen umgeben und haben eine Heizfläche von normaler Grösse, während die beweglichen Kessel nicht eingemauert sind und eine anormal geringe Heizfläche bekommen.

Es giebt verschiedene Grundsätze, nach welchen man die Dampfkessel ihrer Konstruktion nach eintheilen kann. Nach der Statistik der Dampfkessel im Deutschen Reiche (Bundesrathsbestimmungen vom 14. December 1876) ist diese Eintheilung folgende:

a) einfache Walzenkessel;

b) Walzenkessel mit Siederohren;

c) engrohrige Siederohrkessel;

d) Flammrohrkessel mit 1, 2 oder 3 Flammrohren;

e) Flammrohrkessel mit Quersiedern;

f) Heizröhrenkessel ohne Feuerbüchse;

g) Feuerbüchsenkessel mit vorgehenden und solche mit rückkehrenden Feuerrohren;

h) Feuerbüchsenkessel mit Siederohren.

Einfacher ist aber folgende Eintheilung von Schwartze*).

1. Kessel mit einem einzigen Wasserraume (Grosswasserraum-kessel):

a) einfache Cylinderkessel;

b) einfache Cylinderkessel mit 1 bis 2 Flammrohren und Vorfeuerung;

c) einfache Cylinderkessel mit 1 bis 2 Flammrohren und Unterfeuerung;

d) einfache Cylinderkessel mit 1 bis 2 Flammrohren und Innenfeuerung;

e) einfache Cylinderkessel mit 1 bis 2 Flammrohren und Quersiedern;

f) Kessel mit vielen engen Feuerrohren.

2. Kessel mit mehreren Wasserräumen:

a) Kessel mit 1, 2 oder 3 Unterkesseln und Unterfeuerung (Siederkessel);

b) Kessel mit 1 bis 2 Unterkesseln und Zwischenfeuerung (Vorwärmekessel);

c) Kessel mit daneben liegenden Vorwärmern;

d) Kessel mit Wasserrohren (Siederohrkessel).

3. Kombinirte Kessel.

Grosswasserraumkessel. Der einfachste Cylinderkessel, seiner Form wegen auch Walzenkessel genannt, ist ein aus einzelnen Schüssen**) hergestellter Cylinder, und nur für kleinere Anlagen von 1 bis 12 qm Heizfläche (= 1 bis 8 Pferdestärken) verwendbar. Der Rost liegt an dem einen Ende unter dem Kessel, und die Heizgase bestreichen diesen auf ungefähr $^2/_3$ seines Umfanges, bei kleinen Kesseln in einem, bei grösseren in drei Zügen. Er ist in seiner Anschaffung billig, bequem zu reinigen, enthält grossen Wasser- und Dampfraum und liefert trockenen Dampf***). Dagegen ist die Wärmeausnutzung eine schlechte.

Um die Heizfläche des Kessels zu vergrössern, legt man durch denselben der Länge nach weite Rauch- oder Flammrohre, durch welche die Feuergase streichen. Solche Flammrohr-Kessel hat man mit Vor-, Unter- und Innenfeuerung.

---

*) Schwartze, Dampfkessel und Dampfmaschinen, 6. Aufl. Leipzig 1897.

**) Mit Schuss, Ring oder Trommel eines Kessels bezeichnet man den zwischen zwei aufeinanderfolgenden Rundnähten liegenden Theil eines Kessels, vergl. Abb. 16.

***) Der Gegensatz von trockenem Dampf ist nasser Dampf. Man versteht darunter im allgemeinen ein Gemisch von Wasser und gesättigtem Dampf gleicher Temperatur, wie er durch forcirten Betrieb (also bei zu kleiner Kesselanlage), unzweckmässige Konstruktion der Kessel, ungeeignete Beschaffenheit des Speisewassers und lange Rohrleitung entsteht.

Am häufigsten findet bei diesen Kesseln die Innenfeuerung Anwendung, d. h. die Feuerung liegt im Flammrohre. Der Gang, den
die Heizgase bei einem solchen Kessel nehmen, ist, wie in Abb. 13

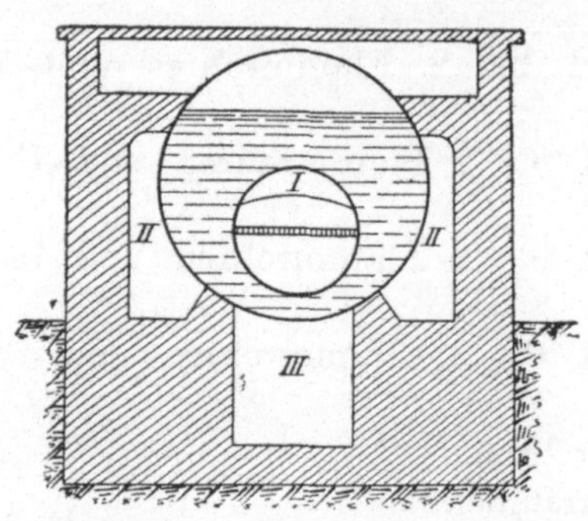

Abb. 13. Querschnitt durch die Züge eines Flammrohrkessels.

veranschaulicht, folgender: Die Feuerluft wird in der Regel zuerst durch das
bezw. die Flammrohre (I) zugeführt,
dann an beiden Seiten (II) zurück und
unter dem Kessel nach dem Schornstein (III). Diese Führung des Feuers
ist deshalb die günstigste, weil so die
erste Hitze die nach oben konvexen
Platten des Flammrohres trifft, welche
zu Ablagerung von Schlamm und Kesselstein wenig geeignet sind. Sehr fehlerhaft würde es sein, bei derartigen
Kesseln Unterfeuerung anzuwenden,
wenn das Speisewasser unrein ist, da
hierdurch gerade an der tiefsten und
schwer zugänglichen Stelle des Kessels,
wo sich der meiste Kesselstein ablagert,
die grösste Hitze hervorgerufen würde.

Ein solcher Einflammrohr- oder
Cornwall-Kessel (in der Grafschaft Corn-
wall zuerst gebraucht) ist in Abb. 14/15
(Vorderansicht und Schnitt)*) und Abb. 16,
S. 19, (Totalansicht des zum Einmauern
fertigen Kessels) abgebildet. Diese Kessel
sind in Deutschland sehr verbreitet.

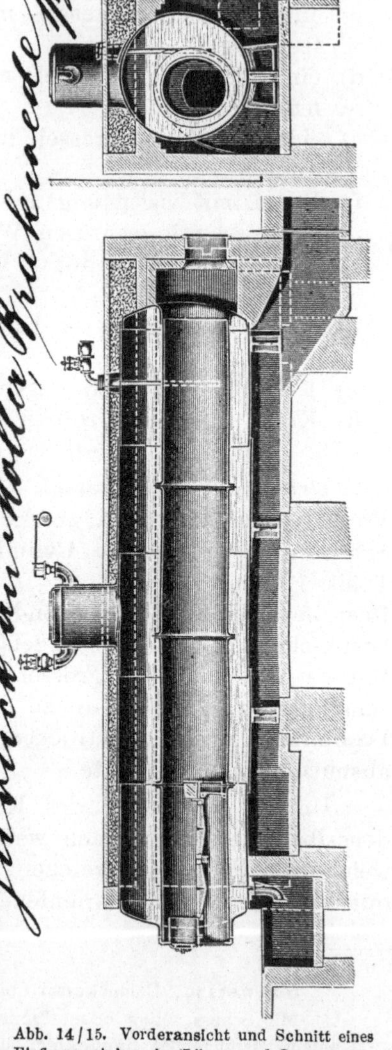

Abb. 14/15. Vorderansicht und Schnitt eines
Einflammrohrkessels (Längs- und Querschnitt).

---

*) Die Abbildungen für nachstehend besprochene Kesselsysteme wurden, wo
nicht anders angegeben, sämmtlich von der Maschinenfabrik und Kesselschmiede
K. & Th. Möller-Brackwede (Westfalen) zur Verfügung gestellt.

Ihr Vorzug ist neben ihrer festen und soliden Bauart vor allem in dem zwischen dem Wasserinhalt und der Heizfläche bestehenden günstigen Verhältniss begründet, welches auch eine wechselnde Dampf-

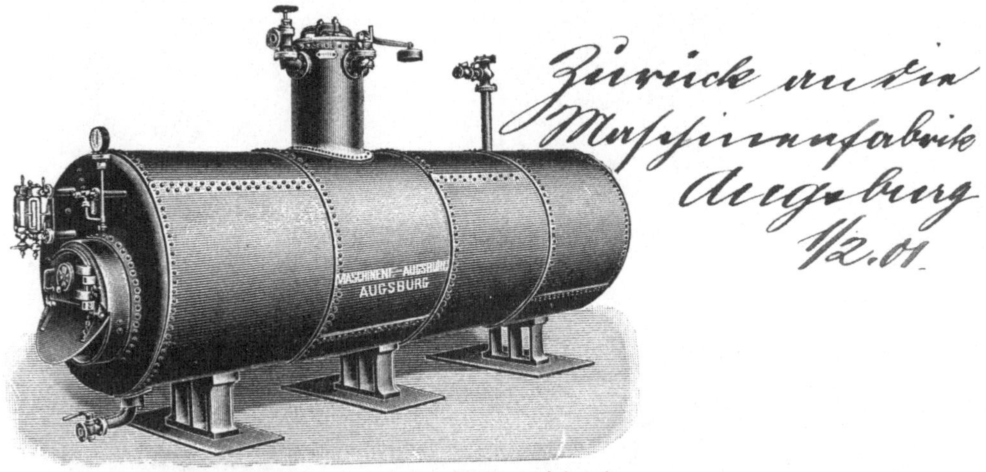

Abb. 16. Totalansicht eines zum Einmauern fertigen Einflammrohrkessels.

entnahme, wie sie der Schlachthof-Betrieb gerade mit sich bringt, ohne Ueberlastung des Heizers gestattet, und gleichzeitig in der grossen Leistungsfähigkeit, welche durch die Innenfeuerung bedingt wird. Ferner sind die Flammrohrkessel im Gegensatz zu den Röhrenkesseln

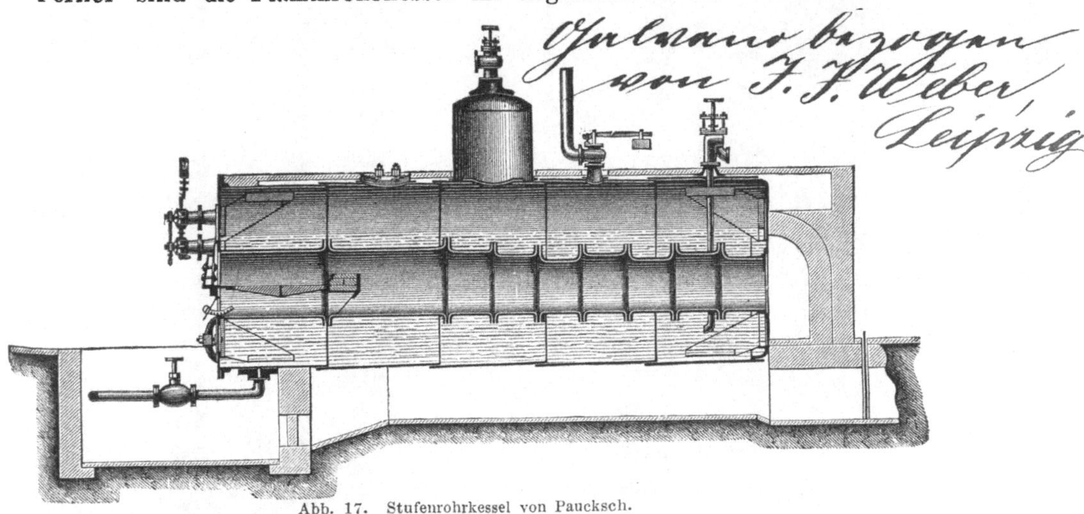

Abb. 17. Stufenrohrkessel von Paucksch.

wegen der bequemen Zugänglichkeit in allen Theilen leichter zu befahren und zu reinigen, was bei schlechtem Kesselspeisewasser von grosser Wichtigkeit ist.

2*

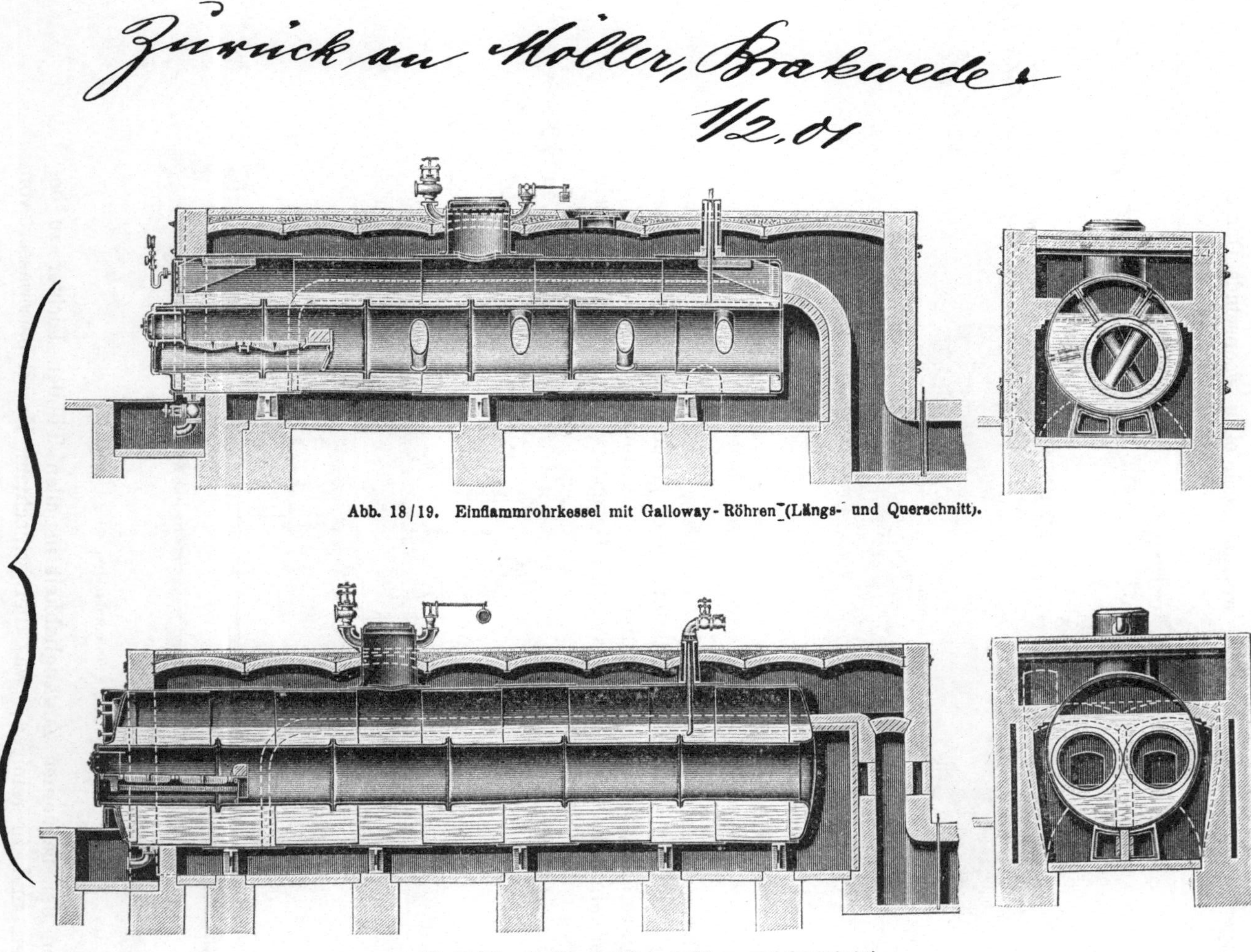

Abb. 18/19. Einflammrohrkessel mit Galloway-Röhren (Längs- und Querschnitt).

Abb. 20/21. Zweiflammrohrkessel (Längs- und Querschnitt).

Die Einflammrohrkessel haben nun verschiedene Modifikationen erfahren. So werden dieselben z. B. von H. Paucksch-Landsberg a./W.

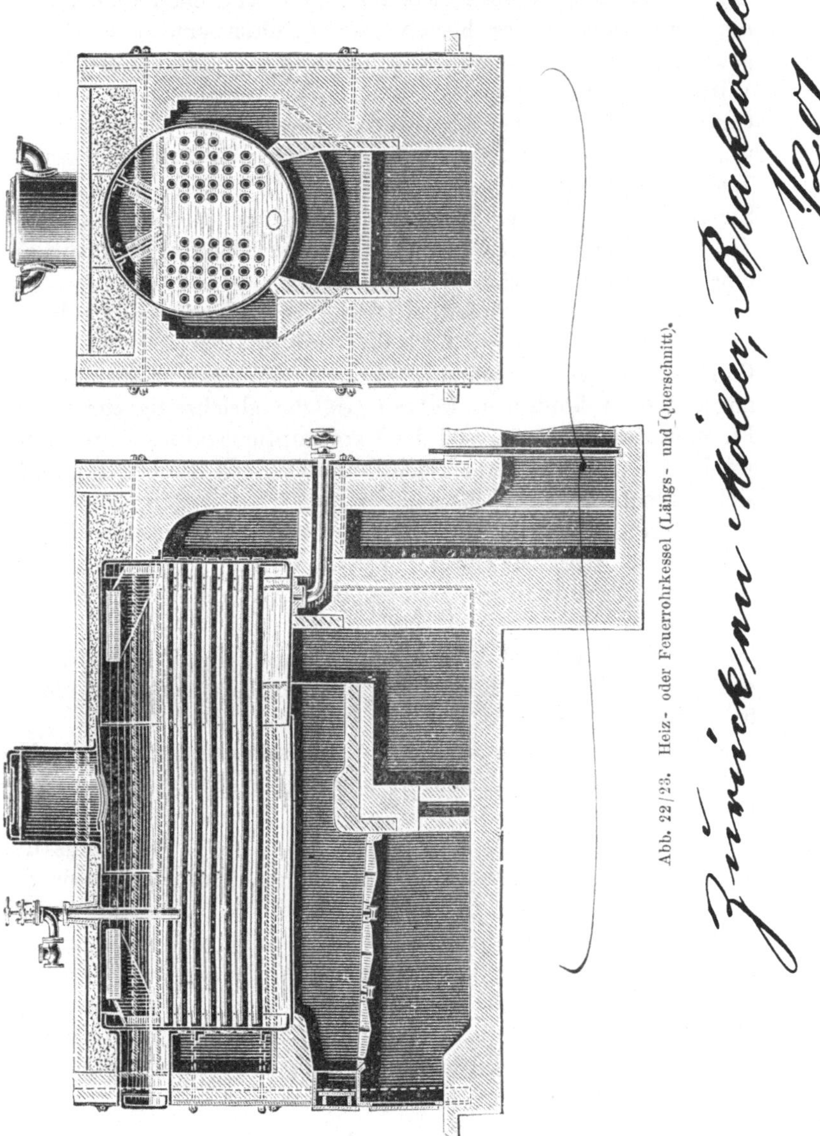

Abb. 22/23. Heiz- oder Feuerrohrkessel (Längs- und Querschnitt).

(Abb. 17, S. 19) mit einem Flammrohr versehen, welches aus einer grösseren Anzahl (bis 16) Schüssen besteht, die von vorn nach hinten allmählich enger werden und von denen die vordersten die grösste Enge haben (Stufenrohrkessel). Die nach aussen gekehrten Börtelungen*) der Schüsse haben oben breitere Ränder und sind derartig mit den versteifenden Ringen verniethet, dass die Schüsse unten in einer Flucht liegen, während sie oben sichelförmige Stirnflächen haben, welche durch die Verbreiterung der Börtelungen gebildet sind und dem Gasstrome gewissermassen Dämme entgegenstellen. Dieser wird dadurch zu Wirbelbildungen veranlasst, welche die vollständigere Verbrennung der Gase und die Abgabe von deren Wärme an das Kesselwasser befördern, wozu die von dem Wasser umgebenen Börtelungen durch vermehrte Wärmeübertragung mitzuwirken scheinen. Kessel, bei denen statt der Stufenrohre Wellblech zu den einzelnen Schüssen genommen ist, sind die Fox'schen Kessel, deren Feuerrohre hierdurch natürlich ebenfalls eine vergrösserte Heizfläche erhalten.

Eine andere Modifikation (Abb. 18/19, S. 20) stellen die Flammrohrkessel mit Quersiedern, Galloway-Röhren, dar; sie werden auch kurz Galloway-Kessel genannt. Durch diese kreuzweise im Flammrohr angeordneten konischen Röhren, welche gleichzeitig zur Versteifung des Flammrohrs beitragen, soll die Verdampfungsfähigkeit des Kessels erhöht werden. Als besonderer Nachtheil derselben wird angegeben, dass sie sich schlecht reinigen lassen.

Noch grössere Verbreitung, namentlich für grössere Betriebe, haben die Zweiflammrohrkessel**) (Abb. 20/21, S. 20) gefunden. Dieselben sind ebenfalls mit Innenfeuerung versehen und im übrigen genau so wie die Einflammrohrkessel gebaut; auch werden sie wie jene aus Wellblech und Stufenrohren und mit Galloway-Röhren angefertigt. Ein Gleiches gilt von den Dreiflammrohrkesseln, bei welchen das dritte Rohr über den beiden unteren liegt.

Die letzte Gruppe der Grosswasserraumkessel bilden die Kessel mit vielen engen Feuerrohren, gewöhnlich Heizrohr- oder Feuerrohr-Kessel genannt. Wie Abb. 22/23, S. 21, es veranschaulicht, sind dieselben mit Unterfeuerung ausgestattet, von welcher aus die Heizgase die ganze untere Kesselfläche bestreichen, dann durch die den Wasserraum durchziehenden Heizröhren an die Vorderfläche des Kessels gelangen, um von hier, in die Seitenzüge einbiegend, auch noch die Seitenflächen des Kessels zu bestreichen. Sie sind in Bezug auf gute Wärmeausnutzung und Widerstandsfähigkeit gegen hohen Druck ganz gut konstruirt, jedoch ist ihre innere Reinigung geradezu unmöglich, sobald sich Kesselstein an und namentlich in die Röhren setzt. Man hat die

---

*) Unter Börtelung versteht man die nach aussen umgebogenen Ränder der einzelnen Schüsse, an welchen die Verniethung erfolgt. In Folge dieser Anordnung liegt kein Nieth im Feuer, wodurch grössere Haltbarkeit der Kessel bedingt ist. Zur Verstärkung der Börtelungen dient ein Verstärkungsring.

**) Diese Kessel führen auch den Namen Lancashire- oder Fairbairn-Kessel. Letztere Bezeichnung wird aber, wie wir weiter unten sehen werden, von vielen Technikern für eine andere Art von Kesseln gebraucht.

Kessel deshalb auch, wie es Abb. 24 (ein Lokomobil-Kessel von R. Wolf-Magdeburg-Buckau) veranschaulicht, mit herausziehbaren Röhren eingerichtet (in der Abbildung sind die Röhren schon herausgezogen). Ferner ist auch die dauernde Dichtigkeit der Röhren an den Befestigungsstellen schwierig ausführbar und erfordert sehr exakte Arbeit in der Kesselschmiede. Endlich sind noch als Nachtheile zu erwähnen: kleine Wasseroberfläche, folglich nasser Dampf.

Was im übrigen obigen Kessel von Wolf betrifft, so ist derselbe mit Innenfeuerung ausgestattet, auch ist der Schornstein (Blech) direkt mit dem Kessel verbunden. Den Schieber stellt hier eine Klappe dar.

Abb. 24. Lokomobilkessel von Wolf.

Diese Kessel haben, in kleineren Betrieben namentlich, grosse Verbreitung gefunden. Sie werden, wie die eigentlichen Lokomobilen, auch gleich mit einer Dampfmaschine verbunden konstruirt (vergl. Abb. 98) und bedürfen einer besonderen Einmauerung nicht.

Die zweite Gruppe bilden die **Kessel mit mehreren Wasserräumen.** Hierher gehören:

a) α. Die Doppelkessel mit einem Unterkessel und Unterfeuerung. Sie haben zwei besondere Wasserräume, die aber durch kurze Röhren oder Stützen mit einander kommuniciren.

β. Die Zweisieder-Kessel (auch Woolf'sche oder Bouilleurkessel genannt) sind Kessel mit einem Ober- und zwei Unterkesseln und Unterfeuerung.

γ. Der Dreisieder- oder Elsässer-Kessel hat einen Ober- und drei Unterkessel. Die drei Unterkessel bilden gleichsam ein mit Wasser gefülltes Gewölbe über dem Roste und im ersten Feuerkanal.

b) Ein Doppelkessel mit Zwischenfeuerung ist in Abb. 25/26, S. 24, (L. A. Riedinger-Augsburg) dargestellt. Statt mit einem Sieder

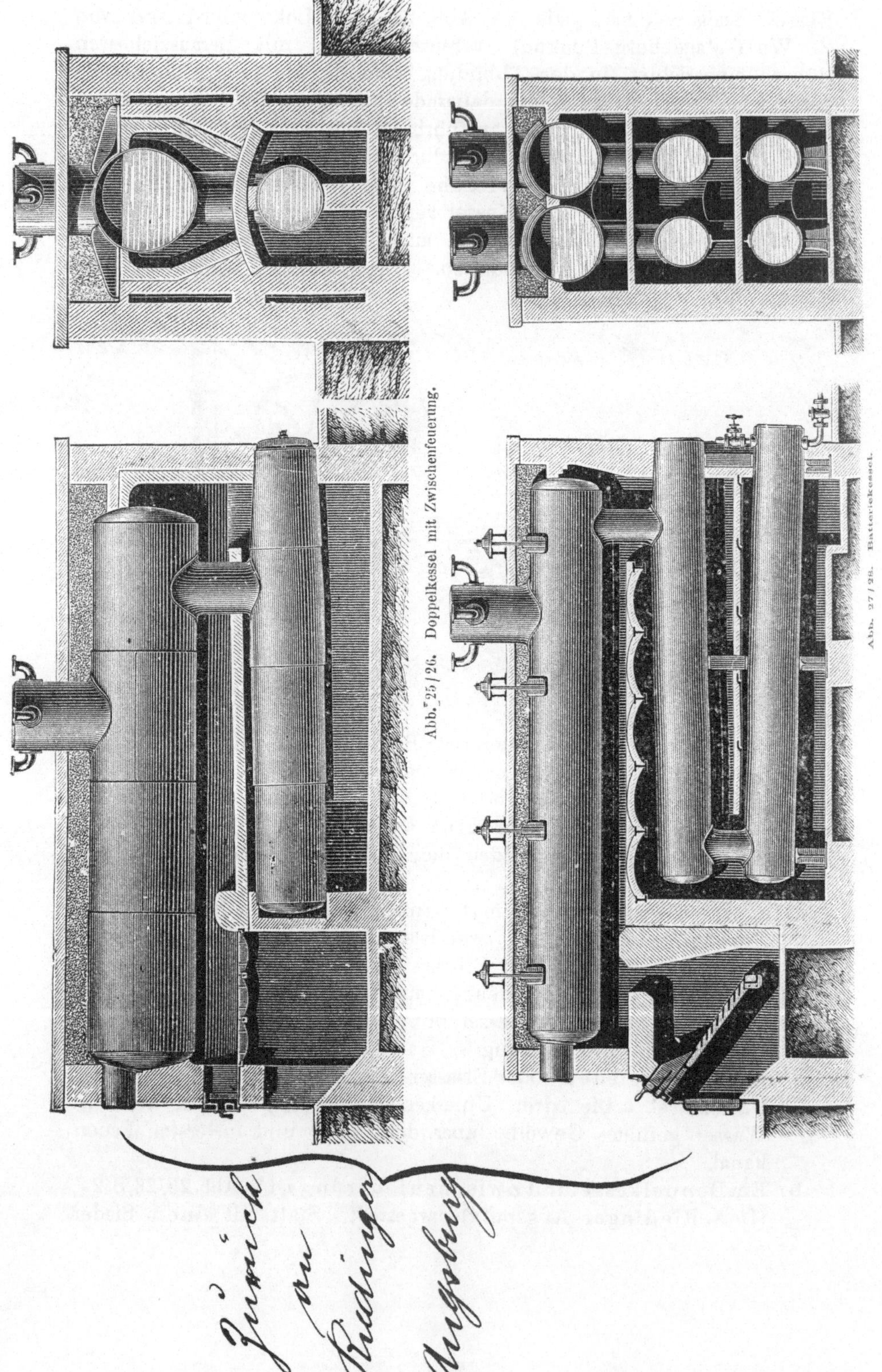

Abb. 25/26. Doppelkessel mit Zwischenfeuerung.

Abb. 27/28. Batteriekessel.

ist er mit einem Vorwärmer ausgestattet, indem der Oberkessel die erste Hitze, der Unterkessel aber die letzte Wärme der abziehenden Gase empfängt.

Ist dabei die Einrichtung, wie es am zweckmässigsten ist, noch so getroffen, dass das Speisewasser der Richtung der Feuergase entgegenströmt, so hat man einen Gegenstromkessel.

c) Einen Kessel mit daneben oder darunter liegenden Vorwärmern veranschaulichen die Abb. 27/28, S. 24, und 29/30 (L. A. Riedinger-Augsburg). Bei diesen Systemen wird das Gegenstromprincip noch mehr zur Geltung gebracht. Zu dieser Gruppe gehören noch die sog. Batterie-Kessel (Abb. 27/28).

Die Vorwärmer sind nur so lange als integrirende Bestandtheile der Kessel anzusehen, als dieselben durch ein offenes Rohr mit dem Kessel verbunden sind; ist dagegen zwischen Vorwärmer und Kessel ein Speiseventil eingeschaltet, so haben die Vorwärmer nicht mehr als eigentliche Kesseltheile, sondern nur noch als Anhängsel zu gelten, obschon hinsichtlich der Wärmeausnutzung ihr Werth derselbe bleibt. Nur für die Kesselprobe (Wasserdruckprobe) hat diese Unterscheidung eine gewisse Bedeutung.

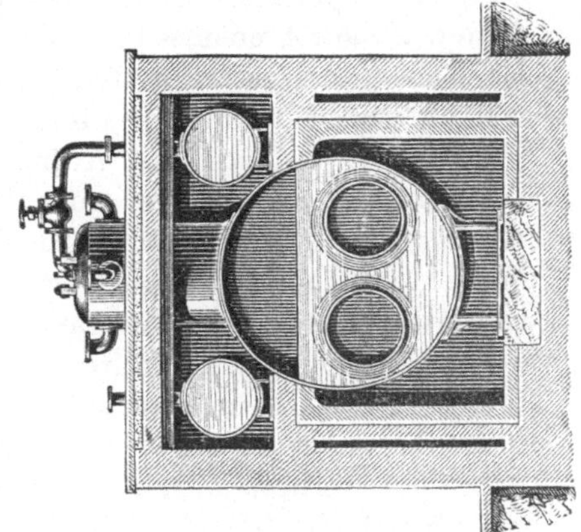

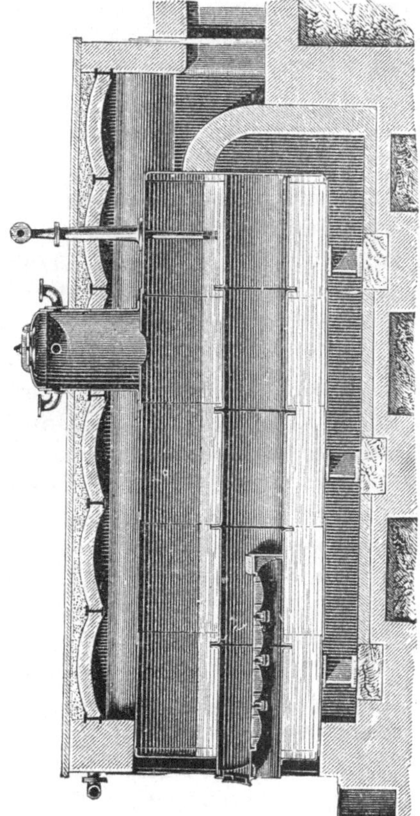

Abb. 29/30. Kessel mit daneben liegenden Vorwärmern.

d) Die letzte Unterabtheilung dieser Gruppe, die der Siederohr-
oder Wasserröhren-Kessel, umfasst eine grosse Anzahl verschiedener Systeme. Sie bilden gewissermassen das Gegenstück
zu den Feuerröhrenkesseln, indem in den Feuerröhren sozusagen
das Feuer im Wasser, in den Wasserröhren das Wasser im Feuer
vielfach vertheilt und in dünne Stränge ausgezogen wird. Auf
beide Weise will man die Aufnahme der Wärme dem Wasser er-
leichtern und eine bessere Ausnutzung des Brennmaterials herbeiführen. Die ersten Konstruktionen der Wasserröhrenkessel waren
die Belleville- und Rootkessel. Da sie sehr mangelhaft waren,
wurden sie durch die Grosswasserraumkessel vollständig verdrängt,
bis sie in den letzten Jahren wieder in veränderter Gestalt auf-
traten, hauptsächlich dem Bedürfniss entsprungen, Kessel zu besitzen, bei welchen das Nachgeben irgend eines Theiles nicht von
denjenigen verheerenden Wirkungen begleitet ist, welche man mit
dem Begriff der »Explosion« verbindet. Eine solche Gefahr soll
aber nach den Ausführungen aller Fabrikanten der zu dieser
zweiten Gruppe gehörenden Kessel bei allen Grosswasserraum-
kesseln, also bei den grossen Cylinderkesseln, bestehen, während
sie bei den Wasserrohrkesseln vermieden. bezw. auf ein Minimum
zurückgedrängt sein soll. Von allen Wasserrohrkesseln wird aber
nur denjenigen Leistungsfähigkeit zugesprochen, bei welchen
eine rationelle Wasserbewegung vorhanden ist, d. h., welche so
eingerichtet sind, dass der in den Rohren erzeugte Dampf Ge-
legenheit hat, sofort nach dem Dampfsammler oder Dampfraum
zu entweichen, ohne erst lange oder vielfach gewundene enge
Wege zu passiren, und dass das zum Ersatz des gebildeten
Dampfes erforderliche Wasser ebenso schnell den Rohren und
gleichfalls ohne Hindernissen zu begegnen, zugeführt wird.

Einer der bekanntesten, hierher gehörenden Kessel ist derjenige
von L. & C. Steinmüller-Gummersbach (Abb. 31, S. 27). Er besteht im wesentlichen aus zwei Theilen: dem eigentlichen Dampferzeuger und dem damit verbundenen Oberkessel. Der Dampferzeuger ist aus schmiedeeisernen Röhren zusammengesetzt, die
reihenweise gegeneinander versetzt, nach hinten geneigt angeordnet
und durch schmiedeeiserne Wasserkammern vereinigt sind. Da
der Oberkessel, woran sich der Wasserstandszeiger befindet, zur
Hälfte Wasser enthält und mit dem darunter befindlichen Röhrensystem hinten und vorn verbunden ist, so ist dieses Röhrensystem
stets vollständig mit Wasser gefüllt. Der Rost befindet sich unter
dem Röhrensystem und die Dampfbildung beginnt im vorderen
Theil der Röhren sofort nach dem Anheizen. Die Dampfblasen
steigen durch die vordere Wasserkammer nach oben, wodurch eine

lebhaft aufwärts steigende Wassercirkulation im Röhrensystem herbeigeführt wird.

Sehr ähnlich ist diesem Kessel derjenige von Heine (Fabrik A. Borsig-Berlin); er arbeitet in derselben Weise mit Rücksicht auf möglichst rasche und ökonomische Erzeugung von Dampf.

Ferner gehört hierher der sog. Dürr-Kessel (Düsseldorf-Ratinger Röhrenkesselfabrik vorm. Dürr & Comp.-Ratingen b. Düsseldorf)

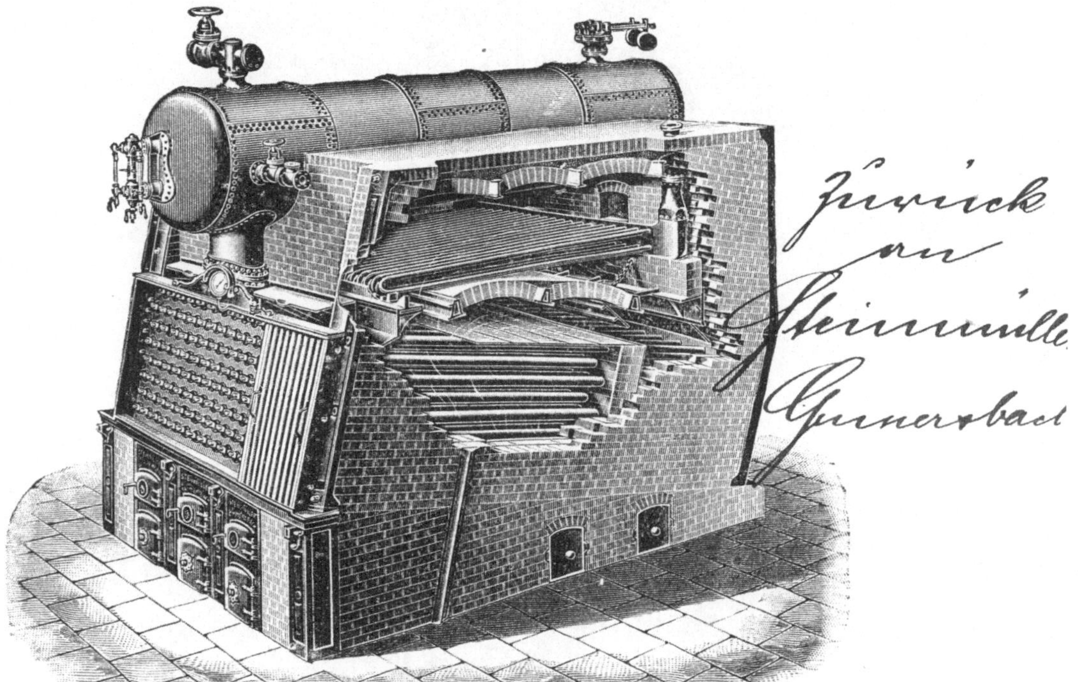

Abb. 31. Steinmüllerkessel.

Abb. 32/33, S. 28. Er besitzt je nach Grösse bezw. Art des Fabrikbetriebes 1 bis 2 Oberkessel, welche durch geschweisste Stutzen mit der sog. Trennungs-Kammer in Verbindung stehen. Letztere dient zur Aufnahme der Siederohre und zu der diesem Systeme eigenthümlichen patentirten Trennung des zu verdampfenden Wassers von dem dampfführenden Wasser.

Andere hierher gehörende Kessel sind: der Wasserrohrkessel der Maschinen-Dampfkesselfabrik »Guilleaume-Werke«-Neustadt a. d. Hdt., derjenige von E. Willmann-Dortmund, von Simonis & Lanz-Frankfurt a/M., von Büttner & Comp.-Uerdingen a./Rh., der Leipziger Dampfkesselfabrik von Broda & Comp.-Skeuditz (Leipzig), von Petry-Dereux-Düren u. a. m.

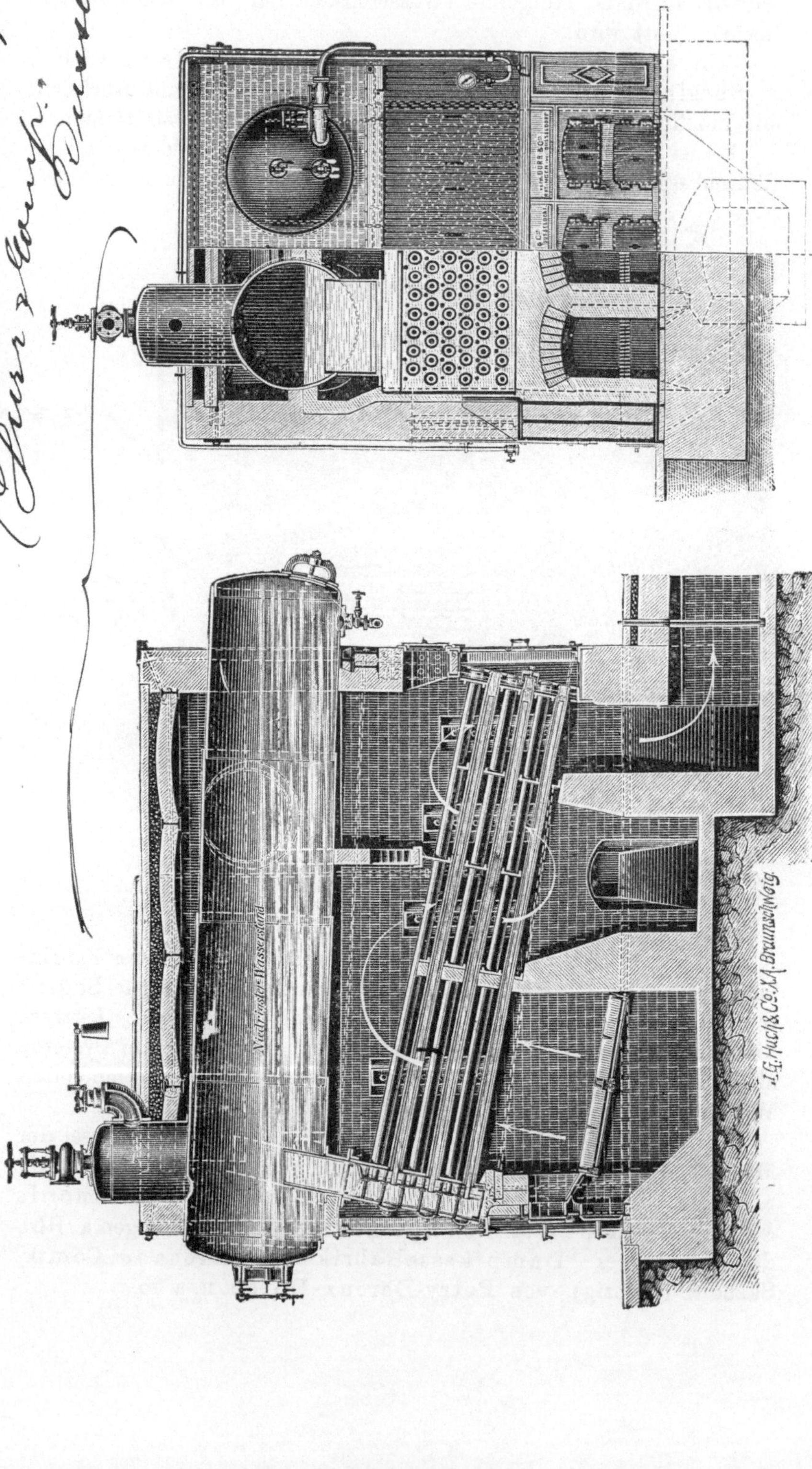

Abb. 32/33. Dürr-Kessel.

Kombinirte Kessel. Die letzte Hauptgruppe umfasst alle
Kombinationen der im Vorhergehenden aufgeführten Kesselformen.
Hierher gehört z. B. der Zweiflammrohrkessel verbunden mit
Röhrenkessel (mit getrennten Wasser- und Dampfräumen). Weil er

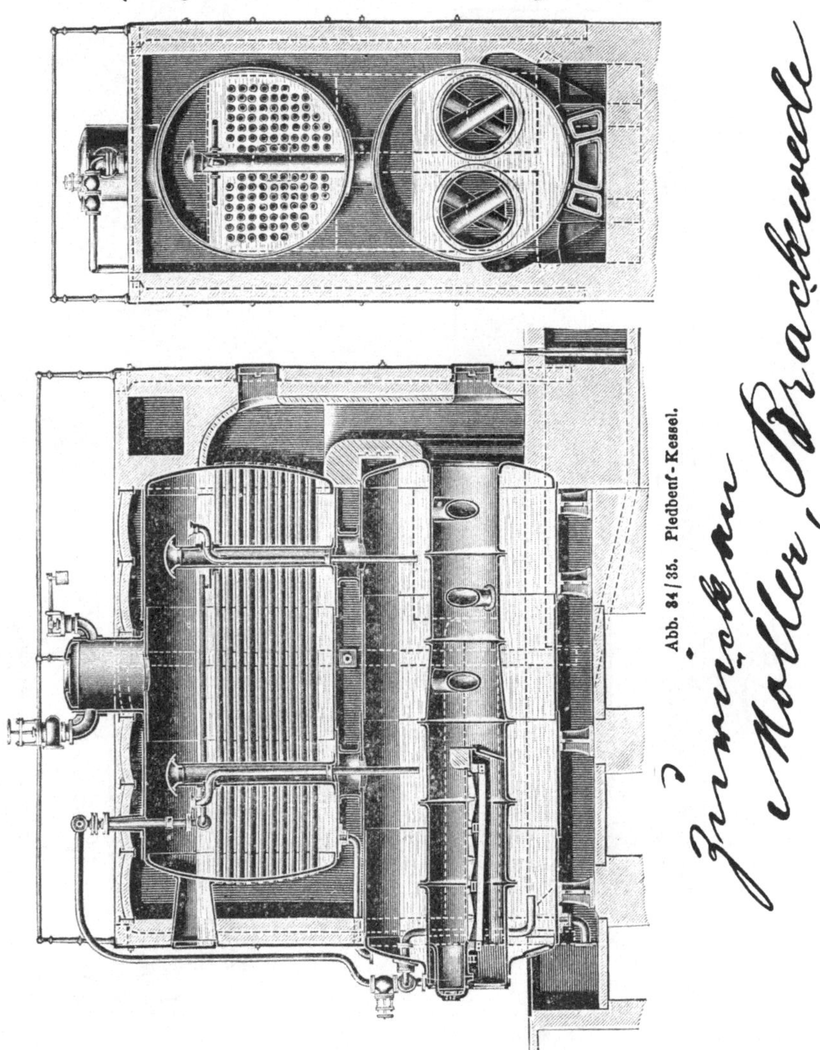

mehrere Wasserräume enthält, so könnte man ihn auch zu der
zweiten Hauptgruppe zählen. Als Hauptvertreter hierfür ist das System
Piedboeuf (kombinirter Innenfeuerkessel und Feuerröhrenkessel mit
Rückzug) zu nennen. Nach Schwartze entspricht dieser Kessel in
Bezug auf möglichst vollkommene Wärmeausnutzung seinem Zwecke in
ausgezeichneter Weise, jedoch ist die Anlage etwas kostspielig und

sind solche Kessel der komplicirten Bauart wegen nur von bewährten Specialfirmen zu beziehen.

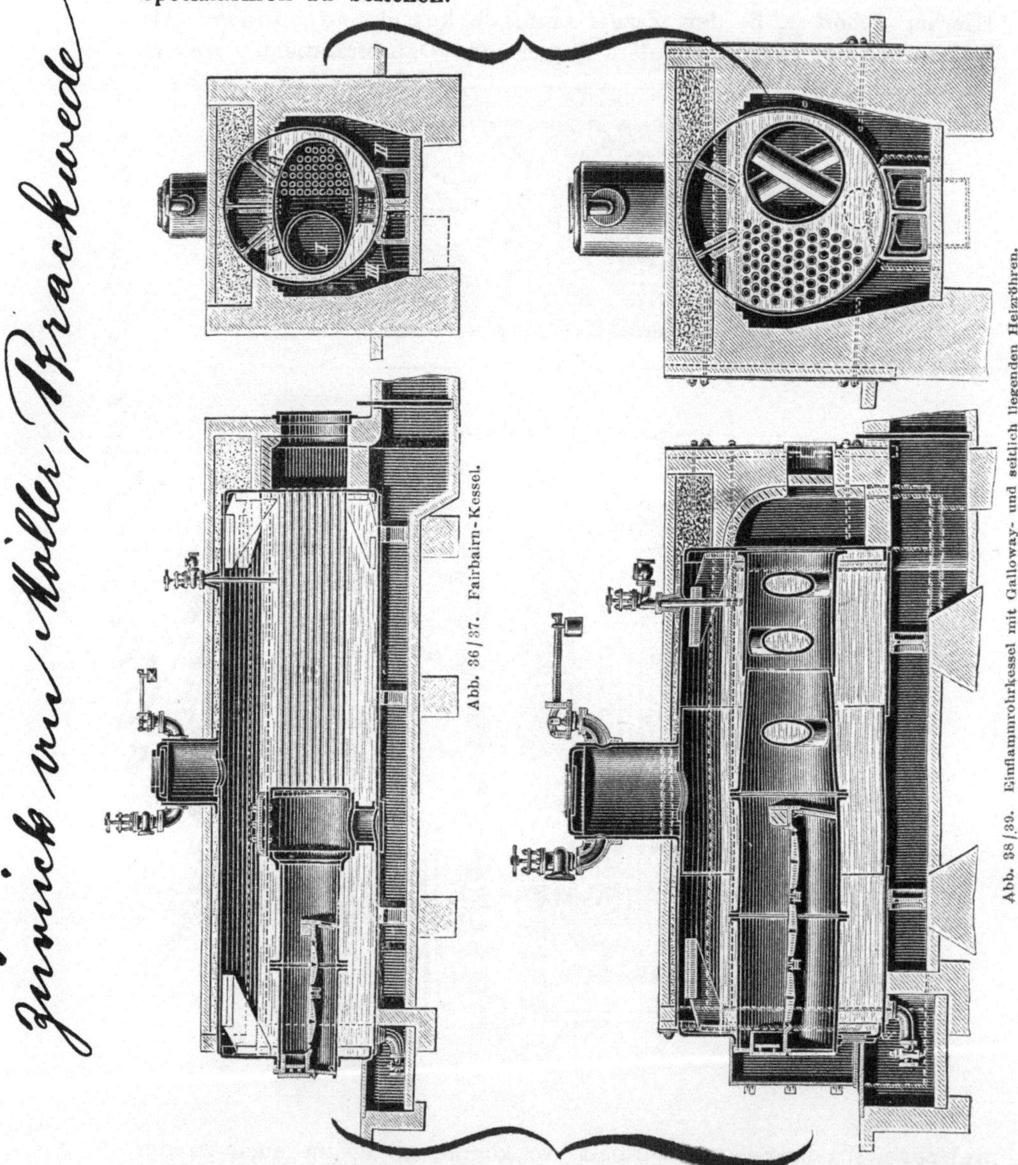

Abb. 36/37. Fairbairn-Kessel.

Abb. 38/39. Einflammrohrkessel mit Galloway- und seitlich liegenden Heizröhren.

Die Roste liegen, wie es Abb. 34/35, S. 29, (K. & Th. Möller-Brackwede) veranschaulichen, in den beiden Feuerrohren des im Verhältniss zum Durchmesser kurzen Unterkessels. Durch die Beschränkung der Länge dieser Feuerrohre wird deren Widerstandsfähigkeit mehr gesichert. Aus dem Feuerrohr steigen die Feuergase empor und durchziehen die Heizröhren des Oberkessels, worauf sich dieselben in dem ganz freigelassenen Raume um beide Kessel frei verbreiten und nach unten in den Fuchs entweichen. Die Bauart dieser Kessel erfordert eine ziemliche Höhe des an sich einfach auszuführenden Mauerwerks, und zum bequemen Zugang des Wasserstandszeigers ist eine eiserne Bühne an der Vorderseite des Gemäuers erforderlich. Derartige Kessel werden u. a. auch von **Paucksch** und der **Hörder Dampfkesselfabrik** geliefert.

Ferner gehört hierher der **Fairbairn-Kessel** (Abb. 36/37, S. 30)*). Man bezeichnet, wie auf S. 22 schon angedeutet, vereinzelt auch noch den »Zweiflammrohrkessel« mit »Fairbairn«; jedoch wird im allgemeinen ein Kessel darunter verstanden, welcher mit Innenfeuerung ausgestattet ist, und an dessen Feuerbüchse sich eine Anzahl Heizröhren anschliessen.

Erwähnt sei schliesslich noch der **Einflammrohrkessel** mit seitlich liegenden Heizröhren (Abb. 38/39, S. 30). Derselbe kann, wie jeder Flammrohrkessel, mit Galloway-Röhren, Wellblech- bezw. Stufenröhren ausgestattet werden. Anstatt dass die Heizröhren nur auf einer Seite des Flammrohrs angeordnet sind, können dieselben auch auf beide Seiten desselben vertheilt sein (System Pregardien).

Erwähnt sei hier endlich noch **Büttner's** Grosswasserraumkessel (A. Büttner & Comp.-Uerdingen a./Rh.), welcher, mit einem Wasserrohrkessel kombinirt, die Vortheile beider Systeme vereinigen soll.

Stehende oder Vertikal-Kessel finden im allgemeinen nur als kleine Dampferzeuger (bis höchstens 30 qm Heizfläche) Verwendung. Wegen des verhältnissmässig klein ausfallenden Dampfraumes und der kleinen Wasseroberfläche ist ein Mitreissen von Wasser in die Dampfleitung ohne specielle Anordnung eines Dampfsammlers schwer zu vermeiden. Unter 10 qm Heizfläche wählt man rücksichtlich der Wärmeausnutzung der Heizgase vortheilhafter stehende Kessel.

Die Vertikal-Kessel werden in den verschiedensten Modifikationen ausgeführt, jedoch stets so, dass sie äusserlich im ganzen die Form eines stehenden Cylinders zeigen.

Die Kessel sind sämmtlich mit Innenfeuerung versehen und bedürfen ausser einem einfachen Fundament keiner Einmauerung, höchstens Umhüllung, um Wärmestrahlung zu vermeiden. Ihre Bedienung erfordert bei forcirtem Betriebe einen aufmerksamen und gewandten Heizer, da sonst Dampfentnahme, Speisung und Feuerung nicht im Einklang zu halten sind und leicht Betriebsstörungen eintreten können.

Dagegen liefern sie infolge der Innenfeuerung und dünnwandigen Heizfläche rasch und viel Dampf. Die verhältnissmässig grosse Rost-

---

*) Die Abbildungen 34 bis 39 stellen ebenfalls Kessel von der Firma K. & Th. Möller-Brackwede dar. Vergl. Anmerk. S. 18.

fläche kann für jedes Brennmaterial und event. auch zur sofortigen Entleerung mit Kipprost eingerichtet werden. Die 3 bekanntesten und verbreitetsten Typen seien hier angeführt:

1. Der stehende Röhrenkessel (Abb. 40). Er ist im Princip dem auf S. 23 beschriebenen Wolf'schen Lokomobilkessel gleich, nur

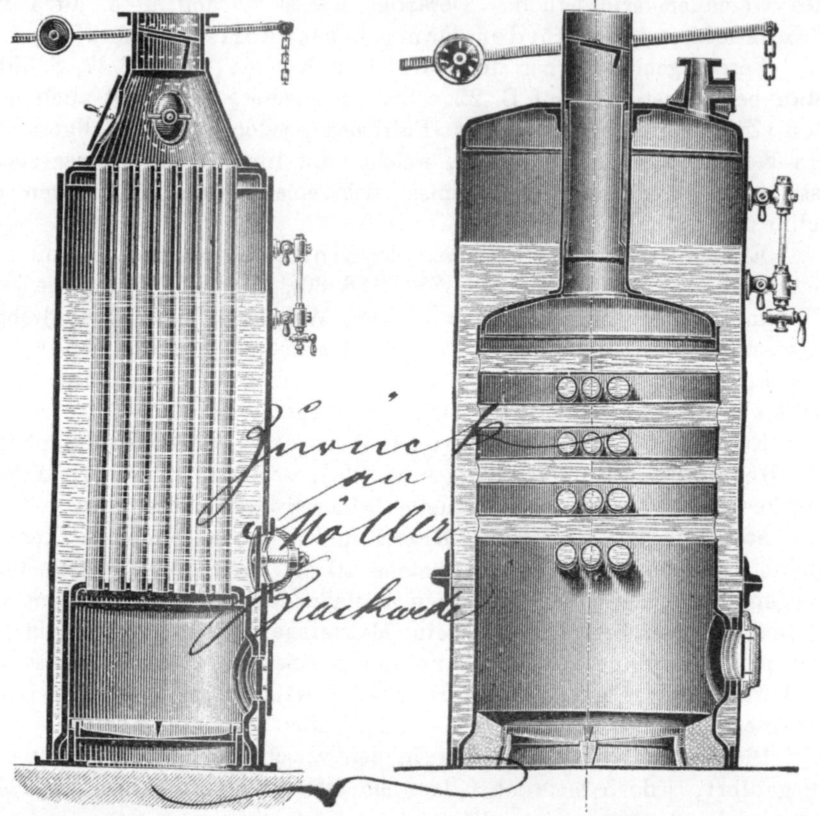

Abb. 40. Stehender Röhrenkessel.　　　　　Abb. 41. Stehender Querröhrenkessel.

dass dort die Heizröhren wagerecht und hier senkrecht angeordnet sind. Die Reinigung der Röhren von Russ erfolgt mittels der in dem Kaminaufsatz angebrachten Putzlöcher. Bezüglich des Kesselspeisewassers gilt das bei den horizontalen Heizröhrenkesseln Gesagte.

Eine beliebte Form stellen die Field-Kessel dar, in deren cylindrischem Vertikal-Kessel ein Feuerkasten eingesetzt ist, in welchem sich ein Hohlkörper aus Chamotte-Masse befindet. Um diesen herum befinden sich zahlreiche, unten geschlossene, dünnwandige Röhren, von der Decke eingehängt. In diesen Röhren hängen wieder Röhren (Kernröhren), wodurch eine kräftige Strömung bewirkt wird. Ausserdem giebt es noch verschiedene Modifikationen des Field-Kessels. —

2. Der stehende Querröhrenkessel (Abb. 41, S. 32). Dieses System ist das billigste, da die Kessel gewöhnlich klein und leicht sind. Dieselben sind für schlechtes Kesselspeisewasser völlig unbrauchbar, da die Reinigung ungeheuer schwer und infolgedessen theuer ist und eine frühzeitige Zerstörung zur Folge hat.

3. Der stehende Quersieder- oder Querrohrkessel (Abb. 42) bietet gegenüber dem vorigen mit seinen vielen engen, schlecht zu reinigenden

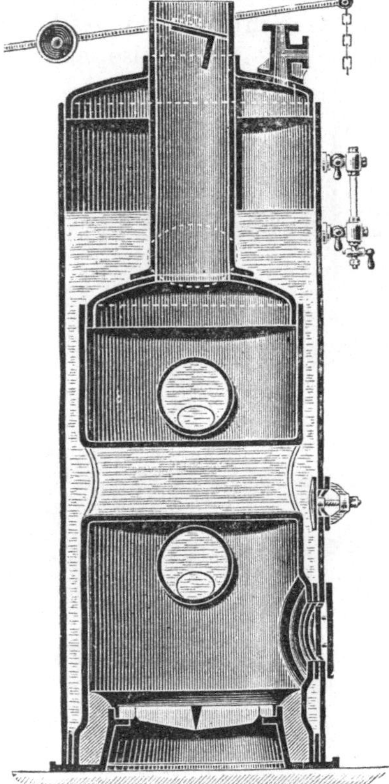

Abb. 42. Stehender Querrohrkessel.

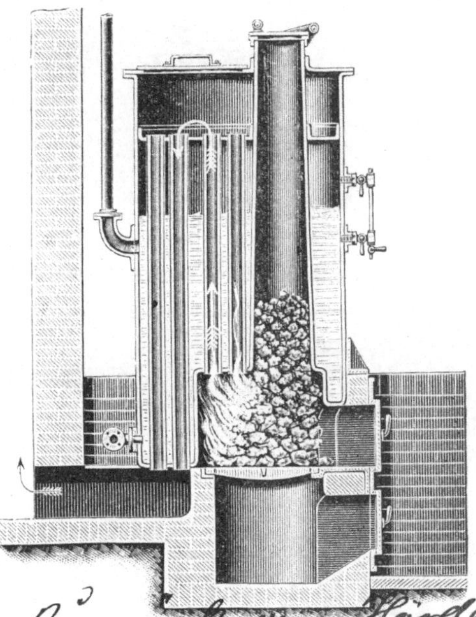

Abb. 43. Stehender Niederdruckkessel.

Röhren verschiedene Vorzüge dar. Er wird den anderen stehenden Röhrenkesseln entschieden vorgezogen, namentlich weil er einen erheblich grösseren Wasser- und Dampfraum und infolgedessen auch eine grössere Leistungsfähigkeit aufweist. Den geraden Querrohren (3 bis 4) zieht man die konischen (Galloway-) Rohre vor.

In kleinen Schlachthofbetrieben, in denen es sich ausser der Beschaffung von Dampf zum Brühen und Herstellen von warmem Wasser noch um die Wasserförderung handelt, findet man meistens diese sonst ökonomisch arbeitenden Kessel, während liegende Kessel gewöhnlich schon dann angewendet werden, wenn es sich um den Betrieb einer Dampfmaschine für Kühlhauszwecke u. s. w. handelt.

Besonders zu erwähnen ist noch der Querrohrkessel von **Menck & Hambrock-Ottensen**, der sich vom vorigen durch besonders weite Heizröhren unterscheidet, welche in die kreiscylindrische Feuerbüchse eingeschweisst sind und daher niemals undicht werden können.

Nach der Betriebsspannung unterscheidet man noch, wie oben bereits angeführt, **Hochdruck-** und **Niederdruckkessel.** Letztere finden überall da Anwendung, wo es sich nur um rasche Dampf- und Heisswasser-Entwicklung handelt, der Dampf also nicht als treibende Kraft gebraucht wird.

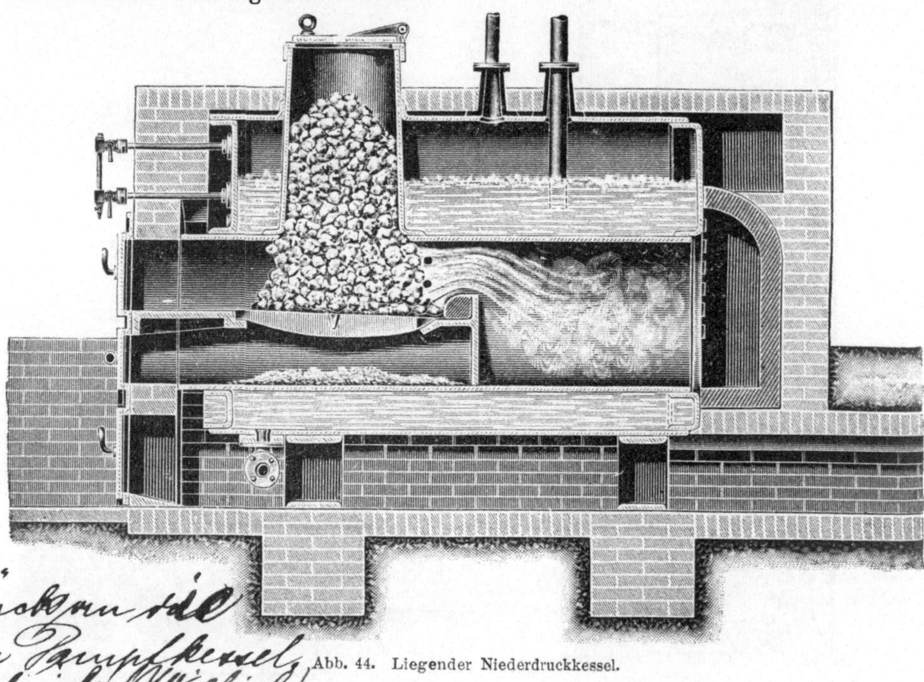

Abb. 44. Liegender Niederdruckkessel.

Allerdings ist immer zu berücksichtigen, dass bei, wenn auch noch so kleinen, Hochdruckkesseln der Effekt ein wesentlich günstigerer ist, daher denn diese auch in den meisten Fällen vorzuziehen sein dürften, zumal sie auch die gelegentliche Verwendung als Kraft (z. B. für eine Wasserpumpe) gestatten. Dieses ist bei Niederdruckkesseln ausgeschlossen.

Solche Niederdruckkessel, welche auch für kleinere Schlachthöfe geeignet sind, wenn es sich nur um die Erzeugung von Dampf für Heizzwecke (Brühkessel, Wasser etc.) handelt, können stehend und liegend sein.

In den Abb. 43, S. 33, u. 44, S. 34, sind Typen solcher Kessel aus der Hörder Dampfkesselfabrik (H. Willich)*) angegeben. In Abb. 43, einem stehenden Röhrenkessel, ist die Anordnung der Feuerbüchse und der Heizröhren so getroffen, dass die Gase vom oberen Theile des Kessels nach dem unteren zurückkehren, also auf einer doppelt so grossen Wegelänge wirken, wie beim gewöhnlichen Röhrenkessel. Abb. 44 stellt einen liegenden Röhrenkessel mit grossem Feuerrohr dar, in welchem die Entwicklung der Heizgase stattfindet.

Die Dampfkessel-Armatur. Ausser der oben bereits besprochenen Feuerungsanlage und der sog. groben Armatur gehören zur betriebsfähigen Ausrüstung eines jeden Dampfkessels noch eine Anzahl kleiner Theile und Apparate, welche man insgesammt als Kessel-Montirung, Kessel-Armatur (feine Armatur), Kessel-Garnitur oder -Ausrüstung bezeichnet.

Die einzelnen Armaturtheile dienen folgenden Zwecken:

a) der Dampfableitung,
b) der Speisung oder Wasserzuleitung,
c) der Vorwärmung des Speisewassers,
d) der Beobachtung des Wasserstandes im Kessel,
e) der Sicherung gegen Ueberschreitung des vorgeschriebenen Maximaldrucks, sowie gegen zu niedrigen Druck,
f) der Entleerung des Wassers (Abblasen),
g) der Befahrung des Kesselinnern,
h) der Beobachtung des herrschenden Dampfdruckes,
i) zum Signalgeben (Dampfpfeife).

a) *Die Dampfableitung.* Jeder Kessel muss ein Dampfabsperrventil haben, um bei kleineren Reparaturen von der Dampfleitung abgesperrt werden zu können, ohne den Kessel kalt zu stellen. Je nachdem bei einem Ventil Zu- und Abfluss des Dampfes in gleicher Richtung oder unter rechtem Winkel erfolgen soll, wendet man ein sog. Durchgangsventil (Abb. 45) oder ein Eckventil (Abb. 46) an (beide mit aussen liegendem Spindelgewinde)**). Derartige Ventile giebt es in den verschiedensten Modifikationen, namentlich in Bezug auf die Dichtungsart des Kegels, d. h. desjenigen Theiles,

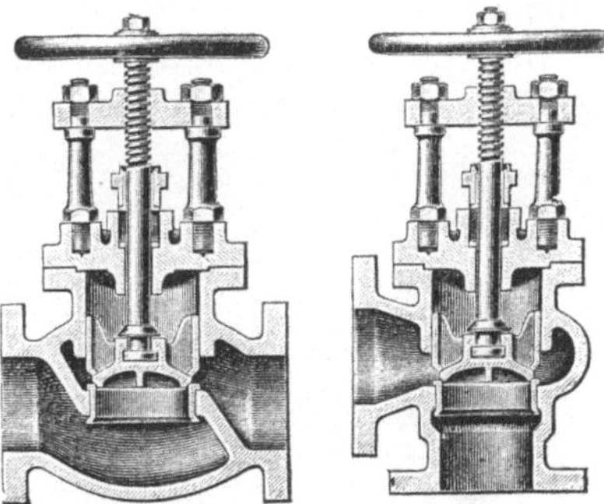

Abb. 45. Durchgangsventil. Abb. 46. Eckventil.

*) Diese Fabrik liefert natürlich auch die vorstehend besprochenen Hochdruckkessel verschiedener Systeme.

**) Die Abbildungen sämmtlicher Armaturen sind, wenn nicht anders angegeben, von der bekannten Armaturenfirma Schaeffer & Budenberg-Magdeburg-Buckau.

welcher den eigentlichen Verschluss im Ventilgehäuse bildet. Je nach
Lüftung dieses Kegels wird die Dampfzufubr geregelt bezw. nach Verschluss ganz aufgehoben.

Wird an einen mit einem höheren Dampfdruck arbeitenden Kessel
Dampfheizung oder, was noch häufiger vorkommt, ein Kochapparat
angeschlossen, welcher nur für niedrigen Druck bestimmt ist und den
hohen Druck nicht aushalten würde, so muss in solchen Fällen ein
sog. Dampfdruck-Reducirventil eingeschaltet werden. Ein solches
stellt Abb. 47 dar. Die Hohlspindel, auf welcher das
Handrad befestigt ist, hat linkes Gewinde, sodass durch
Rechtsdrehung (wie bei jedem Absperrventil) der Abschluss erfolgt. Dreht man aus dieser Schlussstellung
das Handrad links herum, so öffnet sich das röhren-
förmige Doppelventil, und der Dampf kann in der
Richtung des Pfeiles durchströmen. Die Spiralfeder ist
zunächst garnicht gespannt, sodass nur ein ganz geringer
Dampfdruck durchgelassen wird. Je mehr man nun das
Handrad links herum dreht, desto stärker wird die Feder
angespannt und mit desto höherer Spannung kann der
Dampf durchströmen. Man braucht also das Ventil nur
so weit zu öffnen, als der gewünschte reducirte Druck am Manometer
(s. dieses) angezeigt wird.

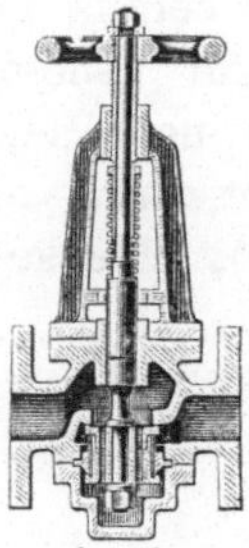

Abb. 47. Dampf-
druck-Reducirventil.

Bei der Dampfleitung ist dafür zu sorgen, dass der Dampf möglichst trocken ist (vergl. S. 17). Hierzu trägt die künstliche Vergrösserung des Dampfraumes durch den sog. Dom viel bei. Die Verbindungsstelle zwischen letzterem und dem Kessel soll, selbst bei
beträchtlich grösserem Durchmesser des Domes, nur »Mannlochgrösse«
besitzen.

Da sich an der Dampfentnahmestelle über dem Wasserspiegel eine
kegelförmige Erhebung bildet und hierdurch, bei geeigneter Höhe des
Wasserspiegels, leicht
Wasser mitgerissen wird,
so legt man eine Platte
in kurzer Entfernung vor
die Dampfaustrittsstelle
oder wendet besonders
hierfür konstruirte Appa-
rate an, wie z. B. den

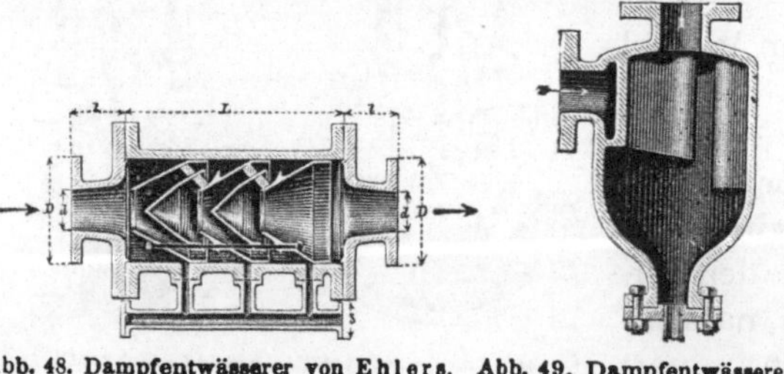

Abb. 48. Dampfentwässerer von Ehlers.   Abb. 49. Dampfentwässerer. Dampfentwässerungs-Ap-
parat von Ehlers (Abb.
48), welcher ebenso wie andere dem gleichen Zweck dienende
Apparate, z. B. derjenige in Abb. 49,. in die Dampfleitung eingeschaltet wird. Die untere Ausmündung schliesst sich an ein zu
einem Kondenstopf (s. diesen) führendes Rohr an. Eine andere

Konstruktion zeigt der in Abb. 50 abgebildete Apparat von Klein, Schanzlin & Becker-Frankenthal. Um auch das in der Leitung befindliche Kondenswasser zu entfernen, legt man die Leitung nach dem Wasserabscheider geneigt an.

An die Dampfabsperrventile schliessen sich die Dampfleitungen, über welche bei den Dampfmaschinen näher gesprochen werden wird.

b) *Die Speisung oder Wasserzuleitung.* Nach § 4 der Bekanntmachung betr. allgemeine polizeiliche Bestimmungen über die Anlegung von Dampfkesseln vom 5. August 1890 (R.-Ges.-Bl. 1890 Nr. 25, S. 163) (s. am Schlusse dieses Kapitels) »muss jeder Dampfkessel mit zwei zuverlässigen Vorrichtungen zur Speisung versehen sein, welche nicht von derselben Betriebsvorrichtung abhängig sind, und von denen jede für sich imstande ist,

Abb. 50. Dampfentwässerer.

dem Kessel die zur Speisung erforderliche Wassermenge zuzuführen. Mehrere zu einem Betriebe vereinigte Dampfkessel werden hierbei als ein Kessel angesehen.« Die Dimensionen und die Arbeitsgeschwindigkeit der Speisepumpe, sowie die Weite des Speiserohres sind so einzurichten, dass die Geschwindigkeit des Wassers im Speiserohre nie 180 m pro Minute überschreitet; jedoch thut man gut, besonders bei geringeren Durchmessern, bis auf 80 m pro Minute herunter zu gehen; hierdurch vermeidet man alles Schlagen und Vibriren des Speiserohres, wozu auch ausserdem noch nöthigenfalls das Anbringen eines Windkessels zwischen Pumpe und Speiseventil dienlich ist.

Zwischen Pumpe und Kessel ist in dem Speiserohre ein Sicherheitsventil mit Federbelastung einzuschalten, wodurch verhütet wird, dass durch Ingangsetzung der Pumpe bei geschlossenem Absperrventil das Rohr zersprengt wird.

Ausser der von der Dampfmaschine betriebenen Speisepumpe (Abb. 80 und Abb. 83 N.) bringt man für grosse Kessel noch eine besondere, direkt mittels einer kleinen Dampfmaschine zu betreibende Speisepumpe an, während für kleinere Kessel eine Handspeisepumpe genügt. Anstatt der Speisepumpe bedient man sich auch des Injektors. Es giebt »saugende« und »nicht saugende«; für kaltes Wasser sind beide verwendbar, für vorgewärmtes Wasser nur »nicht saugende«. Solche Injektoren oder Dampfstrahlpumpen besitzen den Vorzug der Einfachheit; jedoch sind sie in ihrer Wirkung weniger zuverlässig als Kolbenpumpen; auch kann man bei deren Anwendung nicht den von der Maschine abziehenden Dampf zum Vorwärmen des Speisewassers benutzen, weil der Injektor mit kaltem Wasser zu speisen ist. Die Anwendung von Injektoren empfiehlt sich besonders, wenn ein Dampfkessel, aber keine Dampfmaschine vorhanden ist.

Der Injektor (1856 von Giffard erfunden) ist ein Apparat, welcher dadurch als Speiseapparat wirksam wird, dass der durch ein konisches Rohr herausfahrende Kesseldampf durch ein seitliches Rohr Wasser anzieht, welches den Dampfstrahl theilweise kondensirt, und von demselben eine so grosse Geschwindigkeit mitgetheilt erhält, dass es durch seinen Stoss ein nach dem Wasserraume des Kessels sich öffnendes Ventil öffnet und so in den Kessel eingespritzt wird. Abb. 51 stellt einen Körting'schen Universal-Injektor im Durchschnitt dar, welcher sehr bequem zu handhaben ist, indem nur ein Hebel eingelegt zu werden braucht, um den Apparat in oder ausser Thätigkeit zu setzen,

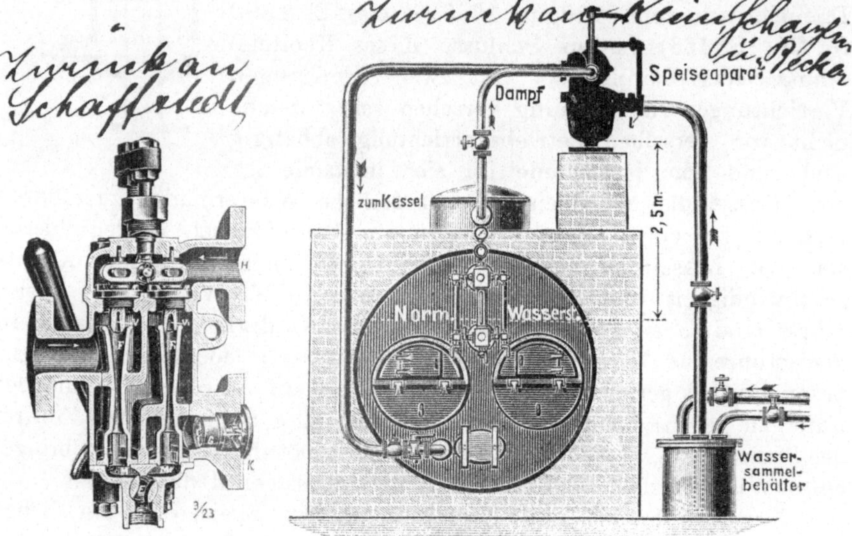

Abb. 51. Körting'scher Injektor.　　Abb. 52. Automatischer Speiseapparat.

sodass jede weitere Dampf- oder Wasserregulirung unnöthig ist. Der Injektor ist sehr leistungsfähig, er saugt kaltes Wasser bis auf 6,5 m Höhe an.

Neuerdings hat man zur Kesselspeisung auch Apparate benutzt, bei denen ein Gefäss abwechselnd mit einem Speisewasserbehälter und mit dem Dampfkessel in Verbindung gebracht wird, so dass der Dampfdruck direkt auf das Wasser wirkt. Der bekannteste dieser Apparate ist der Speiseapparat von S. G. Cohnfeld (Zaukerode bei Dresden). Der Apparat bewirkt eine der Dampfentnahme entsprechende beständige und selbstthätige Speisung des Dampfkessels, wodurch Unfälle infolge Wassermangels im Kessel vermieden, der Kessel geschont und eine sparsame Unterhaltung des Feuers wesentlich erleichtert wird.

Ein automatischer Speiseapparat wird auch von Klein, Schanzlin & Becker (Abb. 52) angefertigt, welcher das ihm von den einzelnen Stellen in geschlossenen Rohrleitungen zugeführte Kondenswasser, das

also destillirt ist und gar keine Unreinlichkeiten enthält, aufnimmt und
selbstthätig und ununterbrochen zum Kessel zurückbringt. Es entsteht
also ein gewisser Kreislauf, indem der dem Kessel entnommene Dampf
in den Leitungen kondensirt und ohne weitere Wärmeverluste wieder
in den Dampfkessel zurückgeführt wird.

Zur Messung des Kesselspeisewassers ist nach Schwartze
ein selbstthätiger Wassermesser zu empfehlen. Ein derartiger guter
Apparat, insbesondere der Speisewassermesser »Patent Schmidt«,
giebt ein zuverlässiges Mittel zur Erkennung der Verdampfungsfähigkeit
verschiedener Kesselkonstruktionen, des Heizwerthes verschiedener Brennstoffe, der Zuverlässigkeit des Heizers und des jeweiligen Zustandes von
Kessel und Dampfmaschine. Der Schmidt'sche Kolbenwassermesser
arbeitet bei jedem Druck und innerhalb weiter Grenzen der Geschwindigkeit sehr zuverlässig.

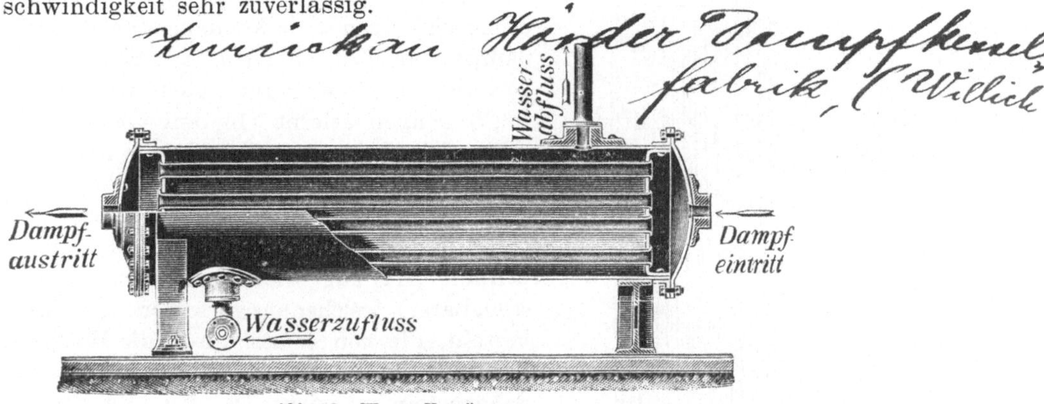

Abb. 53. Wasser-Vorwärmer.

Was im allgemeinen die Anlage des Speiserohres im Kessel an-
belangt, so ist zu vermeiden, dass das aus demselben ausströmende
Wasser gegen die heissesten Theile der Heizfläche stösst, weshalb man
dieses Rohr am hinteren Ende des Kessels einführt und an der Mündung
nach vorne biegt, so dass das Wasser von hinten nach vorn in der
Längsrichtung des Kessels strömt. Ausserdem ist darauf zu achten,
dass das Speiserohr nicht zu tief in das Kesselwasser eingesenkt wird,
weil sonst bei zufällig eintretender Undichtheit des Speiseventils das
Kesselwasser zum grössten Theil durch das Speiserohr herausgedrückt
werden kann, sobald die Speisepumpe abgestellt wird. Aus diesem
Grunde ist es gerathen, die Mündung des Speiserohres nur bis zu
50 mm über dem höchsten Punkte der Kesselheizfläche hinabgehen zu
lassen, so dass es also etwa 50 mm unter dem niedrigsten Wasserspiegel ausmündet. Um in Flammrohrkesseln zu verhüten, dass das
kühle Speisewasser in schädlicher Weise auf die heissen Bleche der
Flammrohre einwirke, lässt man dasselbe durch ein 1 bis 2,5 m langes,

vorn geschlossenes, mit 10 mm weiten seitlichen Oeffnungen versehenes, horizontal in den Kessel eingelegtes Rohr austreten; hierdurch wird bewirkt, dass das kühle Speisewasser sich sehr gleichmässig in der oberen Schicht des Kesselwassers vertheilt.

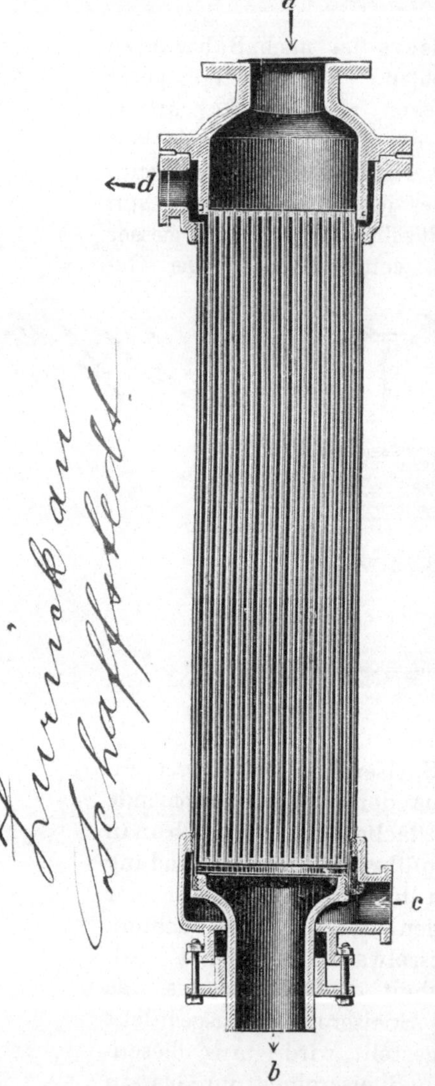

Abb. 54. Gegenstrom-Vorwärmer.

c) *Vorwärmung.* Durch die Anwärmung des Kesselspeisewassers, bevor es in den Kessel geleitet wird, kann man sowohl wesentliche Ersparnisse an Brennmaterial erzielen, als auch wirkt ein derartiges Verfahren sehr günstig auf die Haltbarkeit des Kessels ein. Als Wärmequelle dient hierzu entweder die noch mit verhältnissmässig hoher Temperatur von dem Kessel kommende Feuerluft, oder bei Hochdruckmaschinen ohne Kondensation der Abdampf derselben. Derartig mit dem Kessel verbundene Vorwärmer haben wir bereits S. 25 kennen gelernt. In den Vorwärmern setzt sich der meiste Kesselstein ab; deshalb muss man dafür sorgen, dass derselbe leicht entfernt werden kann. Als besondere Vorwärme-Apparate sind hier zu nennen: Greens Fuel Economiser (Brennstoffsparer), welcher aus gusseisernen Röhren besteht, die von aussen durch die Heizgase bestrichen werden, ehe diese nach dem Schornstein entweichen, während das Speisewasser hindurchströmt, ferner der Apparat der Rheinischen Röhrendampfkesselfabrik A. Büttner & Comp.-Uerdingen u. a. m.

Die den Abdampf benutzenden Vorwärmer können entweder offene oder geschlossene sein, je nachdem der Dampf mit dem Speisewasser direkt in Berührung kommt oder nicht. Erstere dürfen namentlich nicht unter Kesseldruck stehen, was bei letzteren in der Regel der Fall ist. Bei den offenen Vorwärmern rieselt das kalt eintretende Wasser in dünner Schicht über Platten, während der Dampf den durch die Platten ihm zugewiesenen Zickzackweg über das Wasser hin durchläuft und alsdann austritt. Das Wasser wird bis auf ca. 70° erhitzt. In dem in Abb. 53, S. 39 dargestellten Apparat (Hörder Dampfkessel-Fabrik H. Willich-Hörde) umkreist das Wasser die Dampfrohre nach Art der

Wärmwasserbereiter, während der in Abb. 54, S. 40 dargestellte »Gegen-strom-Vorwärmer« von H. Schaffstädt-Giessen ein geschlossener, in die Druckleitung der Speiseleitung eingebauter ist.

Empfehlenswerth sind auch die nach Art der Filterpressen ge-bauten sog. Zellenvorwärmer von Klein, Schanzlin & Becker.

d) *Beobachtung des Wasserstandes im Kessel.* Nach § 5 der Reichsgesetzlichen Bestimmungen über die Anlegung von Dampf-kesseln vom 5. August 1890 »muss jeder Dampfkessel mit einem Wasserstandsglase und mit einer zweiten geeigneten Vorrichtung zur Erkennung seines Wasserstandes versehen sein. Jede dieser Vor-richtungen muss eine gesonderte Verbindung mit dem Inneren des Kessels haben, es sei denn, dass die gemeinschaftliche Verbindung durch ein Rohr von mindestens 60 qcm lichtem Quer-schnitt hergestellt ist.« Ausser dem Wasserstandsglase wendet man auch noch häufig Probirhähne an; seltener werden Schwimmer benutzt.

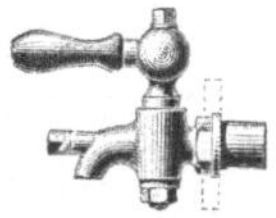

Abb. 55.
Probirhahn.

Da ein Wasserstandsglas zufällig versagen oder durch Zerbrechen unbrauchbar werden kann, so bringt man neuerdings der Vorsicht halber zwei nebeneinander an. Es sind in diesem Falle Probirhähne oder Schwimmer unnöthig. Ueberhaupt sind die letzteren Apparate viel weniger zuverlässig als Wasserstandsgläser. Die Probir-hähne (Abb. 55)*), von denen immer zwei — der eine für den tiefsten, der andere für den höchsten Wasser-stand — angebracht werden, leiden oft an Undichtheit und Verstopfung. Ausserdem lassen sie aber auch den Wasser-stand nicht bestimmt erkennen und man vermag sogar zuweilen nicht genau zu unterscheiden, ob Dampf oder Wasser aus einem solchen Hahne herausfährt. Die Schwimmer versagen oft, indem der damit verbundene Draht sich in seiner Stopfbüchse festklemmt, sobald diese der nöthigen Dichtheit wegen etwas scharf angezogen wird. Fast vollständig ohne störende Widerstände sollen die magnetischen Schwimmer arbeiten.

Abb. 56.
Wasserstandsglas.

Abb. 56 zeigt ein einfaches Wasserstandsglas. Um ein Heraus-nehmen des Glases behufs Reinigung oder Auswechselung zu gestatten, oder um bei dem zufälligen Zerbrechen des Glases das Herausblasen des Dampfes zu verhüten, sind an den nach dem Kessel führenden

---

*) Bezüglich der Probirhähne schreiben die gesetzlichen Bestimmungen vor, »dass der unterste derselben in der Ebene des festgesetzten niedrigsten Wasserstandes angebracht sein muss. Sie müssen alle so eingerichtet sein, dass man behufs Entfernung von Kessel-stein in gerader Richtung hindurchstossen kann. Der für den Dampfkessel festgesetzte niedrigste Wasserstand ist an dem Wasserstandsglase, sowie an der Kesselwandung oder dem Kesselmauerwerk durch eine in die Augen fallende Marke zu bezeichnen.«

Verbindungsröhren Hähne angebracht; ausserdem befindet sich unterhalb des Glasrohres ein Hahn, durch welchen man von Zeit zu Zeit den im Glase sich etwa ansammelnden Schmutz und Schlamm ausblasen kann. Um die Verbindungsröhren von dem darin sich ansetzenden Kesselsteine reinigen zu können, sind vorn in deren Verlängerung Schraubenpfropfen vorhanden, so dass man nach dem Herausschrauben dieser Pfropfen mit einem starken meisselartig zugeschärften Eisen den Kesselsteinansatz aus den Verbindungsröhren ausstossen kann.

Abb. 57 stellt einen Doppelwasserstandsanzeiger von Schaeffer & Budenberg dar. Derselbe besteht aus einem gemeinschaftlichen Gusskörper mit daran angebrachtem Manometer. Diese Art Wasserstands-

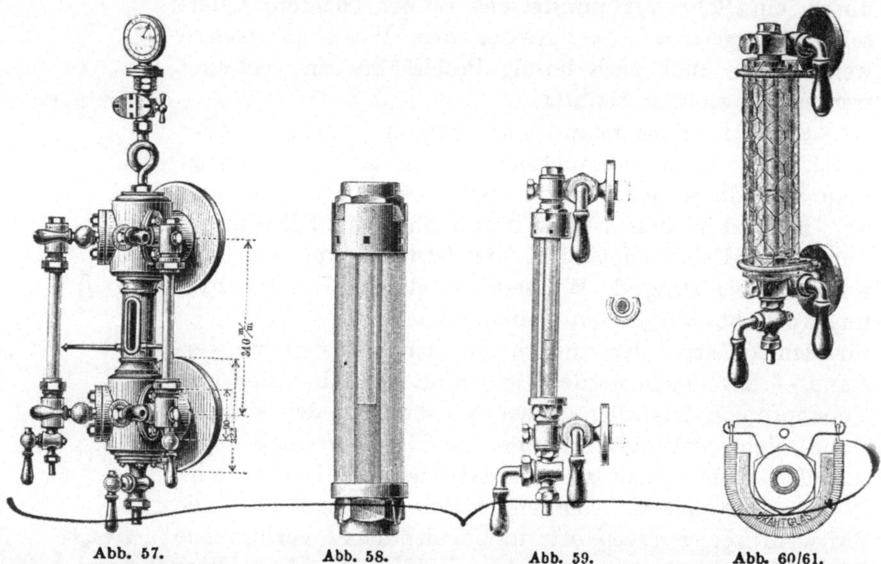

Abb. 57.	Abb. 58.	Abb. 59.	Abb. 60/61.
Doppelwasserstandsanzeiger.	Drahtglas-Schutzhülse.	Wasserstandsanzeiger mit Drahtglas-Schutzhülse.	Wasserstandsanzeiger mit Schutzhülse.

zeiger wird als solid und zweckmässig empfohlen. Um im Falle eines Bruches des Wasserstandsglases das Fortfliegen der Glassplitter und das Austreten von Dampf und Wasser nach dem Heizerstande zu verhindern, umgiebt man nach dem Vorgange von Schaeffer & Budenberg den Wasserstandszeiger mit einem der Länge nach aufgeschlitzten starken Hartglasrohre. Dasselbe wird von der Seite zwischen die Glasrohrmuttern geschoben und besteht aus zwei Messingfassungen, welche sich leicht und sicher über die Glasrohrmuttern schieben lassen, sodass bei einer Glasrohrauswechselung die Schutzhülse bequem entfernt und wieder angebracht werden kann (Abb. 58/59). Eine andere (Drahtglas-) Schutzhülse derselben Firma ist in Abb. 60/61 abgebildet. —

Als Sicherheitsvorrichtung gegen Explosionen bei zu tiefem Wasserstande werden vielfach Pfropfen aus einer leicht schmelzbaren Metalllegirung einige Centimeter unter dem zulässigen niedrigsten Wasserstande angebracht, welche schmelzen, sowie die Kesselwand an der betreffenden Stelle innen wasserfrei wird. Einen solchen Pfropfen (von Schaeffer & Budenberg) stellt Abb. 62 dar. Der Pfropfen wird an einer vom Feuer berührten Stelle von innen in die Kesselwand eingeschraubt. Schmilzt nun die den Conus C umgebende Komposition wie oben angegeben, so wird der Conus C herausgeschleudert und der austretende Dampf löscht das Feuer augenblicklich.

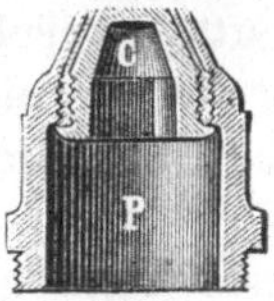

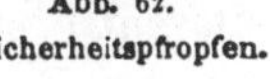

Abb. 62.
Sicherheitspfropfen.

Ein schmelzbarer Pfropfen ist auch der wesentliche Theil bei dem Black'schen Sicherheits-Apparate (»Speiser«, »Warner«) Abb. 63. Er besteht aus einem zweitheiligen schmiedeeisernen Rohre, in Verbindung mit einem Absperrhahn und einer Signalpfeife, deren Eingangsöffnung durch einen metallenen, bei 120 ° C. schmelzenden Pfropfen verschlossen wird. Der Apparat wird mit dem schraffirt gezeichneten Flansch auf den Kessel geschraubt und zwar so, dass das untere Rohr bis zum niedrigsten Wasserstand in den Kessel hineinreicht. Bei normalem Wasserstande ist das schmiedeeiserne Rohr des Apparates ganz mit Wasser angefüllt. Sobald indess der Wasserstand unter das zulässige niedrigste Maass sinkt, entleert sich das Rohr und es tritt an die Stelle des Wassers der heisse Kesseldampf, welcher den Metallpfropfen schmelzt und eine Alarmpfeife in Thätigkeit setzt. Aehnliche Konstruktionen sind von Krupp, Schwartzkopff u. a. m. hergestellt.

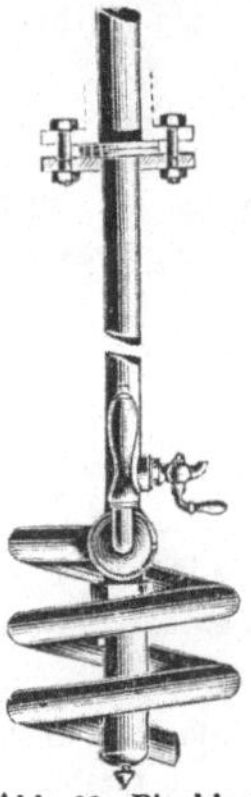

Abb. 63. Black'scher
Speiserufer.

e) *Sicherung gegen Ueberschreitung des vorgeschriebenen Maximaldruckes.* Zu den wichtigsten Armaturtheilen gehört das Sicherheitsventil. Es dient zum selbstthätigen Abblasen des übermässig gespannten Dampfes, um das Zerbersten (Explosion) des Kessels zu verhüten. Die gesetzlichen Bestimmungen sagen über das Sicherheitsventil: »Jeder Dampfkessel muss mit wenigstens einem zuverlässigen Sicherheitsventil versehen sein. Wenn mehrere Kessel einen gemeinsamen Dampfsammler haben, von welchem sie nicht einzeln abgesperrt werden können, so genügen für dieselben zwei Sicherheitsventile.« Dieselben müssen jederzeit gelüftet werden können. Sie sind höchstens so zu belasten, dass sie bei Eintritt der für den Kessel festgesetzten Dampfspannung den Dampf entweichen lassen.

Unter Sicherheitsventil versteht man im allgemeinen ein belastetes Ventil, welches von einer Seite dem Druck des Kesseldampfes ausgesetzt ist und von diesem gehoben, also geöffnet wird, wenn die Dampf-

spannung grösser wird, als sie bei der Wahl der Ventilbelastung vor-
gesehen wurde. Das Sicherheitsventil erfüllt seinen Zweck nur dann,
wenn es gross genug und so konstruirt ist, dass es sich bei richtiger
Wartung rechtzeitig und hinreichend weit öffnet, um dem Dampf-
überschuss einen schnellen Austritt zu gestatten, ohne doch vorher
schon abzublasen und dadurch Dampfverluste zu bewirken. Vor allem
ist darauf zu achten, dass Klemmungen oder Verstopfungen nicht eintreten können. Ein nach Scholl besonders empfehlenswerthes Sicherheitsventil stellt Abb. 64 (Schaeffer & Budenberg) dar. Bei demselben
liegt der Punkt, in welchem der Belastungsdruck auf das Ventil übertragen wird, unter der Sitzfläche, während er in Abb. 65 auf dieser

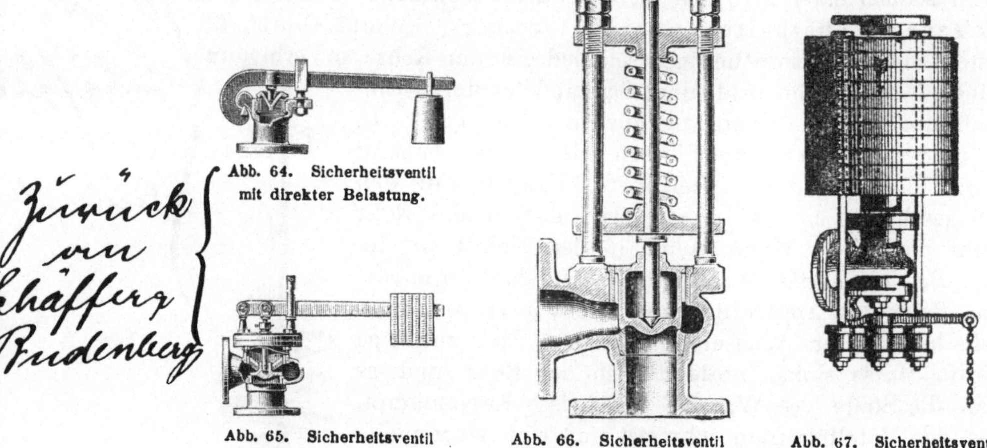

Abb. 64. Sicherheitsventil
mit direkter Belastung.

Abb. 65. Sicherheitsventil   Abb. 66. Sicherheitsventil   Abb. 67. Sicherheitsventil
mit direkter Belastung.   mit Federbelastung.   mit direkter Gewichtsbelastung.

ruht. Die Belastung des Sicherheitsventils erfolgt entweder durch Gewichte (Abb. 64 und 65) oder durch Federn, und zwar in beiden Fällen
entweder direkt oder indirekt, d. h. ohne oder mit Benutzung eines
Hebels. Indirekte Gewichtsbelastung ist bei feststehenden, indirekte
Federbelastung bei beweglichen Dampfkesseln am gebräuchlichsten.
Ein Ventil mit Federbelastung zeigt Abb. 66, während Abb. 67 ein
solches mit direkter Belastung (beide von Klein, Schanzlin & Becker)
darstellt. Zu erwähnen sind noch das Ventil von J. G. Hoffmann-
Breslau und das Quecksilberventil von Hopkinson & Comp.-Hudders-
field und die Federwagen von Meggenhofen.

Rathsam ist es nach Schwartze bei grösseren stationären Kesseln
ausser dem Hebelventil noch ein direkt belastetes anzubringen.

Damit das Kesselhaus nicht zu sehr von dem abgehenden Dampf
angefüllt wird, verbindet man das Sicherheitsventil am besten mit einem
direkt nach aussen mündenden Abzugsrohre.

Nach Scholl ist ein Luftventil (Abb. 68) für einen Kessel unbedingt erforderlich, wenn derselbe dem äusseren Druck der Atmosphäre nicht zu widerstehen vermöchte, welcher bei stattfindendem Erkalten und Kondensation des Dampfes wirksam wird. Diese Luftventile (Schaeffer & Budenberg) sind kleine Ventilchen von höchstens 25 mm Weite, welche durch eine schwache Feder gegen ihren Sitz gedrückt werden und sich bei entstehendem Ueberdruck sofort nach innen öffnen. Für Hochdruckkessel braucht man in der Regel keine Luftventile.

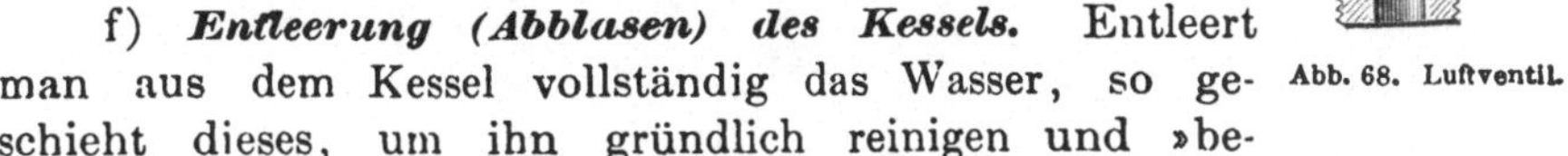

Abb. 68. Luftventil.

f) *Entleerung (Abblasen) des Kessels.* Entleert man aus dem Kessel vollständig das Wasser, so geschieht dieses, um ihn gründlich reinigen und »befahren« (d. h. hineinsteigen) zu können. Will man nur einen Theil desjenigen Wassers entfernen, welches den meisten Schmutz und Schlamm enthält, so wird, weil hierbei immer der Dampf noch wirksam ist und heisses, dampfendes Wasser ausgetrieben wird, alsdann dieser Vorgang mit »Abblasen« bezeichnet, während man ersteren einfach »Entleeren« nennt. Ein Kessel darf nie vollständig abgeblasen werden, wenn das Mauerwerk noch glühend oder noch Feuer auf dem Rost ist. Manche Explosionen sind schon dadurch entstanden. Die Abblasevorrichtung besteht am besten aus einem Hahn mit Stopfbüchse; Ventile lassen sich für diesen Zweck weniger dicht halten. Ein solcher Hahn ist stets an der tiefsten Stelle des Kessels, am besten an einem besonderen Schlammsacke anzubringen. Der unterhalb sich absetzende Schlamm wird nach Bedürfniss durch Oeffnen des Hahnes gegen das Ende längerer Ruhepausen, in denen das Wasser zur Ruhe gekommen, seine Niederschläge abgesetzt hat und der Dampfdruck beträchtlich gesunken ist, abgelassen.

Ueber das Anbringen sog. Sicherheitspfropfen, durch deren Schmelzen das Feuer leicht ausgeblasen wird, wurde oben bereits gesprochen.

Zu erwähnen ist noch die Sicherheitsabblase-Vorrichtung nach Weinlich's Patent, bei welcher das Absperrventil direkt in den Kesselmantel eingesetzt ist. Hierdurch ist es möglich, die etwa verstopfte Rohrleitung durch Oeffnen eines unten im Kessel angebrachten, mit einem oberhalb des Kessels befindlichen Handrädchen verbundenen kleinen Ventils auszublasen. Das eigentliche Ausblaseventil ist mit einer durch die Oberwand des Kessels in einer Stopfbüchse gehenden rohrförmigen Spindel versehen, durch welche die Stange des kleinen Hülfsventils geht, und lässt sich mittels eines zweiten, unter dem erwähnten Handrädchen sitzenden Handrades öffnen.

g) *Befahren des Kesselinnern.* In jeden grösseren Kessel muss der Kesselwärter oder sein Gehülfe hineinsteigen können, um die

Reinigung, Revision und Reparaturen darin vornehmen zu können.
Zum Befahren dient eine in der oberen Kesselwandung befindliche ovale
Oeffnung von höchstens 462 bis 570 mm Länge und 340 mm Breite,
das »Mannloch« genannt. Während früher das Mannloch mittels einer
flachen schmiedeeisernen Platte, die mit vielen Bolzen auf dem besonders
aufgesetzten Hute befestigt war, geschlossen wurde, ist heute der in
Abb. 69 (nach Scholl) abgebildete Verschluss gebräuchlich. a ist eine
kräftige schmiedeeiserne Platte, die der Kesselwölbung bb gemäss gebogen ist und sich auf die inneren Ränder des Mannlochs auflegt.
Zwischen beide wird behufs des dampfdichten Schlusses ein Menning-

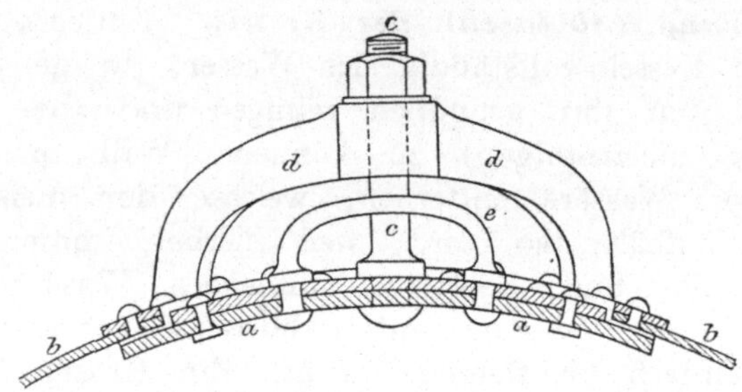

Abb. 69.　Mannlochdeckel.

kranz, eine trockene gute Hanfflechte oder ein Gummiring (sog. »Mann-
lochschnur«) oder am besten ein in Kap. III zu beschreibender Lechler-
scher Ring eingelegt. Der Rand des Mannlochs ist durch einen auf-
genietheten Ring, der Deckel durch eine zweite aufgeniethete Platte
verstärkt. Zwei Schrauben c, ebenfalls mit dem Deckel verniethet,
gehen durch zwei Bügel d, deren Füsse sich auf den Rand des Mann-
loches stellen. Mittels dieser Schrauben wird der Deckel fest gegen den
inneren Rand der Kesselwandung gezogen. Der Deckel wird mittels
des Griffels e gehandhabt. Die Breite des Deckels ist so zu wählen,
dass derselbe bei gehöriger Auflage für den Kranz bequem durch das
Loch hindurch eingesetzt werden kann.

　　h) *Beobachtung des Dampfdruckes.* Zur Angabe der im Kessel
in jedem Augenblicke vorhandenen Dampfspannung dient das Manometer. Für den Dampfkesselbetrieb wird neuerdings bei weitem
überwiegend das Federmanometer benutzt, da das ältere, offene Quecksilbermanometer viel weniger bequem im Gebrauch ist und sich
auch nicht für hohe Dampfspannungen eignet.

　　Das in sehr verschiedenartigen Konstruktionen vorkommende Federmanometer beruht im allgemeinen auf dem Gedanken, durch den
im Kessel wirksamen Dampfdruck ein elastisches Gefäss oder eine
elastische Scheidewand aus ihrer Form bringen zu lassen und die eintretende Verbiegung als Maass für die Grösse des Dampfdruckes zu
benutzen, indem man dadurch ein kleines Hebel- oder Räderwerk, das

mit einem Zeiger verbunden ist, in Bewegung setzt. Zu den verbreitetsten gehören die Manometer von Schaeffer & Budenberg-Magdeburg. Ein solches ist in Abb. 70 abgebildet und besteht im wesentlichen aus einer konzentrisch kreisförmig gewellten dünnen Stahlblechwand, die in einem Gehäuse eingeklemmt und mit einem Zahnsektor verbunden ist, welcher in ein mit dem Zeiger verbundenes Getriebe eingreift.

Das Bourdon'sche Röhrenmanometer besteht aus einem dünnwandigen, kreisförmig gebogenen Kupferrohr, von linsenförmigem Querschnitt; dieses Rohr wird durch eine Messingfassung gehalten und steht durch eine spaltförmige Oeffnung in seiner Wand mit dem Hahnröhrchen in Verbindung, welches mit dem Dampfraume des Kessels kommunicirt. Das Rohr ist an beiden Enden geschlossen und durch kleine Lenkstangen mit dem Hebel verbunden, woran der Zahnsektor sitzt, der in das mit dem Zeiger versehene Getriebe eingreift.

Vorschriftsmässig muss jedes Manometer mit einem sog. Kontrollstutzen versehen sein, woran ein Kontrollmanometer sich befestigen lässt, um zeitweise das Kesselmanometer auf seine Richtigkeit prüfen zu können. Ein solches Kontrollmanometer stellt Abb. 71 dar.

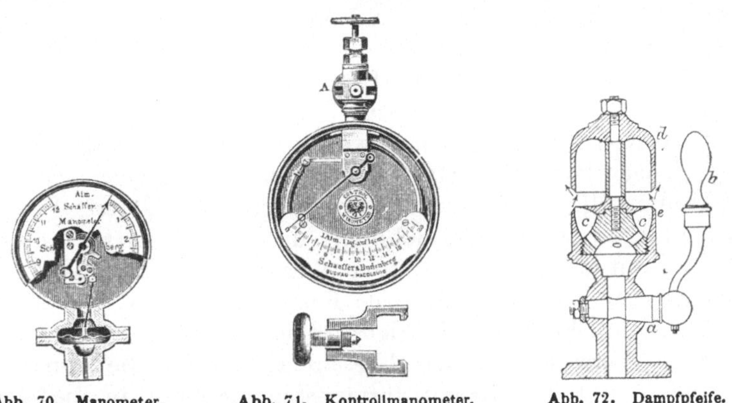

Abb. 70. Manometer.   Abb. 71. Kontrollmanometer.   Abb. 72. Dampfpfeife.

i) *Die Dampfpfeife.* Um das Zeichen für Beginn und Schluss der Schlachtzeiten, Oeffnung des Kühlhauses u. dergl. m. zu geben, finden wir auf den meisten Schlachthöfen eine Dampfpfeife mit dem Kessel verbunden. Eine solche ist in Abb. 72 dargestellt: Ein Hahngehäuse a mit Hahn ist auf den Kessel dampfdicht aufgesetzt; b ist die Handhabe des Hahns, aus Holz; cc sind Löcher zum Auslassen des Dampfes, wenn der Hahn geöffnet ist. Der obere Theil erweitert sich über cc in eine Scheibe, von der rund herum ein Mantel e nur sehr wenig absteht, so dass nur eine schmale ringförmige Oeffnung bleibt. Unter dieser hängt die unten scharf abgedrehte Kappe d. Sowie der Dampf in der Richtung der gezeichneten Pfeile ausströmt, trifft er auf jene Schärfe, setzt die Glocke in Schwingung und erzeugt dabei den bekannten schrillenden Ton.

Störungen im Betriebe der Dampfkessel. Im Betriebe der Dampfkessel können sich aus verschiedenen Ursachen mancherlei Störungen und Gefahren entwickeln, welche oft auf Unachtsamkeit und Unreinlichkeit des Wartepersonals zurückzuführen sind. Zu derartigen Störungen gehört z. B. die übermässige Anhäufung von Russ und Asche in den Rauchröhren und Zügen. Derartige Verunreinigungen sind zwar gewöhnlich nicht gefährlich, können aber die Leistung eines Kessels sehr beeinträchtigen. Es sind zu dem Zwecke mehrere gute Reisig- und Ginsterbesen mit langen Stielen in Bereitschaft zu halten. Bürsten aus Piassawa und aus geglühtem Stahldraht in Spiralen um Stangen, Drähte und Drahtseile eingeflochten, empfehlen sich besonders. Bei engröhrigen Kesseln bedient man sich auch eines sog. »Hechtkopfes«. Bei grösseren Reinigungen muss gleichzeitig das schadhaft gewordene Mauerwerk ausgebessert werden.

Von besonderem Nachtheil ist, wie bereits oben bemerkt, der **_Ansatz von sog. Kesselstein,_** und zwar insofern, als die Verdickung der Kesselplatten durch schlecht wärmeleitende Substanzen den Wärmedurchgang erschwert und somit die Leistungsfähigkeit eines Kessels sowie die Sparsamkeit des Betriebes vermindert*). Viel grösser als der Nachtheil ist aber die Gefahr, welche der Ansatz von Kesselstein nach sich zieht, sofern Platten, welche von starken Kesselsteinschichten bedeckt sind, glühend werden und zur Explosion Veranlassung geben können. Selbst abgesehen von dieser schlimmsten Gefahr bringt die durch den Steinbelag bedingte höhere Temperatur der Kesselbleche stärkere Ausdehnung und sonach stärkere Biegungen der Bleche mit sich, falls die freie Ausdehnung unmöglich ist, was Undichtigkeiten, ja selbst Risse zur Folge haben kann, jedenfalls aber die Wahrscheinlichkeit von Betriebsstörungen erhöht. Bei stark vorgeschrittener Verschleimung des Kesselinnern werden die mineralischen Niederschläge mit dem Dampf fortgerissen, gelangen in die Maschine und vergrössern deren Abnutzung oder verderben die Armaturtheile, indem sie dieselben verstopfen. Wasserstandsröhren, Manometer und Sicherheitsventile, welche vollständig mit Kesselstein ausgefüllt sind, sollen häufig vorkommen. Derartige Erscheinungen sind natürlich Kennzeichen sorgloser Bedienung und dürfen in einem geordneten Betriebe nicht vorkommen.

Kesselsteinbildner sind hauptsächlich: schwefelsaurer Kalk, kohlensaurer Kalk, kohlensaure Magnesia und in seltenen Fällen schwefelsaure Magnesia. Ferner gehören hierher: kohlen- und schwefelsaurer Baryt,

---

*) Nach angestellten Versuchen beträgt der Mehrverbrauch an Brennmaterial bei einer Kesselsteinschicht von 2 mm Dicke 15 %, bei 5 mm 40 bis 50 %.

Thonerde, Kieselsäure und Gemische aus diesen (sog. Mergelkesselsteine). Die Zusammensetzung des Kesselsteins ist also ausserordentlich verschieden und die Möglichkeit demnach sehr gering, denselben mit einem »Universalmittel» zu bekämpfen.

Die Bildung des Kesselsteins erfolgt in der Weise, dass die im Speisewasser gelösten Salze des Kalkes und der Magnesia beim Eintritt in den Kessel durch die Einwirkung der hohen Temperatur in unlösliche zersetzt werden, welche sich dann in krystallinischer Form an den Kesselwandungen niederschlagen. Es ist mithin die Aufgabe einer Wasserreinigungsanlage, die gelösten Salze durch Erhitzen und durch Zusatz chemischer Reagentien in unlösliche Salze überzuführen und die ungelösten Salze aus dem Wasser zu entfernen, und zwar muss die Ausscheidung erfolgen, bevor das Speisewasser in den Kessel gelangt. Es giebt zwar Vorrichtungen, welche die Ausscheidung und Entfernung der Salze im Kesselinnern bewirken, dieselben sind jedoch nur für gewisse Speisewässer anwendbar, auch ist die Entfernung des gebildeten Schlammes keine vollständige. Als innere Mittel zur Verhütung des festen Ansetzens der ausgeschiedenen Kesselsteinbildner sind vorgeschlagen und angewendet worden:

Elektricität, Kesselsteinsammler, Cirkulation des Wassers, Blechschnitzel, Glasscherben, Theeren und Bestreichen der Kesselwände mit Petroleum, gerbstoffhaltige Substanzen, Katechu, stärkemehlhaltige Stoffe, Zucker, Glycerin. Auf elektrischem Wege hat man keine besonderen Resultate erzielt.

Unter Kesselsteinsammler sind Schlammsammler und solche Theile des Kessels zu verstehen, welche für bequeme Reinigung eingerichtet, die Hauptmasse des Kesselsteins erhalten und dadurch andere, weniger leicht zugängliche Kesseltheile entlasten. Hierher gehören auch die seit einigen Decennien bekannten muldenförmigen Blecheinlagen, auf welchen sich der Kesselstein, statt auf der Kesselwand, ablagern soll. Diese, neuerdings unter dem Namen der Popper'schen Einlagen verbreiteten, Mulden haben verschiedentlich ganz nützlich gewirkt, während in anderen Fällen sehr üble Erfahrungen damit gemacht wurden.

Ueber den Nutzen der Cirkulation sind die Ansichten noch sehr getheilt; jedenfalls ist schon eine sehr grosse Wassergeschwindigkeit nothwendig, um das Ansetzen von Kesselstein zu verhindern.

Blechschnitzel und Glasscherben wirken nur kurze Zeit, indem sie, den Wallungen des Wassers folgend, mit ihren scharfen Kanten die Wände abkratzen und reinhalten. Schliesslich bleiben aber die Theile im Schlamm fest sitzen und wirken nun erst recht nachtheilig, indem sie die festbrennende Masse vergrössern.

Das Anstreichen des Kessels mit Fett, Petroleum oder Theer vermindert die Wärmedurchlässigkeit, ohne entschiedene Verminderung des Steinansatzes zu bewirken. Auch die Anwendung von Gerberlohe,

Katechu, Kartoffeln, Zucker, Glycerin, welche Stoffe durch Bildung eines klebrigen Ueberzuges der Kesselwand das Festbrennen des Steines verhüten sollen, hat keine durchschlagenden Resultate erzielt, sodass, obwohl in einzelnen Fällen günstige Erfolge mitgetheilt werden, kaum noch dazu gerathen werden kann.

Da die Verunreinigung des Speisewassers durch mechanisch beigemengte Stoffe herbeigeführt werden kann, besonders durch Schlamm, Lehm, Abfälle, Algen, Eisenoxyd, Kohlentheilchen, sonstige organische Stoffe und Oel, so zerfallen die Reinigungsmethoden in mechanische und chemische und die Vereinigung beider.

Die mechanische Reinigungsmethode ist verhältnissmässig einfach. Die Beseitigung der specifisch schwereren Stoffe als Wasser (wie Schlamm, Lehm und Kohlentheilchen) erfolgt durch Absetzenlassen in Klärkästen.

In einem solchen Filterapparat (Abb. 73 u. 74, S. 51, H. Reisert-Köln) befindet sich das Filtermaterial (Perlkies) zwischen den Sieben F. Das trübe Wasser tritt bei A in den Apparat, durchdringt die Kiesschicht und fliesst bei B geklärt ab. Soll das Filter gereinigt werden, so wird Ventil A geschlossen und das Schlammabflussventil E, sowie der Entlastungshahn X geöffnet; alsdann wird die Luftkompresse D und C geöffnet. Die in das Rohrsystem R gepresste Luft dringt von unten durch die Filterschicht und reisst hierbei unter gleichzeitiger Rückströmung des Wassers durch B die Schlammtheilchen vom Kies los; das Schlammwasser fliesst durch Rohr S ab, während die Luft durch Hahn X entweichen kann. Das Auswaschen erfordert 3 bis 5 Minuten.

Ein ähnliches Sandfilter baut die Firma Breda & Holzt-Friedenau.

Bei Verwendung von Kondenswässern zu Speisewässern kommt oft Oel und Fett mit in den Kessel. Das Oel setzt sich an den Wandungen fest und erhärtet besonders an den stark erhitzten Feuerplatten zu einer harten, sehr schlecht wärmeleitenden Kruste. Die Abscheidung des Oeles erfolgt am besten mittels Holzwollfilter und Einschalten von Badeschwämmen in die erweiterten Rohrleitungen. Auch hat man zu diesem Zwecke besondere Oelabscheider konstruirt.

Schwieriger als die mechanische ist die chemische Speisewasser-Reinigung. Wie schon erwähnt, ist es die Aufgabe dieser, die Kesselsteinbildner durch Zusatz von Reagentien in lösliche und unlösliche Salze zu verwandeln; die unlöslichen sind dann vor dem Eintritt in den Kessel zu entfernen, die löslichen gelangen mit in den Kessel, wo sie unschädlich sind. Die in Betracht kommenden chemischen Reagentien sind: Aetzkalk, Aetznatron und Soda. Mittels Aetzkalk können nur die kohlensauren Salze ausgeschieden werden; Aetznatron und Soda sind imstande, kohlensaure und schwefelsaure Salze auszufällen. Die Wahl der Reagentien richtet sich nach der Art und Zusammensetzung der Kesselstein bildenden Substanzen und nach den durch die Chemikalien bedingten Unkosten des pro 1 cbm zu reinigenden Wassers.

Als besondere und bewährte Wasserreinigungs-Apparate mögen hier angeführt werden:

1. Der Selbstthätige Wasserreinigungs-Apparat, Patent Dervaux (Reisert-Köln), in welchem die Ausscheidung ausschliesslich

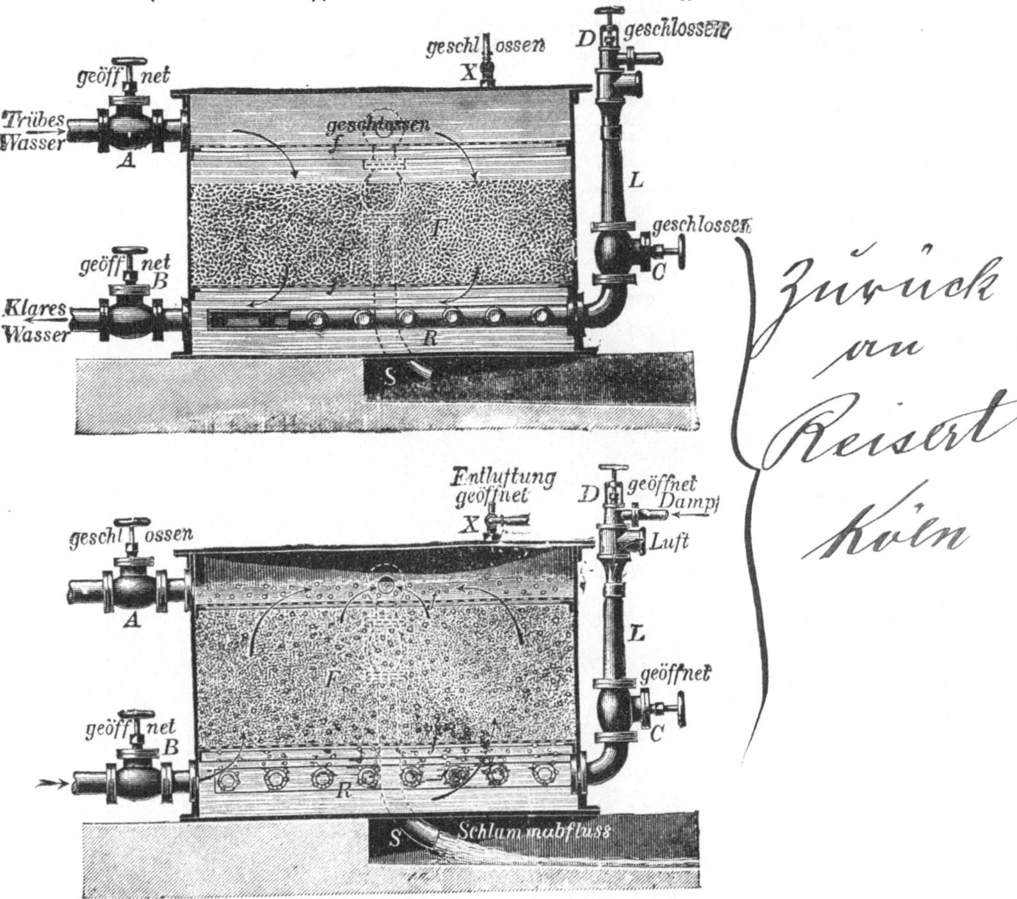

Abb. 73/74. Filterapparat von Reisert.

durch Aetzkalk und Soda und zwar meistentheils auf kaltem Wege erfolgt;

2. der Central-Wasser-Reiniger von L. Schroeter-Reppen;

3. der Speisewasserreinigungs-Apparat, System Pollacsek (gebaut von G. Arnold & Schirmer-Berlin, N.O.);

4. das Dehne'sche Wasserreinigungsverfahren (A. L. G. Dehne-Halle a./S.;

5. Wasserreinigungs-Apparat der Maschinenfabrik Grevenbroich.

6. Einer der beliebtesten, ein namentlich in kleineren Betrieben
sehr verbreiteter Apparat ist der Dervaux'sche Kesselreinigungs-
Apparat (H. Reisert-Köln) Abb. 75. Der über dem Kessel aufgestellte Schlammfänger D ist durch die Cirkulationsrohre R und V
mit dem Innern des Kessels verbunden. Rohr V, welches zur Vermeidung von Abkühlung von dem Dampfumhüllungsrohre U umgeben

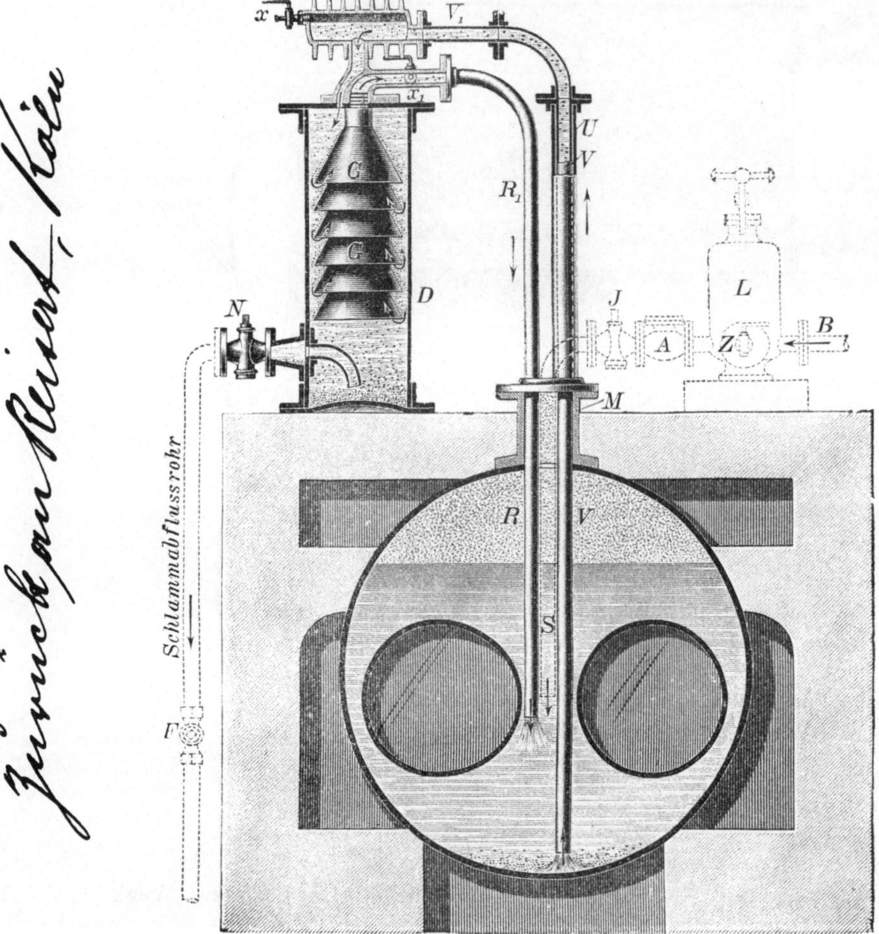

Abb. 75. Dervaux'scher Kesselreinigungs-Apparat.

ist, ist bis auf die tiefste Stelle des Kessels geführt, während die
Mündung des Rohres R ungefähr in der Mitte des Kessels liegt.
Durch die in Rohr V aufsteigenden Dampfblasen wird die Flüssigkeit
in demselben leichter, d. h. es erfolgt ein Auftrieb von Dampf und
Wassergemisch in V. Das letztere wird im Rippenkopf des Schlamm-
sammlers kondensirt und fällt durch Rohr R in den Kessel zurück; es tritt

also eine lebhafte Wassercirkulation des Kesselinhalts ein. Im Schlamm-fänger D ist das Wasser gezwungen, die durch die Scheidewände GG gebildeten Abtheilungen mit geringer Geschwindigkeit zu durchfliessen und hier seine Schlammtheilchen auf den Trichterflächen abzusetzen. Von diesen rutscht der Schlamm zeitweise ab und kann durch Hahn N entfernt werden. Die pro Tag nothwendigen Chemikalien (Aetznatron oder Soda, oder beides) werden täglich in das Speisereservoir gegeben oder in den für diesen Zweck in die Speisedruckleitung eingeschalteten Topf L. Ein solcher, seit ca. 6 Jahren im Stolper Schlachthofe in Betrieb befindlicher Apparat hat sich ausserordentlich gut bewährt und kann zur Anschaffung nur bestens empfohlen werden.

Entfernung des Kesselsteins. Um den Kesselstein zu ent-fernen, muss zunächst das Wasser vollständig abgelassen werden. Dies darf weder geschehen, so lange noch Feuerung auf dem Rost liegt, noch so lange die Kesselmauerung glühend ist, sondern erst, nachdem schon eine gewisse Abkühlung eingetreten und dadurch die Gefahr des Erglühens der Kesselbleche ausgeschlossen ist.

Einige Stunden nach der Entleerung wird der Kessel behufs Ab-kühlung mit kaltem Wasser gefüllt ev. auch dasselbe nochmals entleert und wieder gefüllt. Mit der letzten Füllung bleibt nun der Kessel so lange stehen, als zur vollständigen Abkühlung erforderlich ist, z. B. 12 Stunden, wird sodann entleert und mit meisselartigen Hämmern auf der ganzen mit Steinansatz bedeckten Innenfläche beklopft, wodurch der Stein in Form von Plättchen abspringt.

In der Höhe der Wasserstandslinie ist gewöhnlich sehr viel Stein enthalten, welcher um so vorsichtiger zu entfernen ist, als dort leicht eine Ueberhitzung der Platten veranlasst gewesen sein kann. —

Der Kesselstein hat übrigens auch sein Gutes; denn er schützt die Kesselwand vor Rost. Kessel, welche mit ganz reinem Wasses gespeist werden, rosten oft ziemlich schnell.

Dampfkessel-Explosionen und deren Ursachen. Nach Scholl sind die Ursachen, welche als Grund des Berstens der Kessel-wand und der daraus folgenden Kesselexplosionen angenommen werden, nachstehende:

1. Uebermässige Dampfspannung.. An und für sich ist diese weniger gefährlich, als wenn der Kessel gleichzeitig Erschütterungen und Stössen, von aussen oder von innen, ausgesetzt ist.

2. Unfähigkeit abgenutzter Kessel oder einzelner Stellen derselben, dem Dampfdruck zu widerstehen, daraus Zerreissen der Platten, gestörter Zusammenhang des Kessels, veränderter Druck und Möglichkeit schwererer Unfälle.

3. Wassermangel. Durch diesen werden entweder nur einzelne Stellen des Kessels, z. B. an den Zügen, bloss gelegt, oder es kann bei

gänzlicher Entleerung die ganze Heizfläche glühend werden. Dann sind 2 Fälle des Zerspringens möglich:

a) durch Berührung des Wassers mit den überhitzten Kesselplatten bildet sich so rasch und so viel Dampf, dass der Kessel gesprengt wird, ehe die Sicherheitsapparate wirken können;

b) bei gewisser Beschaffenheit der Platten nimmt man an, das Wasser werde in seine Bestandtheile, Sauerstoff und Wasserstoff, zersetzt; diese, in luftförmigem Zustande und in einer gewissen, durch die Umstände herbeigeführten Mengung, bilden das sog. Knallgas, welches entzündet mit ausnehmender Heftigkeit explodirt.

4. Die Ablösung von Kesselstein, unter dessen Schutz die Metall-wände glühend (und schwach) geworden sind und wodurch dann die Fälle unter 3. eintreten können. Derartige Explosionen sind also bei hinreichend mit Wasser gefüllten, nicht überlasteten, aber schlecht ge-reinigten Kesseln möglich.

5. Nach einer zuerst von Boutigny aufgestellten Hypothese ist als eine Ursache der Kesselexplosion das Eintreten des Sphäroidal-zustandes des Kesselwassers anzusehen. Hierunter versteht man das Sichlostrennen des Wassers von der demselben Wärme zuführenden Wand, wenn letztere, vielleicht durch Kesselstein geschützt, glühend geworden. In diesem Zustande, bei welchem eine Dampfschicht zwischen Wasser und Wand liegt und als schlechter Leiter wirkt, wird durch das Wasser nur sehr wenig Wärme aus der Wand aufgenommen. Kühlt sich diese dagegen aus irgend einem Grunde wieder ab, so kann durch das Aufhören des Kugelzustandes eine ausserordentliche Dampf-entwicklung eintreten. Der Kugelzustand soll auch durch Stösse und Erschütterungen aufgehoben werden können, worauf dann die heisse Wassermasse mit der völlig glühenden Wand in Berührung kommt, und eine Dampfentwicklung entstehen muss, welche eine Explosion unvermeidlich macht.

Die Explosionen, welche durch übertriebene Spannung des Dampfes herbeigeführt werden, gehören zu den sehr seltenen.

Vorsichtsmassregeln, die zur Vermeidung der Explosionen an-gegeben werden können, sind:

1. Erhaltung der guten Beschaffenheit der Sicherheitsventile (keine zu hohe und willkürliche ·Belastung), der Wasserstandszeiger und Speiseapparate;

2. regelmässige Feuerung;

3. Vermeidung aller Stösse und Erschütterungen, langsames Oeffnen der Dampf- und Sicherheitsventile;

4. rechtzeitige Reparatur aller schlechten Stellen, Sprünge und Risse;

5. hinreichender Wasservorrath im Kessel, so dass die Züge niemals bloss liegen können; demnach Anbringung der besten Vorrichtungen für die Erkennung des Wasserstandes;

6. oftmalige und sorgfältige Reinigung vom Kesselstein.

Wahl des Brennmaterials und Heizen des Kessels.

Die für Kesselfeuerung in Betracht kommenden Brennstoffe sind: Holz, Stroh, Torf, Braunkohle, Steinkohle, Presskohle, Koks, Anthracit, Petroleum und Leuchtgas.

Alle diese Brennstoffe setzen sich in der Hauptsache zusammen aus: Kohlenstoff, Wasserstoff und Sauerstoff. In der Asche dieser Körper finden sich ausser Schwefel noch erdige und salzige, nicht brennbare Stoffe. Wir unterscheiden eine unvollständige und vollständige Verbrennung. Bei ersterer verbindet sich Kohlenstoff mit dem $^4/_3$ fachen seines Gewichts an Sauerstoff zu Kohlenoxydgas (CO) oder mit dem $^8/_3$ fachen zu Kohlensäure (CO_2). Im letzteren Falle wird eine grössere Wärmemenge entwickelt. Man nennt daher die Verbrennung zu CO_2 eine vollständige, die zu CO eine unvollständige.

Eine Feuerung kann aus dem Brennstoff trotz niedriger Verbrennungstemperatur viel oder trotz hoher Verbrennungstemperatur wenig Wärmeeinheiten entwickeln. Die Wärmemenge hängt lediglich ab von der Vollkommenheit der Verbrennung, die Temperatur zumeist von der zugeführten Luftmenge.

Für Schlachthöfe kaum in Frage kommen dürfte als Brennmaterial Holz und Stroh. Ersteres wird seines hohen Preises wegen nur auf Sägemühlen und letzteres allenfalls in weit entlegenen Gegenden, in denen das Stroh wenig Werth hat, zur Verwendung kommen. Torf dagegen wird auf vielen kleinen Schlachthöfen benutzt, besonders dann, wenn die Stadt Besitzerin von Torfmooren ist und demnach Interesse an möglichst hoher Verwerthung dieses Produktes hat.

Im allgemeinen ist dieses Material aber von so verschiedenem Heizwerth, dass es mitunter besser ist als Holz, mitunter aber kaum die Gewinnung lohnt. Nach Abzug des sehr verschiedenen, 2 bis 30% betragenden Aschengehaltes enthalten 100 kg vollkommen trockener Torf

60 kg Kohlenstoff,

6 » Wasserstoff,

34 » Sauerstoff.

Lufttrockener Torf enthält in der Regel 30% Wasser. Ist der Aschegehalt nicht höher als 10%, so gilt der Torf noch als eine gute Sorte.

Besonders vortheilhaft für Kesselfeuerungen ist der Presstorf, welcher sich trockener und fester verhält, als der natürliche Torf ohne besondere Vorbereitung*).

Braunkohle zerfällt beim Lagern und Trocknen sehr leicht, daher wird sie meistens bald nach der Förderung, also mit möglichst reich-

---

*) Bei Torffeuerung müssen die Heizthüren eine andere Grösse haben als für Kohlen; denn da die „Ziegel" gewöhnlich 23 bis 26 cm lang, 10 cm breit und 5 bis 8 cm dick sind, so können sie nicht so gut mit der Schaufel gefasst und durch die gewöhnliche Thür hineingeworfen werden als die Steinkohlen.

lichem Wassergehalt verwendet. Ausser dem Feuchtigkeits- ist auch der Aschegehalt sehr hoch, aus diesem Grunde bleibt ihre Verwendung gewöhnlich auf die nächste Umgebung der Fundorte angewiesen.

Am besten eignen sich für die Verbrennung von Braunkohle Treppenroste (S. 8) und Gasfeuerung. Letztere ist derartig eingerichtet, dass der Brennstoff in einem besonderen Raume, dem Gaserzeuger, vollständig vergast wird, worauf das gehörig mit sauerstoffhaltiger Luft vermischte Gas im Heizraume zur Verbrennung kommt*).

Zu erwähnen wäre hier noch die Kohlenstaubfeuerung, welche im Princip als eine vortheilhafte Feuerung gilt, jedoch bezüglich der praktischen Benutzung noch mit nicht unbedeutenden Uebelständen behaftet ist. Namentlich bei Anwendung von Körting'schem Unter-windgebläse sollen bei derartigen Abfällen ausserordentlich günstige Erfolge erzielt sein.

Die weitaus meiste Verwendung für die Kesselfeuerung finden Steinkohlen.

Die Zusammensetzung der verschiedenen Steinkohlensorten ist eine im hohen Grade abweichende und bedingt darum besondere Eigen-thümlichkeiten. Der Hauptbestandtheil ist jederzeit Kohlenstoff. Die besonderen Eigenschaften der Steinkohlen scheinen jedoch vorzugsweise durch den sehr veränderlichen Gehalt an freiem, d. h. nicht mit Sauer-stoff zu Wasser verbundenem Wasserstoff bedingt zu werden.

Beträgt der freie Wasserstoff nicht mehr als 2 bis 3,5 % und ist auch der Wasser- und Aschengehalt sehr gering, so pflegt man die Kohle als Anthracit zu bezeichnen. Der Anthracit hat daher nahezu die Eigenschaften reinen Kohlenstoffes, d. h. er brennt ohne Flamme und ohne zu backen oder mürbe zu werden.

Aehnliche Eigenschaften beim Brennen haben nach Scholl auch die mageren Steinkohlen oder Sandkohlen, welche zwar ebenfalls wenig freien Wasserstoff, jedoch mehr chemisch gebundenes Wasser enthalten als Anthracite.

Nimmt der Gehalt an freiem Wasserstoff zu, dagegen die Menge des chemisch gebundenen Wassers ab, so entsteht eine lange Flamme. Die Kohlen werden beim Verbrennen weich und schmelzend, sintern zusammen, was man nach Fleck dem Gehalt an freiem Wasserstoff zuschreibt. Solche für Kesselfeuerungen sehr geeignete Kohlen nennt man Sinterkohlen. — Bei schlechten Kohlensorten ist der Aschen-gehalt grösser, kann sogar 18 % und mehr betragen.

Ein cbm Stückkohle wiegt durchschnittlich 750 kg.

Der aus Steinkohlen gewonnene Koks hat für Dampfkessel-feuerungen geringe Wichtigkeit. Wasserstoff und Sauerstoff sind durch

---

*) Von derartigen Konstruktionen sind zu nennen diejenigen von Schomburg & Söhne Berlin und von Schaffer.

den Verkokungsprocess ausgetrieben, es sind daher nur noch Kohlenstoff und Asche vorhanden.

Presskohlen (Briketts). Sie bestehen aus Kohlenstaub, welcher unter Zusatz von Pech, Theer, Kalk, Bray zu zusammenhängenden Steinen geformt, ein Material giebt, welches sich sehr gut für verschiedene Feuerungszwecke eignet. Es ist sehr sauber und nimmt wenig Raum ein, und erscheint demnach für kleinere Heizanlagen wie geschaffen. In grösseren Dampfkesselanlagen haben Briketts bis jetzt noch wenig Anklang gefunden, ausser auf den Gruben selbst. Braunkohlenbriketts sind ausserdem zu theuer. Als besonderer Vortheil der Presskohlen wird hervorgehoben, dass sie rauchlos verbrennen. Dieses ist natürlich nur in gewissem Sinne und unter Zusatz bestimmter Stoffe, welche eine grosse Hitze erzeugen, möglich.

Leuchtgas, Petroleum. Leuchtgas, aus Steinkohlen gewonnen, ist sehr verschieden zusammengesetzt. Es ist für den Betrieb von Kesseln für Kleinmotoren von Wichtigkeit. Petroleum wird nur in den Gegenden seiner Gewinnung als Naphta zur Dampfkesselheizung verwendet. Paucksch-Landsberg fertigt Kessel (ohne Einmauerung) an, welche für Feuerung von Kohlen und, vermöge einer besonderen Einrichtung, auch für die Beheizung mit Petroleum oder Naphta-Rückständen (Abb. 76, S. 58) eingerichtet sind und vorzüglich funktioniren sollen. Natürlich kommt dieses Feuerungsmaterial seines hohen Preises wegen bei uns nicht zur Verwendung.

Das Heizen. Die Zuführung des Stoffes, welcher zur Unterhaltung des Feuers für einen Dampfkessel nöthig ist, nennt man Heizen. Die Aufmerksamkeit des Wärters beim Heizen soll auf die Trockenheit des Brennmaterials (mit Ausnahme der backenden Kohlen und der staubartigen Braunkohlen) gerichtet sein. Nasses Material müsste erst während des Feuerns im Ofen austrocknen, das darin enthaltene Wasser müsste verdampft werden, was Wärme erfordert, die dem Feuer unnütz entzogen würde.

Ausser diesem Wärmeverlust hat man bei nassem Material noch den Uebelstand, dass der entstandene Dampf die gehörige Entzündung und Verbrennung der Gase hindert, indem er sie einhüllt, ihre Vereinigung erschwert und sie abkühlt. Ein dritter Nachtheil entsteht bei solchem Feuern durch das Niederschlagen und Festsetzen der Theer- und Wasserdämpfe an den Kesselwänden. An die hierbei entstehenden klebrigen Ueberzüge setzen sich leicht Flugasche und Russ fest, so dass die Wände rauh, verklebt und für die Hitze unzugänglich gemacht werden.

Nur die staubigen Braunkohlen und backenden Steinkohlen müssen feucht aufgegeben werden, damit sie der Luftzug nicht mit fortreisst. Sie werden daher vor dem Gebrauch genetzt.

Bei den Steinkohlen unterscheidet man nach dem Korn Stück-, Nuss-, Gruss- und Staubkohle. Unsortirte Steinkohle heisst Förderkohle.

Die Stückkohle, die für die Kesselfeuerung geeignetste, wird in faustgrosse
Stücke zerschlagen, weil zu grosse Stücke eine unregelmässige Dampf-
entwicklung im Gefolge haben.

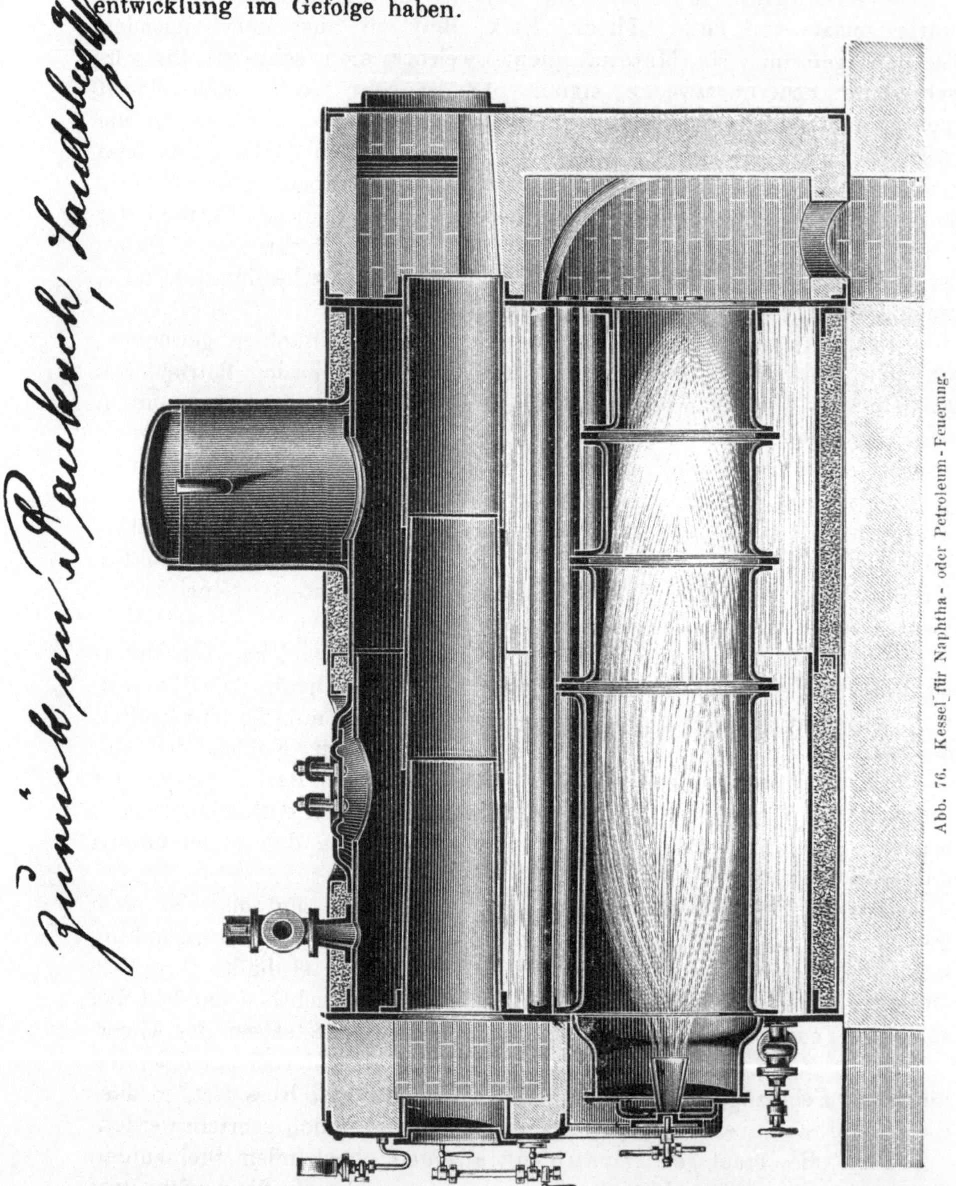

Abb. 76. Kessel für Naphtha- oder Petroleum-Feuerung.

Das Brennmaterial muss, wenn man sparsam heizen will, den Rost
überall gleichmässig bedecken. Der Torf wird 20 bis 35 cm, staubige
Braunkohle bis 5 cm, Steinkohlen werden wenigstens 8 und höchstens
16 cm hoch aufgeschüttet.

Keine Stelle des Rostes darf bloss liegen und Luft einströmen lassen, die nicht gleich mit Brennstoff in Berührung käme. Erniedrigung der Temperatur würde die Folge sein (vergl. auch S. 6, Fussnote **).

Anhang.

Bestimmungen über die Anlage und den Betrieb von Dampfkesseln.

Auf Grund des § 24 der Reichs-Gewerbe-Ordnung hat der Bundesrath nachstehende „Allgemeine polizeiliche Bestimmungen über die Anlegung von Dampfkesseln" unter dem 5. August 1890 erlassen:

I. **Bau der Dampfkessel.** § 1. Die vom Feuer berührten Wandungen der Dampfkessel, der Feuerröhren und der Siederöhren dürfen nicht aus Gusseisen hergestellt werden, sofern deren lichte Weite bei cylindrischer Gestalt fünfundzwanzig Centimeter, bei Kugelgestalt dreissig Centimeter übersteigt.

Die Verwendung von Messingblech ist nur für Feuerröhren, deren lichte Weite zehn Centimeter nicht übersteigt, gestattet.

§ 2. Die um oder durch einen Dampfkessel gehenden Feuerzüge müssen an ihrer höchsten Stelle in einem Abstand von mindestens zehn Centimeter unter dem festgesetzten niedrigsten Wasserspiegel des Kessels liegen.

Diese Bestimmungen finden keine Anwendung auf Dampfkessel, welche aus Siederöhren von weniger als zehn Centimeter Weite bestehen, sowie auf solche Feuerzüge, in welchen ein Erglühen des mit dem Dampfraum in Berührung stehenden Theiles der Wandungen nicht zu befürchten ist. Die Gefahr des Erglühens ist in der Regel als ausgeschlossen zu betrachten, wenn die vom Wasser bespülte Kesselfläche, welche von dem Feuer vor Erreichung der vom Dampf bespülten Kesselfläche bestrichen wird, bei natürlichem Luftzug mindestens zwanzigmal, bei künstlichem Luftzug mindestens vierzigmal so gross ist, als die Fläche des Feuerrostes.

II. **Ausrüstung der Dampfkessel.** § 3. An jedem Dampfkessel muss ein Speiseventil angebracht sein, welches bei Abstellung der Speisevorrichtung durch den Druck des Kesselwassers geschlossen wird.

§ 4. Jeder Dampfkessel muss mit zwei zuverlässigen Vorrichtungen zur Speisung versehen sein, welche nicht von derselben Betriebsvorrichtung abhängig sind, und von denen jede für sich im Stande ist, dem Kessel die zur Speisung erforderliche Wassermenge zuzuführen. Mehrere zu einem Betriebe vereinigte Dampfkessel werden hierbei als ein Kessel angesehen.

§ 5. Jeder Dampfkessel muss mit einem Wasserstandsglase und mit einer zweiten geeigneten Vorrichtung zur Erkennung seines Wasserstandes versehen sein. Jede dieser Vorrichtungen muss eine gesonderte Verbindung mit dem Innern des Kessels haben, es sei denn, dass die gemeinschaftliche Verbindung durch ein Rohr von mindestens sechzig Quadratcentimeter lichtem Querschnitt hergestellt ist.

§ 6. Werden Probirhähne zur Anwendung gebracht, so ist der unterste derselben in der Ebene des festgesetzten niedrigsten Wasserstandes anzubringen. Alle Probirhähne müssen so eingerichtet sein, dass man behufs Entfernung von Kesselstein in gerader Richtung hindurchstossen kann.

§ 7. Der für den Dampfkessel festgesetzte niedrigste Wasserstand ist an dem Wasserstandsglase, sowie an der Kesselwandung oder dem Kesselmauerwerk durch eine in die Augen fallende Marke zu bezeichnen.

§ 8. Jeder Dampfkessel muss mit wenigstens einem zuverlässigen Sicherheitsventil versehen sein.

Wenn mehrere Kessel einen gemeinsamen Dampfsammler haben, von welchem sie nicht einzeln abgesperrt werden können, so genügen für dieselben zwei Sicherheitsventile.

Dampfschiffs-, Lokomobil- und Lokomotivkessel müssen immer mindestens zwei Sicherheitsventile haben.

Die Sicherheitsventile müssen jederzeit gelüftet werden können. Sie sind höchstens so zu belasten, dass sie bei Eintritt der für den Kessel festgesetzten Dampfspannung den Dampf entweichen lassen.

§ 9. An jedem Dampfkessel muss ein zuverlässiges Manometer angebracht sein, an welchem die festgesetzte höchste Dampfspannung durch eine in die Augen fallende Marke zu bezeichnen ist.

§ 10. An jedem Dampfkessel muss die festgesetzte höchste Dampfspannung, der Name des Fabrikanten, die laufende Fabriknummer und das Jahr der Anfertigung auf eine leicht erkennbare und dauerhafte Weise angegeben sein.

Diese Angaben sind auf einem metallenen Schilde (Fabrikschild) anzubringen, welches mit Kupfernieten so am Kessel befestigt ist, dass es auch nach der Ummantelung oder Einmauerung des letzteren sichtbar bleibt.

III. Prüfung der Dampfkessel. § 11. Jeder neu aufzustellende Dampfkessel muss nach seiner letzten Zusammensetzung vor der Einmauerung oder Ummantelung unter Verschluss sämmtlicher Oeffnungen mit Wasserdruck geprüft werden.

Die Prüfung erfolgt bei Dampfkesseln, welche für eine Dampfspannung von nicht mehr als fünf Atmosphären Ueberdruck bestimmt sind, mit dem zweifachen Betrage des beabsichtigten Ueberdrucks, bei allen übrigen Dampfkesseln mit einem Druck, welcher den beabsichtigten Ueberdruck um fünf Atmosphären übersteigt. Unter Atmosphärendruck wird ein Druck von einem Kilogramm auf ein Quadratcentimeter verstanden.

Die Kesselwandungen müssen dem Probedruck widerstehen, ohne eine bleibende Veränderung ihrer Form zu zeigen und ohne undicht zu werden. Sie sind für undicht zu erachten, wenn das Wasser bei dem höchsten Druck in anderer Form als der von Nebel oder feinen Perlen durch die Fugen dringt.

Nachdem die Prüfung mit befriedigendem Erfolge stattgefunden hat, sind von dem Beamten oder staatlich ermächtigten Sachverständigen, welcher dieselbe vorgenommen hat, die Niethe, mit welcher das Fabrikschild am Kessel befestigt ist (§ 10), mit einem Stempel zu versehen. Dieser ist in der über die Prüfung aufzunehmenden Verhandlung (Prüfungszeugniss) zum Abdruck zu bringen.

§ 12. Wenn Dampfkessel eine Ausbesserung in der Kesselfabrik erfahren haben, oder wenn sie behufs der Ausbesserung an der Betriebsstätte ganz bloss gelegt worden sind, so müssen sie in gleicher Weise, wie neu aufzustellende Kessel, der Prüfung mittels Wasserdrucks unterworfen werden.

Wenn bei Kesseln mit innerem Feuerrohr ein solches Rohr und bei den nach Art der Lokomotivkessel gebauten Kesseln die Feuerbüchse behufs Ausbesserung oder Erneuerung herausgenommen, oder wenn bei cylindrischen und Siedekesseln eine oder mehrere Platten neu eingezogen werden, so ist nach der Ausbesserung oder Erneuerung ebenfalls die Prüfung mittels Wasserdrucks vorzunehmen. Der völligen Blosslegung des Kessels bedarf es hier nicht.

§ 13. Der bei der Prüfung ausgeübte Druck darf nur durch ein genügend hohes offenes Quecksilbermanometer oder durch das von dem prüfenden Beamten geführte amtliche Manometer festgestellt werden.

An jedem Dampfkessel muss sich eine Einrichtung befinden, welche dem prüfenden Beamten die Anbringung des amtlichen Manometers gestattet.

IV. Aufstellung der Dampfkessel. § 14. Dampfkessel, welche für mehr als sechs Atmosphären Ueberdruck bestimmt sind, und solche, bei welchen das Produkt aus der feuerberührten Fläche in Quadratmetern und der Dampfspannung in Atmosphären Ueberdruck mehr als dreissig beträgt, dürfen unter

Räumen, in welchen Menschen sich aufzuhalten. pflegen, nicht aufgestellt werden. Innerhalb solcher Räume ist ihre Aufstellung unzulässig, wenn dieselben überwölbt oder mit fester Balkendecke versehen sind.

An jedem Dampfkessel, welcher unter Räumen, in welchen Menschen sich aufzuhalten pflegen, aufgestellt wird, muss die Feuerung so eingerichtet sein, dass die Einwirkung des Feuers auf den Kessel sofort gehemmt werden kann.

Dampfkessel, welche aus Siederöhren von weniger als zehn Centimeter Weite bestehen, und solche, welche in Bergwerken unterirdisch oder in Schiffen aufgestellt werden, unterliegen diesen Bestimmungen nicht.

§ 15. Zwischen dem Mauerwerk, welches den Feuerraum und die Feuerzüge feststehender Dampfkessel einschliesst und den dasselbe umgebenden Wänden muss ein Zwischenraum von mindestens acht Centimeter verbleiben, welcher oben abgedeckt und an den Enden verschlossen werden darf.

V. Bewegliche Dampfkessel (Lokomobilen). § 16. Bei jedem Dampfentwickler, welcher als beweglicher Dampfkessel (Lokomobile) zum Betriebe an wechselnden Betriebsstätten benutzt werden soll, müssen sich befinden:

1. Eine Ausfertigung der Urkunde über seine Genehmigung, welche die Angaben des Fabrikschildes (§ 10) enthält und mit einer Beschreibung und massstäblichen Zeichnung, dem Prüfungszeugniss (§ 11 Absatz 4), der im § 24 Absatz 3 der Gewerbeordnung vorgeschriebenen Bescheinigung und einem Vermerk über die zulässige Belastung der Sicherheitsventile verbunden ist.

2. Ein Revisionsbuch, welches die Angaben des Fabrikschildes (§ 10) enthält. Die Bescheinigungen über die Vornahme der im § 12 vorgeschriebenen Prüfungen und der periodischen Untersuchungen müssen in das Revisionsbuch eingetragen oder demselben beigefügt sein.

Die Genehmigungsurkunde und das Revisionsbuch sind an der Betriebsstätte des Kessels aufzubewahren und jedem zur Ansicht zuständigen Beamten oder Sachverständigen auf Verlangen vorzulegen.

§ 17. Als bewegliche Dampfkessel dürfen nur solche Dampfentwickler betrieben werden, zu deren Aufstellung und Inbetriebnahme die Herstellung von Mauerwerk, welches den Kessel umgiebt, nicht erforderlich ist.

§ 18. Die Bestimmungen der §§ 16 und 17 treten ausser Anwendung, wenn ein beweglicher Dampfkessel an einem Betriebsorte zu dauernder Benutzung aufgestellt wird.

VII. Allgemeine Bestimmungen. § 20. Wenn Dampfkesselanlagen, die sich zur Zeit bereits im Betriebe befinden, den vorstehenden Bestimmungen aber nicht entsprechen, eine Veränderung der Betriebsstätte erfahren sollen, so kann bei deren Genehmigung eine Abänderung in dem Bau der Kessel nach Massgabe der §§ 1 und 2 nicht gefordert werden. Im übrigen finden die vorstehenden Bestimmungen auch für solche Fälle Anwendung, jedoch mit der Massgabe, dass für Lokomobilen und Dampfschiffskessel den Vorschriften in den §§ 10, 11, 16 bis zum 1. Januar 1892 zu entsprechen ist.

§ 21. Die Centralbehörden der einzelnen Bundesstaaten sind befugt, in einzelnen Fällen von der Beachtung der vorstehenden Bestimmungen zu entbinden.

§ 22. Die vorstehenden Bestimmungen finden keine Anwendung:

1. auf Kochgefässe, in welchen mittels Dampfes, der einem anderweitigen Dampfentwickler entnommen ist, gekocht wird*);

2. auf Dampfüberhitzer oder Behälter, in welchen Dampf, der einem anderweiten Dampfentwickler entnommen ist, durch Einwirkung von Feuer besonders erhitzt wird;

3. auf Kochkessel, in welchen Dampf aus Wasser durch Einwirkung von Feuer erzeugt wird, wofern dieselben mit der Atmosphäre durch ein unverschliessbares,

---

*) Siehe die betr. Bestimmungen hierfür weiter unten.

in den Wasserraum hinabreichendes Standrohr von nicht über fünf Meter Höhe und mindestens acht Centimeter Weite oder durch eine andere von der Centralbehörde des Bundesstaates genehmigte Sicherheitsvorrichtung verbunden sind.

§ 24. Die Bekanntmachung, betreffend allgemeine polizeiliche Bestimmungen über die Anlegung von Dampfkesseln, vom 29. Mai 1871 (Reichs-Gesetzbl. S. 122) und die diese Bekanntmachung abändernden Bekanntmachungen vom 18. Juli 1883 (Reichs-Gesetzbl. S. 245) und vom 27. Juli 1889 (Reichs-Gesetzbl. S. 173) werden aufgehoben.

Preuss. Gesetz, den Betrieb der Dampfkessel betreffend (vom 3. Mai 1872).

§ 1. Die Besitzer von Dampfkesselanlagen oder die an ihrer Statt zur Leitung des Betriebes bestellten Vertreter sowie die mit der Bewartung von Dampfkesseln beauftragten Arbeiter sind verpflichtet, dafür Sorge zu tragen, dass während des Betriebes die bei Genehmigung der Anlage oder allgemein vorgeschriebenen Sicherheitsvorrichtungen bestimmungsgemäss benutzt, und Kessel, die sich nicht in gefahrlosem Zustande befinden, nicht im Betriebe erhalten werden.

§ 2. Wer den ihm nach § 1 obliegenden Verpflichtungen zuwiderhandelt, verfällt in eine Geldstrafe bis zu 200 Thlr. oder in eine Gefängnissstrafe bis zu drei Monaten.

§ 3. Die Besitzer von Dampfkesselanlagen sind verpflichtet, eine amtliche Revision des Betriebes durch Sachverständige zu gestatten, die zur Untersuchung der Kessel benöthigten Arbeitskräfte und Vorrichtungen bereit zu stellen und die Kosten der Revision zu tragen.

Die näheren Bestimmungen über die Ausführung dieser Vorschrift hat der Minister für Handel, Gewerbe und öffentliche Arbeiten zu erlassen.

§ 4. Alle mit diesem Gesetze nicht im Einklange stehenden Bestimmungen, insbesondere das Gesetz, den Betrieb der Dampfkessel betreffend, vom 7. Mai 1856 (Gesetz-Samml. S. 295), werden aufgehoben.

Auszug aus der Anweisung betr. die Genehmigung und Untersuchung der Dampfkessel (Preuss. Minist.-Erl. vom 9. März 1900).

In Ausführung der §§ 24 und 25 der Reichsgewerbeordnung, sowie auf Grund des § 3 des Gesetzes vom 3. Mai 1875, den Betrieb der Dampfkessel betr., bestimme ich was folgt:

I. Allgemeine Bestimmungen.

§ 1. Begrenzung des Geltungskreises der Anweisung. I. Der gegenwärtigen Anweisung unterliegen Dampfkessel aller Art (feststehende, bewegliche Dampfkessel, Dampfschiffskessel), auch wenn sie weder zum Maschinenbetriebe noch zu gewerbsmässiger Verwendung bestimmt sind, Klein- oder Zwergkessel aber nur insoweit, als für sie besondere Ausnahmen nicht zugelassen sind.

II. Die im § 22 der allgemeinen polizeilichen Bestimmungen des Bundesraths über die Anlegung von Dampfkesseln (Bekanntmachung des Reichskanzlers vom 5. August 1890 — R.-G.-Bl. S. 163) bezeichneten Dampfvorrichtungen gelten nicht als Dampfkessel im Sinne dieser Anweisung.

§ 2. Prüfung der Kessel durch staatliche Beamte und im staatlichen Auftrage. I. Die Ausführung der auf Grund der nachstehenden Vorschriften vorzunehmenden Prüfungen. Druckproben und Untersuchungen der feststehenden, beweglichen und Dampfschiffskessel erfolgt:

1. soweit sie nicht besonders bestellten Beamten übertragen ist,

bei Dampfkesseln auf den der Aufsicht der Bergbehörden unterstellten Betrieben durch die Königlichen Bergrevierbeamten,

bei Dampfkesseln auf Hüttenwerken des Staates durch die Leiter dieser
Werke oder deren Vertreter,

durch die Dampfkessel-Ueberwachungsvereine im staatlichèn Auftrage,
sofern die genannten Verwaltungen nicht Mitglieder eines solchen Vereins sind;

2. im übrigen, auch in Hohenzollern, durch staatlicherseits hierzu ermächtigte
Ingenieure der preussischen oder in Preussen anerkannten Dampfkessel-Ueberwachungsvereine im staatlichen Auftrage.

II. Die vom Staate beauftragten Dampfkessel-Ueberwachungsvereine haben
die nach Massgabe der nachstehenden Vorschriften vorzunehmenden Prüfungen zu
den durch die Gebührenordnung festgelegten Sätzen auszuführen. Für den Uebergang der von ihnen im staatlichen Auftrage beaufsichtigten Dampfkessel zu einem
Ueberwachungsverein gelten die Bestimmungen des § 42.

§ 3. Dampfkessel-Ueberwachungsvereine. I. Vereinen von Dampf-
kesselbesitzern, welche eine regelmässige und sorgfältige Ueberwachung der Kessel
vornehmen lassen, kann durch den Minister für Handel und Gewerbe die Vergünstigung ertheilt werden, dass die Kessel der Mitglieder von den amtlichen
Prüfungen etc. (§ 2 Absatz I Ziffer 2) befreit sind.

II. Die vorgeschriebenen Prüfungen, Druckproben und Untersuchungen werden
alsdann von den Ingenieuren der Kessel-Ueberwachungsvereine nach Massgabe der
ihnen von dem Minister für Handel und Gewerbe verliehenen Berechtigungen ausgeführt.

III. Die Ertheilung der im Absatz I gedachten Vergünstigung an die Vereine
und die Verleihung der im Absatz II erwähnten Berechtigungen an die Vereinsingenieure ist jederzeit widerruflich.

IV. Die Ertheilung der Vergünstigung an die Vereine und die Entziehung
derselben durch Widerruf ist in den Amtsblättern der betheiligten Regierungen
öffentlich bekannt zu machen.

II. Anlegung der Dampfkessel.

§ 7. Fälle der Genehmigung. Zur Anlegung von Dampfkesseln bedarf
es einer gewerbepolizeilichen Genehmigung, welche bei feststehenden Dampfkesseln
für eine bestimmte Betriebsstätte, bei Dampfschiffskesseln für ein bestimmtes Schiff,
bei beweglichen Dampfkesseln ohne Beziehung zu einer Betriebsstätte ertheilt wird.
Ein neuer an die Stelle eines alten tretender Dampfkessel bedarf stets der gewerbepolizeilichen Genehmigung, auch wenn er von derselben Bauart wie der alte Kessel ist.

§ 8. I. Einer erneuten Genehmigung bedürfen:

1. Dampfkessel, welche wesentliche Aenderungen in ihrer Bauart erfahren,

2. Dampfkessel, welche wieder in Betrieb genommen werden sollen, nachdem
die früher ertheilte Genehmigung wegen unterlassenen Betriebs nach § 49 der
Gewerbeordnung erloschen ist,

3. feststehende Dampfkessel, deren Betriebsstätten nach Lage oder Beschaffenheit
wesentlichen Aenderungen unterworfen werden sollen,

4. Dampfschiffskessel, welche ausserhalb des Schiffes, auf das die Genehmigung
lautet — sei es in Verbindung mit einem anderen Schiffe, sei es auf dem
Festlande — in Betrieb genommen werden sollen,

5. bewegliche Dampfkessel, welche an einem Betriebsorte zu dauernder Benutzung
aufgestellt werden sollen,

6. Dampfkessel, bei denen eine Erhöhung der in der Genehmigungsurkunde festgesetzten höchsten zulässigen Dampfspannung stattfinden soll.

II. Einer Genehmigung der Beschlussbehörde bedarf es ferner, wenn eine
Aenderung der in der Genehmigungsurkunde aufgeführten Bedingungen stattfinden
soll oder eine wesentliche Aenderung der durch die allgemeinen polizeilichen Bestimmungen des Bundesraths über die Anlegung von Dampfkesseln vom 5. August

1890 vorgeschriebenen, in der Beschreibung zur Dampfkesselanlage angegebenen Sicherheitsvorrichtungen beabsichtigt wird.

§ 9. Zuständigkeit. I. Ueber die nach den §§ 7 und 8 vorgeschriebenen Genehmigungen beschliesst hinsichtlich der Dampfkessel in den der Aufsicht der Bergbehörden unterstellten Betrieben das Oberbergamt, im übrigen der Kreisausschuss (in den Hohenzollernschen Landen der Amtsausschuss), in Stadtkreisen der Stadtausschuss, in den einem Landkreis angehörigen Städten mit mehr als 10 000 Einwohnern und in denjenigen Städten der Provinz Hannover, für welche die revidirte Städteordnung vom 24. Juni 1858 gilt — mit Ausnahme der im § 27 Absatz 2 der Kreisordnung für diese Provinz vom 6. Mai 1884 bezeichneten Städte — der Magistrat (kollegialische Gemeindevorstand).

II. Die örtliche Zuständigkeit bestimmt sich:

1. bei feststehenden Dampfkesseln nach dem Orte der Errichtung,

2. bei beweglichen Dampfkesseln nach dem Wohnsitze des Antragstellers,

§ 10. Form und Unterlagen des Antrags. I. Anträge auf Ertheilung der in den §§ 7 und 8 gedachten Genehmigungen sind als schleunige Angelegenheiten zu behandeln.

II. Der Antrag ist bei dem für die regelmässige Ueberwachung des Kessels zuständigen Beamten oder Dampfkessel-Ueberwachungsverein anzubringen.

III. Aus dem Gesuche muss der vollständige Name, Stand und Wohnort des Besitzers ersichtlich sein. Demselben sind, abgesehen von den Anträgen auf Genehmigung fiskalischer und solcher Anlagen, deren Untersuchung durch Bergrevierbeamte oder deren Abnahme durch Staatsbeamte bewirkt wird, für welche je zwei Ausfertigungen genügen, in je drei Ausfertigungen beizufügen:

1. eine Beschreibung, welche für feststehende, bewegliche Kessel und Dampfschiffskessel anzufertigen ist,

2. eine massstäbliche Zeichnung, aus welcher die Grösse der vom Feuer berührten Fläche zu berechnen ist und die Höhe des niedrigsten zulässigen Wasserstandes über den Feuerzügen und die etwa vorhandenen Verankerungen und Versteifungen zu ersehen sind.

IV. Wenn die Anlegung eines feststehenden Kessels beabsichtigt wird, so sind ferner in der dem Absatz III entsprechenden Zahl von Ausfertigungen einzureichen:

3. ein Lageplan, welcher die an den Ort der Aufstellung des Kessels stossenden Grundstücke zu umfassen hat,

4. eine massstäbliche Zeichnung des Aufstellungsraumes des Kessels, aus der auch der Standort des Kessels und des Schornsteins, sowie die Lage der Feuer- und Rauchröhren gegen die benachbarten Grundstücke deutlich zu erkennen sind,

5. die statischen Berechnungen für neu zu errichtende, frei stehende Schornsteine sowie für grössere Dachkonstruktionen.

V. Bei Dampfkesseln, die einer erneuten Genehmigung bedürfen (§ 8), genügt es, wenn mit dem Antrag und der nach § 18 etwa erforderlichen Bescheinigung die frühere Genehmigungsurkunde mit ihren Anlagen — und bei etwa beabsichtigten Veränderungen — Beschreibung und Zeichnung der letzteren in der nach Absatz III erforderlichen Zahl der Ausfertigungen vorgelegt werden.

VI. Für die erforderlichen Zeichnungen ist ein auf ihnen einzuzeichnender Massstab zu wählen, welcher eine deutliche Anschauung gewährt. Die Blattgrösse der Zeichnungen muss in ein-, zwei- oder vierfacher Grösse des Reichsformats für Papier hergestellt werden. Zeichnungen, welche nicht auf Pausleinwand hergestellt sind, sind auf Leinwand aufzuziehen. Zeichnungen, welche im Blauverfahren vervielfältigt sind, dürfen nicht verwendet werden.

VII. Beschreibungen und Zeichnungen sind bei neuen Kesseln von dem Verfertiger der Kessel und dem Besitzer, bei erneut zu genehmigenden, insbesondere bei alten Kesseln mindestens vom Besitzer unter Angabe des Wohnorts und Datums zu unterschreiben.

§ 11. Verfahren. I. Die Stelle, bei der der Antrag nach § 10 Absatz II anzubringen ist, hat die Vorlagen technisch zu prüfen (Vorprüfung) und wegen etwa nothwendiger Ergänzungen mit dem Antragsteller unmittelbar in Verbindung zu treten. Sofern die technische Vorprüfung von einem Vereinsingenieur ausgeführt wird, hat dieser die vorgeprüften und bescheinigten Vorlagen zur Prüfung in gewerbepolizeilicher Hinsicht an den zuständigen Gewerbeinspektor weiter zu geben, der sie nach erfolgter Prüfung und Bescheinigung der Beschlussbehörde vorzulegen hat.

II. In denjenigen Städten, in denen die Baupolizei einer Königlichen Behörde zusteht, ist bei feststehenden Dampfkesseln das nach Absatz I begutachtete Genehmigungsgesuch vor der Beschlussfassung dieser Behörde zur Prüfung zu übersenden.

§ 12. Beschlussfassung. I. Die Beschlussfassung über das Genehmigungsgesuch erfolgt durch das Kollegium der Beschlussbehörde. Die Zulässigkeit der Anlage ist nach den bestehenden bau-, feuer- und gesundheitspolizeilichen Vorschriften, sowie nach den allgemeinen polizeilichen Bestimmungen des Bundesraths über die Anlegung von Dampfkesseln zu prüfen.

II. Wird die Genehmigung nach dem Antrage des Unternehmers ohne Bedingungen oder unter Bedingungen, mit denen er sich ausdrücklich einverstanden erklärt hat, ertheilt, so bedarf es eines besonderen Bescheides nicht, sondern die Behörde fertigt alsbald die Genehmigungsurkunde (§ 16) aus. Wird die Genehmigung versagt oder unter Bedingungen ertheilt, mit denen sich der Unternehmer nicht ausdrücklich einverstanden erklärt hat, so erlässt die Beschlussbehörde einen schriftlichen, mit Gründen versehenen Bescheid an ihn.

III. Der Unternehmer kann innerhalb zweier Wochen nach Zustellung des Bescheides entweder Beschwerde an den Minister für Handel und Gewerbe einlegen oder auf mündliche Verhandlung der Sache durch die Beschlussbehörde antragen. Der in letzterem Falle ergehende Bescheid kann innerhalb zweier Wochen nach der Zustellung durch Beschwerde an den Minister für Handel und Gewerbe angefochten werden.

§ 13. Vorbescheid. I. In Fällen, welche keinen Aufschub zulassen oder klar liegen, ist der Vorsitzende des Kreis- (Amts-, Stadt-) Ausschusses befugt, Namens dieser Behörde über das Genehmigungsgesuch zu entscheiden. Der § 12 Absatz II findet dabei entsprechende Anwendung.

II. Wird schriftlicher Bescheid ertheilt, so ist dem Unternehmer darin zu eröffnen, dass ihm gegen den Bescheid innerhalb zweier Wochen von der Zustellung an der Antrag auf Beschlussfassung durch das Kollegium (§ 12) zustehe.

III. Für die Berechnung der in diesem und dem vorigen Paragraphen vorgeschriebenen Fristen sind die Vorschriften der Civilprocessordnung massgebend.

§ 14. Beschwerdeverfahren. I. Auf die Einlegung der Beschwerde (§ 12 Absatz III) und das weitere Verfahren findet der § 122 des Gesetzes über die allgemeine Landesverwaltung vom 30. Juli 1883 Anwendung. In besonderen Fällen kann zur Begründung der Beschwerde eine Nachfrist bewilligt werden.

II. Der auf die Beschwerde ergehende Bescheid wird der Beschlussbehörde erster Instanz zugefertigt, welche ihn in Ausfertigung dem Unternehmer mittheilt.

§ 15. I. Bei Ertheilung der Genehmigung zur Anlegung eines Dampfkessels kann von der genehmigenden Behörde eine Frist gesetzt werden, binnen welcher die Anlage bei Vermeidung des Erlöschens der Genehmigung begonnen und ausgeführt und der Betrieb angefangen werden muss. Ist eine solche Frist nicht bestimmt, so erlischt die ertheilte Genehmigung, wenn der Unternehmer nach Empfang derselben ein Jahr verstreichen lässt, ohne davon Gebrauch zu machen.

II. Eine Verlängerung der Frist kann von der Behörde bewilligt werden, wenn erhebliche Gründe nicht entgegenstehen.

§ 16. Genehmigungsurkunde. I. Für die Ausstellung der Genehmigungsurkunde ist ein besonderer Vordruck zu benutzen. Für jeden genehmigten Kessel ist eine besondere Urkunde anzufertigen. Werden mehrere Kessel gleicher Bauart und Grösse für eine und dieselbe Betriebsstätte genehmigt, so bedarf es zur Ausfertigung der Urkunden nicht der Beifügung der im § 10 und im Vordruck verlangten Anlagen zu jeder einzelnen Urkunde; es genügt vielmehr ein Hinweis auf diejenige Urkunde, die die Anlagen enthält. In den durch § 8, insbesondere im Absatz II bezeichneten Fällen der erneuten Genehmigung kann nach dem Ermessen der Beschlussbehörde an Stelle der Ausfertigung einer neuen Genehmigungsurkunde nach dem Vordruck die Ergänzung der etwa eingereichten älteren Urkunden durch Nachtragsvermerke erfolgen.

II. In denjenigen Fällen, in denen nach den §§ 12 und 13 dem Unternehmer schriftlicher Bescheid zu ertheilen ist, erfolgt die Ausfertigung der Genehmigungsurkunde durch die Beschlussbehörde erster Instanz nach Abschluss des Verfahrens.

III. In der Urkunde sind alle Bedingungen, unter welchen die Kesselanlage genehmigt worden ist, aufzuführen. Die zugehörigen Beschreibungen, Zeichnungen und Pläne sind mit ihr durch Schnur und Siegel zu verbinden.

IV. Eine Ausfertigung der Genehmigungsurkunde ist dem Besitzer, eine zweite der zuständigen Ortspolizeibehörde zu übersenden, an deren Stelle bei den den Bergbehörden unterstellten Dampfkesseln der Bergrevierbeamte tritt. Soweit nach § 10 Absatz III drei Exemplare der Unterlagen des Antrags vorzulegen sind, ist eine dritte Ausfertigung der Genehmigungsurkunde dem zuständigen Dampfkessel-Ueberwachungsverein zuzustellen, der daraufhin mit dem Antragsteller wegen der Abnahme (§ 25) das Erforderliche zu vereinbaren hat. Bei feststehenden Kesselanlagen solcher Betriebe, die der Gewerbeaufsicht unterliegen, ist eine Abschrift der Urkunde (ohne deren Anlagen) dem zuständigen Gewerbeinspektor zu übersenden.

I. Vor Ertheilung der Genehmigungsurkunde ist die bauliche Ausführung der Kesselanlage nicht gestattet. Die in die gewerbepolizeiliche Genehmigung eingeschlossene Bauerlaubniss darf sich über den Aufstellungsraum des Kessels, den Schornstein und den nothwendigen Zubehör zum Kesselhaus hinaus nicht ausdehnen. In der Genehmigungsurkunde ist zum Ausdruck zu bringen, auf welche baulichen Anlagen sich die Genehmigung erstreckt.

§ 17. Genehmigung mehrerer Lokomobilen durch eine Urkunde. I. Die Genehmigung kann für mehrere bewegliche Kessel von übereinstimmender Bauart, Ausrüstung und Grösse, welche in einer Fabrik im Laufe eines Kalenderjahrs hergestellt werden, gemeinsam im Voraus beantragt und durch eine Urkunde ertheilt werden.

II. Für jeden auf Grund dieser Genehmigungsurkunde hergestellten beweglichen Kessel ist eine mit der Fabriknummer zu versehende, durch den zuständigen Kesselprüfer zu beglaubigende Abschrift der Genehmigungsurkunde mit ihrem Zubehör anzufertigen. Dieselbe gilt als Genehmigungsurkunde für den Kessel, dessen Fabriknummer sie trägt.

§ 18. Genehmigung alter Kessel. I. Den Gesuchen um Genehmigung alt angekaufter, bereits anderweit im Betriebe gewesener Kessel ist ein vollständiger Nachweis über den Erbauer des Kessels, über die früheren Betriebsstätten, über die Zeit, während welcher der Kessel überhaupt schon betrieben worden ist, und über die Gründe beizufügen, welche dazu geführt haben, den Kessel ausser Betrieb zu setzen.

II. Vor der Entscheidung über den Genehmigungsantrag ist eine innere Untersuchung des Kessels mit genauer Ermittelung der Beschaffenheit des verwendeten Baustoffs und der in den einzelnen Kesseltheilen vorhandenen Blechstärken (durch Anbohren u. dergl.) vorzunehmen. Auf Grund dieser Ermittelungen wird, falls danach die Genehmigung überhaupt ertheilt werden kann, die höchste zulässige Dampfspannung festgesetzt. Bei denjenigen alten Kesseln, die nicht befahrbar sind, kann nach dem Ermessen des Kesselprüfers zur Ermittelung ihrer Beschaffenheit mit der sonstigen Untersuchung eine Wasserdruckprobe. verbunden werden, die alsdann als erste Wasserdruckprobe (§ 22) anzusehen ist. Die Gültigkeitsdauer der hierdurch auszustellenden Bescheinigungen wird auf ein Jahr beschränkt, unbeschadet der Bestimmungen im § 23, Absatz II, die sinngemäss anzuwenden sind, sofern sich die Bescheinigungen auch auf Wasserdruckproben erstrecken.

III. Bei denjenigen alt angekauften Dampfkesseln, deren frühere Dampfspannung und Herkunft nicht nachgewiesen werden kann, darf die Wiedergenehmigung nur ausnahmsweise auf Grund einer nach obiger Anleitung besonders sorgfältig ausgeführten Untersuchung der gesammten Beschaffenheit des Kessels und überdies nur dann erfolgen, wenn der Antragsteller selbst die Aufstellung und Benutzung des Kessels beabsichtigt.

IV. Vorstehende Bestimmungen finden auch auf solche alt angekauften Kessel Anwendung, welche aus Theilen alter Kessel unter Hinzufügung neuen Baustoffs hergestellt sind, sowie auf die im § 8, Absatz I, Ziffer 1 bis 6 bezeichneten Fälle der erneuten Genehmigung von Kesseln.

§ 19. Erlöschen der Genehmigung. Ist ein Dampfkessel während eines Zeitraums von drei Jahren ausser Betrieb gewesen, ohne dass Fristung nachgesucht und bewilligt worden ist, so erlischt die für ihn ertheilte Genehmigung. Das Verfahren für die Fristung richtet sich nach den §§ 11 ff. Dem Antrag auf Fristung ist die Genehmigungsurkunde zwecks Eintragung des Fristungsvermerks beizufügen. Der Ortspolizeibehörde und dem zuständigen Kesselprüfer ist von bewilligten Fristungen seitens der Beschlussbehörde Mittheilung zu machen.

III. Inbetriebsetzung der Dampfkessel.

§ 20. Dampfkessel sind, bevor sie in Betrieb gesetzt werden dürfen, in den Fällen des § 7 und des § 8, Absatz I, Ziffer 1 bis 6 durch die zuständigen Kesselprüfer einer Prüfung der Bauart (Konstruktionsprüfung), einer Wasserdruckprobe und einer Abnahmeprüfung zu unterwerfen, in den Fällen des § 8, Absatz II nur der letzteren Prüfung.

§ 21. Prüfung der Bauart. Die Prüfung der Bauart hat die Untersuchung des Kessels in Beziehung auf Zusammensetzung, Baustoff und Ausführung zum Gegenstande.

§ 22. Wasserdruckprobe. I. Die Wasserdruckprobe bezweckt die Feststellung etwaiger bleibender Formveränderungen und der Dichtigkeit des Kessels. Sie erfolgt bei Dampfkesseln, welche für eine Dampfspannung von nicht mehr als fünf Atmosphären Ueberdruck bestimmt sind, mit dem zweifachen Betrage des beabsichtigten Ueberdrucks, bei allen übrigen Dampfkesseln mit einem Drucke, welcher den beabsichtigten Ueberdruck um fünf Atmosphären übersteigt.

II. Unter Atmosphärendruck wird ein Druck von einem Kilogramm auf das qcm verstanden.

III. Für die Ausführung der Druckprobe muss der Kessel vollkommen mit Wasser gefüllt sein; in seinem höchsten Punkte muss eine Oeffnung angebracht sein, durch welche beim Füllen die atmosphärische Luft entweichen kann. Die Kesselwandungen müssen dem Probedruck widerstehen, ohne eine bleibende Veränderung ihrer Form zu zeigen und ohne das Wasser bei dem höchsten Drucke in anderer Form als der von Nebel oder feinen Perlen durch die Fugen dringen zu lassen.

§ 23. I. Die Wasserdruckprobe, welche womöglich mit der Prüfung der Bauart zu verbinden ist, erfolgt nach der letzten Zusammensetzung, jedoch vor der

Einmauerung oder Ummantelung des Kessels. Sie kann vor der Genehmigung der Kesselanlage (in der Kesselfabrik) ausgeführt werden.

II. Dampfkessel, welche der Druckprobe am Verfertigungsort unterworfen und demnächst im ganzen nach ihrem Aufstellungsorte geschafft worden sind, unterliegen einer weiteren Druckprobe vor ihrer Einmauerung oder Ummantelung nur dann, wenn sie durch die Versendung oder aus anderer Veranlassung Beschädigungen erlitten haben, welche die Wiederholung der Druckprobe geboten erscheinen lassen. Dabei macht es keinen Unterschied, ob der Verfertigungsort in Preussen oder in einem anderen Bundesstaate belegen ist (vergl. § 6). Dampfkessel aus dem Auslande müssen den im Abschnitt III dieser Anweisung vorgeschriebenen Prüfungen stets unterworfen werden, insbesondere ist bei den aus dem Ausland eingeführten Lokomobilen die Ummantelung stets zu entfernen.

§ 24. Niethstempel. Nach Ausführung der Druckprobe hat der Kesselprüfer — vorausgesetzt, dass sie zur Beanstandung des Kessels keinen Anlass gegeben hat — die Kupferniethe, mit welchen das Fabrikschild (§ 10 der allgemeinen polizeilichen Bestimmungen des Bundesraths über die Anlegung von Dampfkesseln) an dem Kessel befestigt ist, mit seinem Stempel zu versehen. Dieser ist in dem Prüfungszeugniss abzudrucken.

§ 25. Abnahmeprüfung. Die Abnahmeprüfung hat festzustellen, ob die Ausführung der Kesselanlage den Bestimmungen der ertheilten Genehmigung entspricht. Sie ist bei Kesseln, die eingemauert werden, nach der Einmauerung vorzunehmen.

§ 26. Wirkungen der Abnahmeprüfung. I. Auf Grund der durch den Kesselprüfer ordnungsmässig bescheinigten (§ 27) Abnahmeprüfung darf der Kessel ohne weiteres in Betrieb gesetzt werden.

II. Bewegliche Kessel, deren Inbetriebnahme in einem Bundesstaate genehmigt worden ist, können — vorbehaltlich der Bestimmungen über die regelmässigen Untersuchungen (Abschnitt V) — in jedem anderen Bundesstaat ohne nochmalige vorgängige Genehmigung in Betrieb gesetzt werden.

III. Bevor ein beweglicher Kessel in dem Bezirk einer Ortspolizeibehörde in Betrieb genommen wird, ist der letzteren von dem Betiebsunternehmer oder dessen Stellvertreter unter Angabe der Stelle, an welcher der Betrieb stattfinden soll, Anzeige zu erstatten.

§ 27. Bescheinigungen. Revisionsbuch. I. Die Kesselprüfer haben über die von ihnen ausgeführten Prüfungen der Bauart, Untersuchungen gemäss § 18, Absatz II, Druckproben und Abnahmeprüfungen schriftliche Bescheinigungen auszustellen. Die Aushändigung der Bescheinigungen muss spätestens binnen sieben Tagen, bei Abnahmebescheinigungen auf ausdrückliches Verlangen der Kesselbesitzer binnen drei Tagen erfolgen. Die Kesselprüfer haben sich zu diesem Behufe der Vordrucke zu bedienen. Die Bescheinigungen sind mit der Genehmigungsurkunde (§ 16) und sämmtliche Papiere mit dem Revisionsbuche zu verbinden.

II. Abschrift der Bescheinigung über die Abnahmeprüfung ist der Ortspolizeibehörde oder der an ihre Stelle tretenden Bergbehörde und bei feststehenden Kesseln in Gewerbebetrieben, die der Aufsicht der Gewerbe-Inspektion unterstehen, auch der letzteren mitzutheilen.

III. Derjenige Kesselprüfer, welcher die Abnahmebescheinigung ausstellt, hat gleichzeitig das Titelblatt für das zu dem Kessel gehörige Revisionsbuch auszufertigen. Dem neuen Revisionsbuch ist das bisherige Kesselbuch vorzuheften, oder es sind Abschriften der letzten in dem alten Kesselbuch enthaltenen Bescheinigungen über äussere, innere Untersuchungen und Druckproben in das neue Revisionsbuch zu übertragen und die Abschriften durch den Kesselprüfer zu beglaubigen. Die Beschaffung der Revisionsbücher ist Sache der Kesselbesitzer und hat auf deren Kosten zu erfolgen.

IV. — — — — — — — — — — — — — — —

V. Die Genehmigungsurkunde nebst Anlagen und das Revisionsbuch sind an der Betriebsstätte des Kessels aufzubewahren und jedem zur Aufsicht zuständigen Beamten oder Sachverständigen auf Verlangen vorzulegen.

VI. Für Kessel, welche der Wasserdruckprobe (§ 22) in einem anderen Bundesstaat unterworfen worden sind, ist der Nachweis einer Prüfung der Bauart (§ 21) nicht zu fordern.

IV. Prüfung nach einer Hauptausbesserung.

§ 28. I. Dampfkessel, welche eine Ausbesserung in der Kesselfabrik erfahren haben oder zur Ausbesserung an der Betriebsstätte ganz bloss gelegt worden sind, müssen vor der Wiederinbetriebsetzung einer Prüfung mittels Wasserdrucks unterworfen werden.

II. Einer gleichen Prüfung bedarf es, wenn bei Kesseln mit innerem Feuerrohr ein solches Rohr und bei den nach Art der Lokomotivkessel gebauten Kesseln die Feuerbüchse behufs Ausbesserung oder Erneuerung herausgenommen wird, oder bei Heiz- und Siederohrkesseln eine Auswechselung aller Rohre stattfindet, oder wenn bei cylindrischen und Siedekesseln eine oder mehrere Platten neu eingezogen werden. Art und Umfang der Ausbesserung ist in Spalte »Bemerkungen« des Gebührennachweises kurz anzugeben.

III. Die Ausführung der Druckproben erfolgt nach den Vorschriften der §§ 22 und 23 mit der Massgabe, dass in den Fällen des Absatzes II dieses Paragraphen die völlige Blosslegung des Kessels nicht erforderlich ist.

IV. Ueber die Druckprobe ist (unter Benutzung eines Vordrucks) eine Bescheinigung auszustellen, die mit der Genehmigungsurkunde des Kessels zu verbinden ist. In der Bescheinigung ist anzugeben, worin die ausgeführte Ausbesserung bestanden hat und von wem sie bewirkt worden ist.

V. Eine erneute Stempelung der das Fabrikschild mit dem Kessel verbindenden Niethe findet bei Druckproben nach Hauptausbesserungen nicht statt; es genügt vielmehr, in der Bescheinigung auf die frühere Stempelung hinzuweisen.

VI. Bei feststehenden Kesseln, deren Fabrikschilder nach den vor Erlass der allgemeinen polizeilichen Bestimmungen des Bundesraths über die Anlegung von Dampfkesseln vom 5. August 1890 bestehenden Bestimmungen bisher nicht mit Kupferniethen mit dem Kessel verbunden sind, kann diese Verbindung und die Stempelung der Niethe nur bei erneuter Genehmigung (§ 8) gefordert werden. Diese Vorschrift erstreckt sich nicht auf bewegliche Kessel und Dampfschiffskessel (§ 20 der allgemeinen polizeilichen Bestimmungen).

V. Regelmässige technische Untersuchungen.

§ 29. I. Jeder zum Betriebe aufgestellte Dampfkessel, er mag unausgesetzt oder nur in bestimmten Zeitabschnitten oder unter gewissen Voraussetzungen (z. B. als Reservekessel) betrieben werden, ist von Zeit zu Zeit einer technischen Untersuchung zu unterziehen.

II. Dieser Vorschrift unterliegen Dampfkessel dann nicht mehr, wenn ihre Genehmigung durch dreijährigen Nichtgebrauch (§ 19) oder durch ausdrücklichen der Polizeibehörde und dem zuständigen Kesselprüfer erklärten Verzicht erloschen ist. Endlich ruhen die Untersuchungen in dem durch § 32, Absatz VIII vorgesehenen Falle.

III. Eine Entbindung von den wiederkehrenden Untersuchungen kann nur durch Verfügung des Ministers für Handel und Gewerbe erfolgen.

§ 30. Die technische Untersuchung bezweckt die Prüfung:

1. der fortdauernden Uebereinstimmung der Kesselanlage mit den bestehenden gesetzlichen und polizeilichen Vorschriften und mit dem Inhalte der Genehmigungsurkunde,

2. ihres betriebsfähigen Zustandes,

3. ihrer sachgemässen Wartung, insbesondere der bestimmungsmässigen Benutzung der vorgeschriebenen Sicherheitsvorrichtungen.

§ 31. I. Die Untersuchung erfolgt durch die nach § 2, Absatz I, Ziffer 4 ermächtigten Ingenieure der Dampfkessel-Ueberwachungsvereine im staatlichen Auftrag im Umfange der den einzelnen Vereinen zugetheilten Aufsichtsbezirke, deren Abgrenzung öffentlich bekannt gemacht werden wird.

II. Bewegliche Kessel gehören zu demjenigen Bezirk, in welchem ihr Besitzer wohnt oder ein von demselben zu bezeichnender ständiger, mit Vollmacht ausgerüsteter Vertreter seinen dauernden Wohnsitz hat.

III. Auf Ersuchen des hiernach zuständigen Kesselprüfers oder auf Antrag des Kesselbesitzers müssen die technischen Untersuchungen von solchen beweglichen und Dampfschiffskesseln, die im staatlichen Auftrage zu untersuchen sind, von dem zuständigen Kesselprüfer ausgeführt werden, in dessen Bezirk sich der Kessel zur Zeit der Fälligkeit der Untersuchung befindet. Das Gleiche gilt von beweglichen Kesseln von Vereinsmitgliedern. Der die Untersuchung ausführende Kesselprüfer hat in diesen Fällen Abschrift des Prüfungsbefundes dem nach Absatz II zuständigen Dampfkessel-Ueberwachungsverein mitzutheilen.

§ 32. I. Die amtliche Untersuchung der Dampfkessel ist eine äussere oder eine innere oder eine Prüfung durch Wasserdruck. Für die nachgenannten Untersuchungsfristen sind die Etatsjahre, d. h. der Zeitraum zwischen dem ersten April des einen und des folgenden Jahres massgebend.

II. Die regelmässige äussere Untersuchung findet bei feststehenden Dampfkesseln alle zwei Jahre, bei beweglichen und Dampfschiffskesseln alle Jahre statt.

III. Die regelmässige innere Untersuchung ist bei feststehenden Kesseln alle vier Jahre, bei beweglichen alle drei Jahre vorzunehmen.

IV. Die regelmässige Wasserdruckprobe findet bei feststehenden Kesseln mindestens alle acht Jahre, bei beweglichen mindestens alle sechs Jahre statt und ist mit der in demselben Jahre fälligen inneren Untersuchung möglichst zu verbinden.

V. Die innere Untersuchung kann nach dem Ermessen des Prüfers durch eine Wasserdruckprobe ergänzt werden. Sie ist stets durch eine Wasserdruckprobe zu ergänzen oder zu ersetzen bei Kesselkörpern, welche ihrer Bauart halber nicht genügend besichtigt werden können.

VI. In denjenigen Jahren, in denen eine innere Untersuchung oder eine Wasserdruckprobe vorgenommen wird, kommt bei den feststehenden und bei den beweglichen Dampfkesseln die fällige regelmässige äussere Untersuchung in Fortfall.

VII. Die äusseren Untersuchungen führt der Prüfungsbeamte im Laufe des Etatsjahres, in dem sie fällig werden, zu einem ihm genehmen Zeitpunkt aus. Für die inneren Untersuchungen und Wasserdruckproben laufen die Prüfungsfristen vom Tage der technisch-polizeilichen Abnahme oder der letzten gleichartigen Untersuchung ab. Ihre Ueberschreitung um mehr als zwei Monate ist nur ausnahmsweise und nicht über einen Zeitraum von sechs Monaten zulässig und ist in dem Jahresberichte des Kesselprüfers (§ 4) zu begründen. Durch Druckproben nach Hauptausbesserungen werden die regelmässigen Untersuchungsfristen der Kessel (§§ 29 ff.) nicht unterbrochen, jedoch kann eine solche Druckprobe an Stelle einer in demselben Etatsjahre fälligen regelmässigen Wasserdruckprobe treten. Wird auf Antrag des Kesselbesitzers oder seines mit der Leitung des Betriebs beauftragten Stellvertreters eine innere Untersuchung mit der Druckprobe nach einer Hauptausbesserung verbunden, so können die Fristen der regelmässigen Untersuchungen von diesem Zeitpunkt an neu berechnet werden. Das Gleiche gilt, wenn infolge einer inneren Untersuchung eine Druckprobe nach einer Hauptausbesserung erforderlich wird.

VIII. Wenn ein Kessel auf die Dauer mindestens eines Jahres vollständig ausser Betrieb gesetzt und dem zuständigen Kesselprüfer entsprechende Anzeige gemacht wird, so ist die Zeit des angemeldeten Stillstandes bis zur Dauer von zwei Jahren bei Berechnung der Prüfungsfristen ausser Ansatz zu bringen. Von der Erhebung der Jahresbeiträge ist nur dann Abstand zu nehmen, wenn der angemeldete Stillstand sich über ein ganzes Etatsjahr erstreckt. Nach einer Betriebsunterbrechung von mehr als zweijähriger Dauer darf der Betrieb erst nach Vornahme einer inneren, mit Wasserdruckprobe verbundenen amtlichen Untersuchung wieder eröffnet werden. Die Verjährung der Genehmigung (§ 19) wird durch die angemeldete Ausserbetriebstellung nicht unterbrochen und kann auch nicht durch Untersuchungen an nicht im Betriebe befindlichen Kesseln aufgehalten werden.

IX. Bei Bemessung der Fristen werden Untersuchungen, welche in einem anderen Bundesstaate von den daselbst zuständigen Sachverständigen vorgenommen worden sind, den in Preussen vorgenommenen gleich geachtet.

§ 33. I. Die äussere Untersuchung besteht vornehmlich in einer Prüfung der ganzen Betriebsweise des Kessels; eine Unterbrechung des Betriebs darf dabei nur verlangt werden, wenn Anzeichen gefahrbringender Mängel, deren Vorhandensein und Umfang nicht anders festgestellt werden kann, sich ergeben haben.

II. Die Untersuchung ist zu richten:

auf die Ausführung und den Zustand der Speisevorrichtungen, der Wasserstandsvorrichtungen, wobei zu bemerken ist, dass Probirhähne während des Betriebs in gerader Richtung durchstossbar sein müssen, der Sicherheitsventile und etwaiger anderer Sicherheitsvorrichtungen, der Feuerungsanlage und der Mittel zur Regelung und Absperrung des Zutritts der Luft und zur thunlichst schnellen Beseitigung des Feuers,

auf alle ohne Unterbrechung oder Schädigung des Betriebs zugänglichen Kesseltheile, namentlich die Feuerplatten, soweit sie zur Besichtigung frei liegen,

auf die Anordnung und den Zustand der Abblasevorrichtung, die Vorkehrungen zur Reinigung des Kesselinnern oder des Speisewassers und der Feuerzüge, sowie

auf alle etwa noch zum Betriebe des Kessels gehörigen Einrichtungen.

III. Die Betriebseinrichtungen sind in der Regel durch Ingangsetzen zu prüfen.

IV. Ebenso ist bei der äusseren Untersuchung zu prüfen, ob der Kesselwärter die zur Sicherheit des Betriebs erforderlichen Vorrichtungen anzuwenden und die im Augenblicke der Gefahr nothwendigen Massnahmen zu ergreifen versteht, und ob er mit der sachgemässen Behandlung der Feuerung und aller Betriebseinrichtungen vertraut ist.

§ 34. I. Die innere Untersuchung bezweckt die Prüfung der Beschaffenheit des Kesselkörpers, welcher dabei, soweit wie nöthig, von innen und aussen durch den Kesselprüfer genau zu besichtigen ist.

II. Zu ihrer Ausführung ist der Betrieb des Kessels so frühzeitig einzustellen, dass der Kessel und die Züge gründlich gereinigt werden können und genügend abgekühlt sind. Auch ist die Einmauerung oder Ummantelung, soweit wie nöthig, zu entfernen, wenn die Untersuchung sich nicht zur Genüge durch Befahrung der Züge oder auf andere Weise bewirken lässt. Ferner kann in besonderen Fällen gefordert werden, dass Feuerröhren, die nach der bei Lokomotiven gebräuchlichen Art eingesetzt sind, herausgenommen werden. Wo zwei oder mehr Dampfkessel mit einer gemeinsamen Dampf- oder Speise- oder Wasserablassrohrleitung verbunden sind, ist der der inneren Untersuchung zu unterwerfende Dampfkessel zum Schutze der untersuchenden Personen von jeder der gemeinsamen Rohrleitungen in augenfälliger und wirksamer Weise durch geeignete Vorrichtungen zu trennen.

III. Die innere Untersuchung ist vornehmlich zu richten:

auf die Beschaffenheit der Kesselwandungen, Niethe, Anker, Heiz- und Rauchrohre, wobei zu ermitteln ist, ob die Widerstandsfähigkeit dieser Theile durch den Gebrauch gefährdet ist, auf das Vorhandensein und die Natur des Kesselsteins, seine genügende Beseitigung und die Mittel dazu,

auf den Zustand der Wasserzuleitungsröhren und der Reinigungsöffnungen,

auf den Zustand der Speise- und Dampfventile,

auf den Zustand der Verbindungsröhren zwischen Kessel und Manometer beziehungsweise Wasserstandszeiger, sowie der übrigen Sicherheitsvorrichtungen,

auf den Zustand der ganzen Feuerungseinrichtung, sowie der Feuerzüge ausserhalb wie innerhalb des Kessels.

§ 35. I. Die Wasserdruckprobe bezweckt die Feststellung etwaiger bleibender Formveränderungen und der Dichtigkeit des Kessels. Sie erfolgt bei Kesseln, welche für eine Dampfspannung von nicht mehr als zehn Atmosphären Ueberdruck bestimmt sind, mit dem anderthalbfachen Betrage des genehmigten Ueberdrucks, im übrigen mit einem Drucke, welcher den genehmigten Ueberdruck um fünf Atmosphären übersteigt.

II. Die Bestimmungen des § 22 Absatz II und III finden entsprechende Anwendung.

III. Bei der Probe ist, soweit dies vom Prüfer verlangt wird, die Ummauerung oder Ummantelung des Kessels zu beseitigen. Mit der Wasserdruckprobe ist eine Prüfung der Sicherheitsventile auf die Richtigkeit ihrer Belastung zu verbinden.

§ 36. I. Werden bei einer Untersuchung erhebliche Unregelmässigkeiten in dem Betriebe des Kessels ermittelt, oder erscheint die Beobachtung eines zur Zeit noch unbedenklichen Schadens geboten, so kann nach dem Ermessen des Kesselprüfers in kürzerer Frist, als im § 32 festgesetzt ist, eine ausserordentliche Untersuchung vorgenommen werden.

II. Hat eine Untersuchung Mängel ergeben, welche Gefahr herbeiführen können, und wird diesen nicht sofort abgeholfen, so muss nach Ablauf der zur Herstellung des vorschriftsmässigen Zustandes festzusetzenden Frist die Untersuchung von neuem vorgenommen werden.

III. Ergiebt sich bei der Untersuchung des Kessels ein Zustand, der eine unmittelbare Gefahr einschliesst, so hat der Kesselprüfer die Fortsetzung des Betriebs bis zur Beseitigung der Gefahr zu untersagen, und zwar, soweit es sich um Sachverständige handelt, die nicht im Besitze polizeilicher Befugnisse sind, durch Vermittelung der zuständigen Ortspolizeibehörde. Diese hat darüber zu wachen, dass der Kessel nicht wieder in Betrieb gesetzt wird, bis durch eine nochmalige Untersuchung der vorschriftsmässige Zustand der Anlage festgestellt ist.

§ 37. I. Die äussere Untersuchung erfolgt ohne vorherige Benachrichtigung des Kesselbesitzers.

II. Von einer bevorstehenden inneren Untersuchung oder Wasserdruckprobe ist der Besitzer mindestens vier Wochen vorher zu unterrichten.

III. Der Zeitpunkt für diese letzteren Untersuchungen ist unbeschadet der Bestimmungen im § 32 Absatz VII nach Anhörung des Besitzers so zu wählen, dass der Betrieb der Anlage so wenig wie möglich beeinträchtigt wird.

IV. Zu dem Ende ist namentlich bei Anlagen, deren Betrieb nur zu gewisser Zeit im Jahre unterbrochen werden kann, diese zu wählen. Bewegliche Dampfkessel können von den Besitzern oder ihren Vertretern an einem beliebigen Orte innerhalb des Amtsbezirks des zuständigen Kesselprüfers für die Untersuchung bereit gestellt werden.

V. Falls ein Kesselbesitzer der Anforderung des zur Untersuchung berufenen Beamten, den Kessel für die innere Untersuchung oder Wasserdruckprobe bereit zu stellen, nicht entspricht, so ist der Besitzer des Kessels auf Ersuchen des Kesselprüfers durch die zuständige Ortspolizeibehörde mittels polizeilicher Verfügung unter Strafandrohung (Titel IV und V des Landesverwaltungsgesetzes) anzuhalten, den Kessel an einem vom Kesselprüfer festzusetzenden Tage für die vorzunehmende

Untersuchung ordnungsmässig bereit zu stellen oder, wenn Gefahr im Verzuge erscheint, den Betrieb bis auf weiteres einzustellen.

VI. Die zur Ausführung der Untersuchung erforderlichen Arbeitskräfte und Vorrichtungen hat der Besitzer des Kessels dem Beamten unentgeltlich zur Verfügung zu stellen.

§ 38. I. Der Befund der Untersuchungen ist in das Revisionsbuch einzutragen.

II. Zur Abstellung der bei den Untersuchungen vorgefundenen Mängel und Unregelmässigkeiten kann der untersuchende Beamte unter Mittheilung einer Abschrift des Vermerks über das Ergebniss der Untersuchung die Unterstützung der Polizeibehörde des Ortes, an welchem sich der Kessel befindet, in Anspruch nehmen.

VII. Sonstige Bestimmungen.

§ 42. I. Der Uebergang von Kesseln aus der staatlichen Ueberwachung oder der Ueberwachung im staatlichen Auftrage in die Vereinsüberwachung (§ 3) kann, abgesehen von den durch Uebergang von Kesseln in den Besitz von Vereinsmitgliedern (§ 3) bedingten Veränderungen, nur am 1. April jedes Jahres nach rechtzeitiger, spätestens bis zum Ablauf des vorhergehenden Kalenderjahrs eingegangener schriftlicher Kündigung des Kesselbesitzers erfolgen. Diese ist, sofern der Kessel von einem staatlichen Beamten überwacht wird, bei diesem, im übrigen bei dem nach § 4 Absatz I zur Aufsicht über den Verein zuständigen Königlichen Regierungspräsidenten anzubringen.

II. Wer bei Anlegung von Dampfkesseln nicht bereits einem Ueberwachungsverein angehört, untersteht der staatlichen oder der nach § 2 geregelten Ueberwachung so lange, bis die vorgedachte Kündigung ausgesprochen und wirksam geworden ist.

§ 43. I. Die Kesselbesitzer sind verpflichtet, dem zuständigen Dampfkessel-Ueberwachungsverein und der Ortspolizeibehörde von jeder in ihrem Kesselbesitzstande eintretenden Aenderung — insbesondere von der zeitweisen oder gänzlichen Ausserbetriebstellung von Kesseln, der etwaigen Wiedereröffnung des Betriebs, der Beseitigung, dem Verkauf oder der Neubeschaffung von Kesseln — spätestens bis zum 1. April jedes Jahres Anzeige zu machen.

II. Veränderungen, welche nicht rechtzeitig angezeigt worden sind, werden bei Ausschreibung der Jahresbeiträge nicht berücksichtigt. Eine Rückerstattung hiernach etwa zu viel erhobener Jahresbeiträge findet nicht statt.

§ 44. I. Die Kesselbesitzer oder deren Stellvertreter sind verpflichtet, von jeder vorkommenden Explosion eines Dampfkessels in erster Linie dem für den Bezirk zuständigen Staatsbeamten (Gewerbeinspektor), auch wenn der Kessel unter Ueberwachung eines Vereins steht, unverzüglich Anzeige zu erstatten. Die gleiche Anzeige ist, wenn der Kessel der Ueberwachung durch Vereinsingenieure unterliegt, an den Vereinsingenieur zu richten.

II. Eine Dampfkesselexplosion liegt vor, wenn die Wandung eines Kessels durch den Dampfkesselbetrieb eine Trennung in solchen Umfang erleidet, dass durch Ausströmen von Wasser und Dampf ein plötzlicher Ausgleich der Spannungen innerhalb und ausserhalb des Kessels stattfindet.

III. Für die amtliche Untersuchung explodirter Kessel sind Gebühren nicht zu entrichten.

§ 45. Diese Anweisung nebst der zugehörigen Gebührenordnung tritt unter Aufhebung der Anweisung, betreffend die Genehmigung und Untersuchung der Dampfkessel vom 15. März 1897 (Min.-Bl. f. d. i. V. 1897 S. 53 ff.) am 1. April 1900 in Kraft.

Von den Vereinen zur Ueberwachung von Dampfkesseln sind
»Vorschriften für Kesselwärter«
herausgegeben, welche im Kesselhause aufgehängt werden. Dieselben
enthalten »allgemeine« und »specielle Vorschriften«:

I. Allgemeine Vorschriften.

Der verantwortliche Beruf des Kesselheizers erfordert von demselben:
Kenntniss seiner Dienstobliegenheiten und pflichttreue Erfüllung derselben.

Hierzu muss der Heizer besitzen: Nüchternheit und Besonnenheit, da ein Versehen desselben leicht das Leben und Eigenthum vieler Menschen gefährden kann.

Ordnungsliebe und Fleiss, damit das Kesselhaus und die ganze Kesselanlage stets in reinem und betriebsfähigem Zustande erhalten werden.

Berufs-Ehrgefühl und Freudigkeit. Ist sich der Kesselheizer seines verantwortlichen Postens voll bewusst und versteht er seinen Dienst, so wird er denselben auch mit Stolz und Liebe verrichten.

II. Specielle Vorschriften.

A. Vor dem Anheizen. 1. Die Wasserstands- und Probirhähne werden geöffnet, um zu prüfen, ob der Wasserstand im Kessel genügend hoch, mindestens aber in Höhe der Wasserstandsmarke, ist.

2. Ist nicht genügend Wasser im Kessel vorhanden, so muss der Wasserstand durch Nachpumpen auf die vorgeschriebene Höhe gebracht werden.

3. Ausblasehähne bezw. Ausblaseventile und Dampfabsperrventile müssen geschlossen sein.

4. Das Manometer wird durch Oeffnen des in seiner Rohrleitung vorhandenen Absperrhahns mit dem Dampfkessel in Verbindung gebracht.

B. Nach dem Anheizen. 5. Der Essenschieber wird nur wenig geöffnet. Sind Dämpferthüren vor dem Aschenfall unter dem Roste vorhanden, so werden diese geschlossen, die Feuerthüren aber etwas geöffnet.

6. Der obere Probirhahn wird geöffnet und so lange offen gehalten, bis Dampf aus demselben entweicht.

7. Das Feuer wird durchstossen, die Feuerthüre geschlossen, der Schieber und die vor dem Aschenfall befindliche Thüre aber werden ganz geöffnet, sobald das Brennmaterial auf dem Roste in Gluth gerathen ist.

8. Ist Dampf vorhanden, so wird durch vorsichtiges Auf- und Niederbewegen das Sicherheitsventil auf seine Betriebsfähigkeit und das Manometer durch Ab- und Anstellen des Dampfhahns auf seine Richtigkeit geprüft, ob es auf den Nullpunkt sinkt und auf seinen früheren Standpunkt zurückgeht.

9. Ventile und Hähne müssen langsam geöffnet oder geschlossen werden.

10. Nach dem Anlassen der Maschine muss sofort die Hauptspeisevorrichtung in Thätigkeit gesetzt und geprüft werden.

C. Während des Betriebes. 11. Das Kesselhaus und die Kesselanlage müssen rein und frei von allem gehalten werden, was nicht dahin gehört; Unbefugten ist der Zutritt zu verbieten.

12. Der Wasserstandsapparat und die Probirhähne müssen täglich wiederholt probirt werden und zwar um so öfter, je unreiner das Kesselwasser ist. Jede Verstopfung derselben ist sofort zu beseitigen, oder wenn dies nicht möglich, der Kessel ausser Betrieb zu setzen. Zersprungene Wasserstandsgläser müssen sofort durch neue ersetzt werden.

13. Das Sicherheitsventil muss täglich wiederholt mit Vorsicht gelüftet werden. Jede Aenderung in seiner vorschriftsmässigen Belastung ist strafbar und aufs strengste verboten.

14. Der Wasserstand darf niemals unter die Wasserstandsmarke sinken. Es ist wünschenswerth, dass abwechselnd eine Speisevorrichtung möglichst ununterbrochen arbeitet, weil dadurch die Sicherheit erhöht und der Brennmaterialverbrauch vermindert wird.

15. Sinkt das Wasser dennoch auffallend schnell und unter die Marke, so darf der Kessel unter keinen Umständen gespeist werden. — Das Feuer ist herauszuziehen und die Feuerthür und der Schieber sind ganz zu öffnen. Nach gehöriger Abkühlung muss der Kessel ausgeblasen und untersucht werden. Es ist anzunehmen, dass derselbe stark leck geworden ist.

16. Der Dampfdruck darf niemals über den erlaubten höchsten Druck — Marke am Manometer — steigen. Der Heizer muss sich bemühen, durch rechtzeitiges und verständiges Feuern und Speisen bezw. Dämpfen desselben, den Dampfdruck möglichst auf gleicher Höhe zu erhalten.

Hierdurch wird die Sicherheit erhöht und der Brennmaterialverbrauch vermindert.

17. Steigt der Dampfdruck dennoch über die Marke, so speise man den Kessel, setze den Schieber mehr zu und schliesse die etwa vorhandene Dämpferthür ganz und dämpfe eventuell das Feuer noch durch dünn aufgeworfenes, schwach genässtes Brennmaterial.

Bläst das Sicherheitsventil nicht selbständig ab, so ist dasselbe zu öffnen und später nachzusehen und in Ordnung zu bringen.

18. Die Reserve-Speisevorrichtung muss stets gangbar sein und zu ihrer Prüfung von Zeit zu Zeit benutzt werden.

19. Schäumt das Wasser, so ist dasselbe unrein. Es soll durch frisches Wasser möglichst oft ersetzt werden, theils durch Speisen, theils durch ganz frisches Füllen des Kessels.

20. Ist das Wasser sehr unruhig im Glase, so ist entweder der Kessel zu klein für den Betrieb, das Wasser fettig oder stark unrein oder das untere Wasserstands-Verbindungsrohr mit dem Kessel nicht genügend geschützt gegen direkte Einwirkung des Feuers. Je nach einer dieser Ursachen muss Abhülfe geschaffen werden.

21. Der Rost muss möglichst rein und in gleicher Höhe bedeckt sein, stets schnell und bei mehreren Feuerungen wechselweise bedient werden.

Die Kohle soll höchstens die Grösse eines Hühnereis haben. Je grösser der Zug, je höher kann die Brennmaterialschicht und je geringer jener ist, je niedriger muss diese gehalten werden.

Die Feuerthüren sollen nur zum Auffeuern und Abschlacken geöffnet, sonst stets geschlossen gehalten werden.

Zum Auffeuern muss der Zug gedämpft — gleich nach demselben aber verschärft werden. Sind Dämpferthüren vorhanden, so geschieht die Zugregulirung durch diese, während die Essenschieber nach Wind und Wetter gestellt werden, im anderen Fall durch den Essenschieber.

Der Heizer soll das Feuer allein mit der Schaufel durch geschicktes und streuendes Bewerfen mit Brennmaterial bedienen, die Krücke dagegen nur zum Durchstossen beim Anfeuern und später zum Abschlacken benutzen.

Das Scheeren (Reinigen) des Rostes soll mit dem Scheereisen von unten durch die Rostspalten geschehen. Zur bequemen Handhabung dieses Eisens ist quer vor dem Aschenfall eine Eisenstange anzubringen, auf welcher dasselbe beim Gebrauche ruht.

Das Abschlacken muss möglichst regelmässig und bei mehreren Feuern abwechselnd unter Berücksichtigung des periodischen Dampfverbrauchs vorgenommen werden.

Bei Treppenrosten muss der Rumpf stets mit Brennmaterial gefüllt sein.

22. Vor Stillstandspausen muss der Kessel über den gewöhnlichen Wasserstand aufgespeist, der Dampfdruck vermindert, das Feuer gedämpft und der Zug beschränkt werden.

Vor längerer Ruhezeit aber — besonders zur Nacht — muss das Feuer herausgezogen und der Essenschieber geschlossen werden.

23. Alles Leckwasser, ob es vom Dache oder aus undichten Packungen kommt, muss sorgfältig vom Kessel abgeleitet, Undichtheiten im Mauerwerk aber müssen sofort abgedichtet werden.

24. Alle Unregelmässigkeiten, gefahrbringende oder dem Heizer ungewöhnliche und unverständliche Zustände in der Kesselanlage muss derselbe sofort seinem Vorgesetzten melden.

25. Beim Schichtwechsel haben sich die Heizer von dem ordnungsmässigen Zustande aller Apparate zu überzeugen bezw. ihn herzustellen.

D. Bei Ausserbetriebsetzung und Wieder-Fertigstellung des Kessels. 26. Bei Ausserbetriebsetzung des Kessels muss der Dampf möglichst aufgebraucht und das Feuer abgebrannt, der Wasserstand aber — besonders zur Nachtpause — um 50 bis 100 mm über der Marke des niedrigsten Wasserstandes aufgespeist werden.

Das Feuer wird herausgezogen, gelöscht und der Schieber geschlossen.

27. Das Ausblasen oder Ablassen des Kessels darf erst dann erfolgen, wenn das Mauerwerk gehörig abgekühlt ist. Soll es unter Dampf geschehen, so ist möglichst geringer Druck zu benutzen.

Es darf aber — unter normalen Verhältnissen — niemals bei Nacht oder beim Schichtwechsel vorgenommen werden.

28. Das Reinigen des Kessels muss sowohl innen von Stein und Schlamm, als auch aussen von Russ und Asche gründlich ausgeführt werden.

Kesselstein darf nicht mit zu scharfen Picken abgeklopft werden — an Niethköpfen und Stemmnähten sehr behutsam oder gar nicht. — Schlamm dagegen muss ausgekratzt und mit Wasser ausgespült werden.

Sämmtliche Rohranschlüsse am Kessel müssen stets mit gereinigt werden. Soweit es die Zeit erlaubt oder nothwendig geworden ist, sind auch alle Ventile und Hähne zu reinigen, neu einzuschleifen und einzufetten, sowie undichte Packungen zu erneuern oder nachzuspannen.

Das Mauerwerk muss, wo nöthig, ausgebessert und besonders gut abgedichtet werden.

29. Das Füllen des Kessels mit frischem Wasser soll erst nach genügender Abkühlung desselben und seines Mauerwerks geschehen.

30. Der Heizer muss sich mit den möglichen Gefahren an der Dampfkesselanlage bekannt machen und seine Handlungen für diesen Fall sich überlegen, damit er im Falle der Noth die Ruhe und Besinnung nicht verliert. Er halte darauf, dass die Ausgänge stets frei sind und die Thüren und Fenster nach aussen schlagen, und dass Treppen und dunkle Gänge gehörig beleuchtet sind.

Da jetzt auf sehr vielen Schlachthöfen Koch- oder Sterilisirapparate (= Dampffässer) aufgestellt sind, so lasse ich die hierfür gültigen Bestimmungen folgen:

Vorschriften, betreffend die Beaufsichtigung und den Betrieb von Dampffässern.

a) Polizei-Verordnung betreffend die Einrichtung und den Betrieb von Dampffässern.

Auf Grund der §§ 137 und 139 des Gesetzes über die allgemeine Landes-Verwaltung vom 30. Juli 1883 (G.-S. S. 195) und der §§ 6, 12 und 15 des Gesetzes über die Polizeiverwaltung vom 11. März 1850 (G.-S. S. 265) wird bezüglich der

Einrichtung und des Betriebes von Dampffässern die nachstehende Polizeiverordnung erlassen:

I. Geltungsbereich der Polizeiverordnung. § 1. Dampffässer im Sinne der gegenwärtigen Polizeiverordnung sind Gefässe, deren Beschickung der mittelbaren oder unmittelbaren Einwirkung von anderweit erzeugtem, gespanntem Wasserdampf oder von Feuer ausgesetzt wird, sofern im Innern der Gefässe oder ihren den Beschickungsraum umgebenden Hohlwandungen ein höherer als der atmosphärische Druck herrscht oder erzeugt wird. Unter Atmosphärendruck wird der Druck von einem Kilogramm auf das Quadratcentimeter verstanden.

§ 2. Der gegenwärtigen Polizei-Verordnung sind nicht unterworfen: 1. Dampfdruckgefässe, in denen gespannter Dampf erzeugt wird zum Zweck von Kraft oder Wärmeabgabe ausserhalb des Dampferzeugers (Dampfkessel), 2. Gefässe für gas- oder dampfförmige Füllung, 3. Wasservorwärmer, sowie Heizkessel und Heizkörper der Heizungen, 4. Dampffässer unter 150 Liter Inhalt und solche, bei denen das Produkt aus dem Inhalte in Litern und der in dem Dampffasse herrschenden Spannung in Atmosphären-Ueberdruck weniger als 300 beträgt; bei doppelwandigen Dampffässern, bei denen nur der Mantel geheizt wird, ist der Inhalt des Dampfraumes massgebend, 5. Dampffässer, die unmittelbar mit der Atmosphäre durch ein nicht verschliessbares Rohr von solcher Weite in Verbindung stehen, dass im Innern des Gefässes oder in seinen Hohlwandungen kein höherer Druck als $\frac{1}{2}$ Atmosphäre Ueberdruck entsteht, 6. Dampffässer, die mit einer von der Centralbehörde gemäss § 22 der allgemeinen polizeilichen Bestimmungen vom 5. August 1890 genehmigten derartigen Sicherheitsvorrichtung versehen sind, dass im Dampffasse keine höhere Spannung als $\frac{1}{2}$ Atmosphäre Ueberdruck entstehen kann.

II. Sachverständige. § 3. Sachverständige im Sinne der nachstehenden Vorschriften sind: 1. diejenigen Gewerbeaufsichtsbeamten, denen die Prüfung von Dampfkesseln obliegt, 2. die Bergrevierbeamten in den ihrer Aufsicht unterstellten Betrieben, 3. die zur Vornahme von amtlichen Druckproben ermächtigten Ingenieure von Dampfkessel-Ueberwachungsvereinen innerhalb ihres Bezirks, 4. Beauftragte von Berufsgenossenschaften und andere Personen, die von der höheren Verwaltungsbehörde als Sachverstündige im Sinne dieser Polizei-Verordnung anerkannt worden sind. Die Auswahl der Sachverständigen bleibt dem Dampffassbesitzer oder seinem mit der Leitung des Betriebes beauftragten Stellvertreter (vergl. § 151 der Gewerbe-Ordnung) überlassen.

III. Bau und Ausrüstung der Dampffässer. § 4. Die Wandungen und sonstigen Bestandttheile der Dampffässer müssen dem beabsichtigten Betriebsdruck entsprechend bemessen werden. Als Baustoff für die Wandungen und Einzeltheile dürfen Holz und Gusseisen nur da verwendet werden, wo der Betrieb es erfordert und durch ihre Verwendung Gefahren nicht hervorgerufen werden. Umlegbare Verschlussschrauben, in Schlitze eingelegte Schrauben und Klammerverschlüsse müssen gegen Abrutschen gesichert sein. Eingelegte einseitige Hakenschrauben sind nicht zulässig. Gefässe mit einem lichten Durchmesser über 800 mm sind besteigbar einzurichten. Ovale Mannlochverschlüsse sollen in der Regel 300 bis 400 mm, runde 400 mm weit sein.

§ 5. Die Dampffässer sind mit Vorrichtungen zu versehen, die gestatten, jedes einzelne für sich von der Dampfleitung abzusperren. Feuerungen von Dampffässern sind so einzurichten, dass ihre Einwirkung auf die letzteren ohne weiteres gehemmt werden kann.

§ 6. Dampffässer müssen mit einem zuverlässigen Sicherheitsventil und Manometer versehen sein. An letzterem ist die festgesetzte höchste Betriebsspannung durch eine Marke zu bezeichnen. Sofern ein Manometer wegen der Eigenart des Betriebes nicht funktionirt, kann es mit Zustimmung des für die regelmässige Ueberwachung zuständigen Sachverständigen durch ein Thermometer, an dem die höchste zulässige Temperatur durch eine in die Augen fallende Marke zu bezeichnen ist, ersetzt werden. Zellstoffkocher sind mit einem Manometer und Thermometer zu versehen. Sicherheitsventil und Manometer sind an einer solchen Stelle anzubringen, dass sie durch den Inhalt des Dampffasses nicht ungangbar gemacht werden können. Ihre Einschaltung in die Dampfleitung, jedoch in unmittelbarer Nähe des Dampffasses, ist gestattet, wenn die Art des Betriebes die Anbringung auf dem Dampffass selbst nicht zulässt. Werden mehrere Dampffässer unter gleichem Druck an dieselbe Dampfleitung angeschlossen, so genügt die Anbringung eines Sicherheitsventils und eines Manometers in der gemeinschaftlichen Leitung vor den Dampffässern, wenn die freie Durchgangsöffnung des Sicherheitsventils dem Querschnitte der gemeinsamen Leitung entspricht. Dampffässer, deren Druckspannung derjenigen des Druckerzeugers gleich ist, bedürfen keines besonderen Sicherheitsventils oder Manometers, wenn der Druckerzeuger mit den entsprechenden Sicherheitsvorrichtungen versehen ist. Dampffässer, die für einen Betriebsdruck gebaut sind, der zwei und mehr Atmosphären geringer ist, als derjenige des Druckerzeugers, müssen in der Dampfzuleitung ein Druckverminderungsventil erhalten. Letzteres ist durch den Sachverständigen so einzustellen, dass der Druck im Dampffass dauernd nicht über den genehmigten Druck steigen kann. An jedem zu öffnenden Dampffass muss sich eine Vorrichtung befinden, die mit Sicherheit erkennen lässt, ob noch Druck im Dampffass vorhanden ist. Ein Manometer genügt hierzu nicht.

§ 7. Die Dampffässer müssen mit einer Einrichtung (Kontrollflansch) versehen sein, die die Anbringung des amtlichen Kontrollmanometers ermöglicht.

§ 8. An den Dampffässern muss der Fassungsraum in Litern, die Firma und der Wohnort des Verfertigers, die laufende Fabriknummer und das Jahr der Herstellung, sowie der gemäss § 10 festgesetzte höchste Betriebsdruck in Atmosphären-Ueberdruck auf leicht erkennnbare und dauerhafte Weise angegeben sein. Die Angaben sind auf einem Schilde (Fabrikschild) anzubringen, das mit Niethen so am Dampffass zu befestigen ist, dass es auch nach der Ummantelung oder Einmauerung des letzteren sichtbar bleibt.

IV. Anlegung und Inbetriebsetzung von Dampffässern. § 9. Von der beabsichtigten Anlegung eines Dampffasses oder mehrerer Dampffässer gleicher Bau- und Betriebsart ist einem für den Betriebsort zuständigen Sachverständigen (§ 3) unter Vorlegung von zwei Beschreibungen und zwei massstäblichen Zeichnungen des Dampffasses, aus welchen die Beschaffenheit der Verschlusseinrichtungen und alle zur rechnerischen Prüfung des Dampffasses und seiner Verschlüsse erforderlichen Angaben zu ersehen sein müssen, unter Bezeichnung des Aufstellungsortes Anzeige zu erstatten. Der Sachverständige (§ 3) hat diese Vorlage gemäss den Bestimmungen dieser Polizei-Verordnung und durch Rechnung zu prüfen und mit Prüfungsvermerk zu versehen. Falls die Prüfung der Bauart und die Druckprobe des Dampffasses bereits am Herstellungsort stattgefunden hat, ist die Bescheinigung darüber beizufügen.

§ 10. Jedes Dampffass ist vor seiner ersten Inbetriebsetzung durch einen Sachverständigen (§ 3) einer Prüfung der Bauart und einer Wasserdruckprobe, sowie einer Abnahmeprüfung zu unterziehen. Die Wasserdruckprobe, welche mit der Prüfung der Bauart zu verbinden ist, erfolgt nach der letzten Zusammensetzung, jedoch vor der Einmauerung oder Ummantelung des Dampffasses. Sie kann vor der Anmeldung des Dampffasses am Herstellungsorte ausgeführt werden. Dampffässer, die bereits am Herstellungsort nach den Vorschriften dieser Polizeiverordnung geprüft und demnächst im ganzen nach ihrem Aufstellungsorte geschafft worden sind, unterliegen einer nochmaligen Prüfung der Bauart und Wasserdruckprobe am Aufstellungsorte nur dann, wenn seit Vornahme der Prüfung mehr als ein Jahr verflossen ist, oder wenn das Dampffass eine Beschädigung erlitten hat, die eine Wiederholung der Prüfung geboten erscheinen lässt. Die Wasserdruckprobe ist mit dem anderthalbfachen Betrage des höchsten Betriebsdruckes des Dampffasses, mindestens jedoch mit einer denselben um eine Atmosphäre übersteigenden Pressung auszuführen. Nach Ausführung der Druckprobe hat der Sachverständige, vorausgesetzt, dass sie zur Beanstandung keinen Anlass bot, den höchsten zulässigen Druck des Dampffasses zu bestimmen, ferner die Niethe des Fabrikschildes (§ 8) mit einem Stempel zu versehen. Dieser ist in dem Prüfungszeugniss über die Druckprobe abzudrucken.

§ 11. Die Abnahmeprüfung erfolgt am Benutzungsorte. Mit der Abnahme ist eine Einstellung etwa vorhandener zum Dampffasse gehöriger Sicherheitsventile zu verbinden, falls sie nicht bereits am Herstellungsorte durch einen Sachverständigen (§ 3) bewirkt und bescheinigt worden ist. Im letzteren Falle ist die Identität des Sicherheitsventils nachzuweisen.

§ 12. Auf Grund der gemäss §§ 10 und 11 vorgenommenen Prüfungen und der Bescheinigungen über die Bauartprüfung, Druckprobe und Abnahme darf das Dampffass ohne weiteres in Betrieb genommen werden.

·Alle Bescheinigungen sind von dem Sachverständigen, der die Abnahme bewirkt hat, mit der Beschreibung und Zeichnung des Dampffasses zu verbinden, einem Revisionsbuche (§ 16) anzuheften und dem Besitzer auszuhändigen. Das zweite Exemplar der Beschreibung und Zeichnung ist mit einer Abschrift der Bescheinigung von dem Sachverständigen der Ortspolizeibehörde zu übersenden.

V. Betrieb und technische Untersuchung der Dampffässer. § 13. Dampffassbesitzer, oder ihre mit der Leitung des Betriebes beauftragten Stellvertreter (§ 151 d. Gew.-O.), sowie die mit der Wartung der Dampfkessel beauftragten Arbeiter sind verpflichtet, dafür Sorge zu tragen, dass die Dampffässer, ihre Verschraubungen und Sicherheitsvorrichtungen während des Betriebes bestimmungsgemäss benutzt und Dampffässer, die sich nicht in gefahrlosem Zustande befinden, nicht in Betrieb genommen oder ausser Betrieb gesetzt werden.

§ 14. Jedes zum Betrieb aufgestellte Dampffass, es mag unausgesetzt oder nur in bestimmten Zeitabschnitten oder unter gewissen Voraussetzungen betrieben werden, ist regelmässigen technischen Untersuchungen zu unterziehen.

Dieser Vorschrift unterliegen Dampffässer nur dann nicht, wenn der Betrieb gänzlich eingestellt und dem zuständigen Sachverständigen eine schriftliche Anzeige erstattet wird.

Von der Ausserbetriebstellung hat der Sachverständige (§ 3) der Ortspolizeibehörde Mittheilung zu machen; diese hat darüber zu wachen, dass vor erneuter Anmeldung und Prüfung (§§ 9 bis 11) der Betrieb nicht wieder aufgenommen wird.

§ 15. Die regelmässige Untersuchung der Dampffässer ist eine innere und eine Prüfung durch Wasserdruck.

Die regelmässige innere Untersuchung ist alle vier Jahre, die Wasserdruckprobe alle acht Jahre vorzunehmen, dann aber mit der inneren Untersuchung, wenn möglich, zu verbinden.

Die innere Untersuchung kann nach dem Ermessen des Prüfers durch eine Wasserdruckprobe ergänzt werden. Sie ist stets durch eine solche zu ergänzen oder zu ersetzen bei Dampfässern, die ihrer Bauart halber nicht im Innern besichtigt werden können.

Zur Ausführung der Prüfungen ist der Betrieb einzustellen und das gehörig gereinigte Dampffass zu der mit dem Sachverständigen zu vereinbarenden Zeit bereit zu stellen.

Einmauerungen oder Ummantelungen sind bei den Prüfungen soweit zu entfernen, wie es der Sachverständige (§ 3) für erforderlich hält.

Von einer bevorstehenden inneren Untersuchung oder Druckprobe ist der Besitzer mindestens vier Wochen vorher zu benachrichtigen. Die Untersuchungsfristen laufen vom Tage der ersten Prüfung ab. Für die Fristen sind die Etatsjahre massgebend.

Für die Höhe des bei Druckproben anzuwendenden Probedrucks sind die Vorschriften im § 10 massgebend; jedoch müssen Dampffässer, die ohne Sicherheitsventile betrieben werden, stets mit dem anderthalbfachen Betrage des höchsten Betriebsdruckes des zugehörigen Dampferzeugers geprüft werden und zwar auch dann, wenn der Betriebsdruck des Dampffasses im allgemeinen durch Drosselung des Dampfes niedriger gehalten wird. Zugleich mit den Untersuchungen sind die durch den Gebrauch eingetretenen Abnutzungen des Dampffasses festzustellen. Mit Wasserdruckproben ist eine Prüfung der Sicherheitsventile sowie der Manometer zu verbinden, wenn ihre Anbringung es zulässt. Die vorstehenden Bestimmungen des § 15 finden auf Zellstoffkocher mit innerem Schutzmantel keine Anwendung. Diese Kocher sind jedoch mindestens in Zwischenräumen von vier Wochen durch einen von der Fabrikleitung bestimmten geeigneten Sachkundigen darauf zu untersuchen, ob Undichtigkeiten des inneren Schutzmäntels eingetreten sind. Das Ergebniss einer jeden solchen Untersuchung ist von dem Sachkundigen in das im § 16 vorgeschriebene Revisionsbuch einzutragen.

§ 16. Der Sachverständige hat den Befund der Untersuchung, die Höhe des Probedrucks und etwaige Aenderungen in der Belastung der Sicherheitsventile in ein Revisionsbuch einzutragen, für das ein Vordruck zu benutzen ist. Das Revisionsbuch ist vom Dampffassbesitzer oder seinem mit der Leitung des Betriebs beauftragten Stellvertreter (§ 151 der Gew.-Ordn.) zu beschaffen und am Betriebsort derart aufzubewahren, dass es von dem Sachverständigen jederzeit eingesehen werden kann.

§ 17. Werden bei einer Untersuchung Mängel erheblicher Art ermittelt und weigert sich der Dampffassbesitzer oder sein mit der Leitung des Betriebes betrauter Stellvertreter (§ 151 der Gew.-Ordn.), sie zu beseitigen, so hat der Sachverständige der Ortspolizeibehörde unter Abschrift des Revisionsbefundes Anzeige zu erstatten. Die Ortspolizeibehörde hat innerhalb einer von dem Sachverständigen anzugebenden angemessenen Frist für Abstellung der Mängel Sorge zu tragen. Ergiebt sich bei der Untersuchung des Dampffasses ein Zustand unmittelbarer Gefahr, so hat die Ortspolizeibehörde auf Antrag des Sachverständigen die Fortsetzung des Betriebes bis zur Beseitigung der Gefahr zu untersagen

§ 18. Dampffässer, die eine Hauptausbesserung erfahren haben, — Zellstoffkocher nach jeder Entfernung des inneren Schutzmantels oder des grössten Theils desselben — sind vor ihrer Wiederinbetriebnahme in der Fabrik oder am Betriebsorte einer Wasserdruckprobe nach den Vorschriften des § 10 zu unterwerfen. Eine Bescheinigung über diese Prüfung, den Umfang der Reparatur und die Fabrik, die sie ausgeführt hat, ist mit dem Revisionsbuch zu verbinden. Durch diese Druckproben wird der Lauf regelmässiger Untersuchungen nicht unterbrochen; die Prüfung nach einer Hauptausbesserung kann jedoch an die Stelle einer in demselben Etatsjahre fälligen regelmässigen Wasserdruckprüfung treten. Wird mit der Druckprobe nach einer Hauptausbesserung auf Antrag des Dampffassbesitzers oder seines mit der Leitung des Betriebs beauftragten Stellvertreters (§ 151 der Gew.-Ordn.) eine innere Untersuchung verbunden, so können die Fristen der regelmässigen Untersuchungen von diesem Zeitpunkte an neu berechnet werden.

§ 19. Von jeder Explosion eines Dampffasses ist dem für den Bezirk zuständigen Gewerbeinspektor, dem die amtliche Untersuchung dieser Unfälle obliegt, und dem Sachverständigen (§ 3) unverzüglich Mittheilung zu machen. Eine Explosion liegt vor, wenn die Wandung eines Dampffasses durch den Betrieb eine Trennung in solchem Umfange erleidet, dass dadurch ein plötzlicher Ausgleich der Spannungen innerhalb und ausserhalb des Dampffasses stattfindet.

§ 20. In jedem Raume, in dem Dampffässer aufgestellt sind, ist eine Dienstvorschrift für Dampffasswärter nach dem dieser Polizeiverordnung beigefügten Muster anzubringen. Die mit der Bedienung der Dampffässer beauftragten Arbeiter sind verpflichtet, die Dienstvorschriften genau zu befolgen.

VI. Schluss- und Uebergangsbestimmungen. § 21. Beschwerden über Anordnungen der Sachverständigen, insbesondere auch über Anforderungen, die bei der Anlegung von Dampffässern auf Grund der vorgenommenen Prüfungen gestellt werden, sind bei der Landespolizeibehörde anzubringen.

§ 22. Dampffässer, auf die die bisherigen Bestimmungen über Dampffässer bereits Anwendung fanden, unterliegen den Bestimmungen der §§ 5 bis 8 und 13 bis 20 mit der Massgabe, dass die Schilder bei der nächst fälligen inneren Untersuchung anzubringen und deren Niethe abzustempeln sind.

Auf bereits in Betrieb befindliche Dampffässer, die der Ueberwachung nach den bisherigen Bestimmungen noch nicht unterlagen, finden die Bestimmungen der § 5 bis 20 mit der Massgabe Anwendung, dass die Anmeldung und Ausrüstung spätestens innerhalb einer Frist von zwölf Monaten nach Inkrafttreten dieser Verordnung zu erfolgen hat.

Die im § 8 angegebenen Bezeichnungen sind bei diesen Dampffässern nur insoweit, als sie sicher bekannt sind, anzubringen; gebotenenfalls genügt es, wenn der Prüfungsstempel, die Prüfungsnummer, die Höhe der Dampfspannung und der Inhalt auf dem Dampffass selbst deutlich eingeschlagen werden.

§ 23. Hat vor Erlass dieser Polizeiverordnung bereits eine Prüfung der im § 22 Absatz 2 angegebenen Dampffässer durch Sachverständige (§ 3) stattgefunden, so hat eine erneute Prüfung erst nach Ablauf der im § 15 Absatz 2 angegebenen Fristen zu erfolgen.

§ 24. Die den Sachverständigen zustehenden Gebühren werden nach Massgabe der von mir festgesetzten und veröffentlichten Gebührenordnung erhoben.

§ 25. Uebertretungen dieser Verordnung seitens der Dampffassbesitzer oder ihrer mit der Leitung des Betriebes beauftragten Stellvertreter (§ 151 der Gew.-Ordn.) oder der mit der Wartung beauftragten Arbeiter werden, sofern nicht nach den Strafgesetzen eine höhere Strafe bedingt wird, mit Geldbusse bis zum Betrage von 60 Mark oder im Unvermögensfalle mit entsprechender Haft bestraft. Die gleiche Strafe trifft die mit der Wartung betrauten Arbeiter, wenn sie gegen die in Ausführung dieser Verordnung ergangenen Dienstvorschriften zuwiderhandeln.

§ 26. Der Minister für Handel und Gewerbe kann von den vorstehenden Bestimmungen entbinden, insbesondere einzelne Dampfdruckgefässe oder Gattungen solcher von diesen Bestimmungen ganz oder theilweise ausnehmen.

§ 27. Durch gegenwärtige Verordnung werden die früheren Bestimmungen über die Einrichtung und den Betrieb von Dampffässern aufgehoben.

Diese Verordnung tritt am 1. April 1899 in Kraft.

b) Dienstvorschriften für Dampffass-Wärter.

Die mit der Wartung der Dampffässer beauftragten Arbeiter sind verpflichtet, dafür Sorge zu tragen, dass die Sicherheitsvorrichtungen bestimmungsgemäss benutzt werden und dass Dampffässer, die sich nicht in gefahrlosem Zustande befinden, nicht in Betrieb bleiben. Insbesondere sind folgende Vorschriften genau zu beachten:

Vorbereitung zur Inbetriebnahme des Dampffasses. 1. Der Wärter hat vor jeder Füllung des Dampffasses zu untersuchen, ob alle Vorrichtungen gangbar und ihre Verbindungen mit dem Dampffass nicht verstopft sind. Ganz besondere Sorgfalt erfordert die Untersuchung des Sicherheitsventils und Manometers auf Gangbarkeit und freie Verbindung mit dem Dampffasse.

2. Der Wärter hat zu beachten und Sorge zu tragen, dass alle Dichtungsflächen rein und möglichst frei von Beschädigungen sind.

Die Dichtung der Verschlussöffnungen muss unter Verwendung geeigneten Materials sorgfältig ausgeführt werden.

3. Beim Verschrauben der Verschlussöffnungen sind stets sämmtliche Schrauben zu benutzen. Das Anziehen der Schrauben hat in vorsichtiger gleichmässiger Weise zu erfolgen.

Die Benutzung aussergewöhnlicher Mittel zum Anziehen (z. B. Aufstecken von Rohren auf die Schlüssel, Verwendung langer Stangen bei Flügelmuttern und Bügelverschlüssen oder Antreiben derselben durch Hammerschläge u. dergl.) ist verboten. Alle Schrauben sind gleichmässig stark und nicht stärker anzuziehen, als zur Herstellung der Dichtung erforderlich ist.

4. Bei Verschlüssen mit umlegbaren Schrauben (Gelenkschrauben), Klammerverschlüssen und in Schlitze eingelegten Schrauben ist festzustellen, dass durch die Sicherungen das Abrutschen der Muttern verhindert wird und die Muttern oder Unterlagscheiben voll aufliegen.

5. Bei Bügelverschlüssen und Gelenkschrauben ist streng zu beobachten, dass nur genau passende Bolzen ordnungsmässig benutzt werden.

6. Fehlerhaft gewordene Verschlusstheile (z. B. abgenutzte, rissige oder verbogene Schrauben, ausgebrochene oder schlotterige Muttern, verbogene Klammern u. dergl.) dürfen nicht verwendet werden.

Betrieb des Dampffasses. 7. Die Dampf-Absperrventile und -Hähne dürfen nur langsam geöffnet werden. Besondere Vorsicht ist beim Einlassen des Dampfes anzuwenden, wenn der Dampf unterhalb einer dichtliegenden Füllmasse eintritt.

8. Sobald und solange Druck in dem Dampffass vorhanden ist, darf kein Nachziehen der Verschlussschrauben stattfinden, sondern erst nach Schliessung der Dampfzuleitung und Entlassung des Drucks aus dem Dampffasse.

9. Alle Sicherheitsvorrichtungen (Sicherheitsventile, Manometer, Thermometer etc.) sind während des Betriebes zu beobachten, auch ist das Sicherheitsventil häufig auf Gangbarkeit zu prüfen. Jede Aenderung der Belastung des Sicherheitsventils ist verboten.

10. Der Dampf- beziehungsweise Arbeitsdruck soll die festgesetzte höchste Spannung nicht überschreiten. Tritt dieser Fall dennoch ein oder zeigen sich im Betriebe Schäden, Risse oder grössere Undichtigkeiten am Dampffass oder den Verschlüssen, so ist die Dampfzuleitung sofort zu schliessen beziehungsweise die Einwirkung des Feuers sofort aufzuheben (siehe auch Nr. 14).

11. Beim Schichtwechsel darf sich der abtretende Dampffasswärter erst entfernen, wenn der antretende Wärter alles in ordnungsmässigem Zustande übernommen hat.

Ausserbetriebsetzung des Dampffasses. 12. Der Dampffasswärter hat sich, bevor er die Verschlussschrauben löst, Gewissheit zu verschaffen, dass kein Druck im Dampffass mehr vorhanden ist. Die Beobachtung, dass das Manometer keinen Druck mehr anzeigt, genügt hierfür nicht (vergl. § 6 der Polizeiverordnung vom 1. April 1899, betreffend die Einrichtung und den Betrieb der Dampffässer).

13. Vor jeder längeren Ausserbetriebsetzung des Dampffasses ist seine gründliche Reinigung vorzunehmen.

Schlussbestimmung. 14. Von allen Schäden (Rissen, Abnutzungen, starken Undichtigkeiten), die sich am Dampffass und seinem Zubehör zeigen, ist dem Vorgesetzten beziehungsweise dem Dampffassbesitzer oder seinem mit der Leitung des Betriebes beauftragten Stellvertreter (§ 151 der Gew.-Ordn.) sofort Anzeige zu machen.

Auszug aus den Unfallverhütungsvorschriften der Fleischerei-Berufsgenossenschaft vom 13. Juli 1898

a) für Arbeitnehmer:

§ 24. Die Kesselanlage ist stets rein und in Ordnung, alles nicht dahin Gehörige fern zu halten.

Die Benützung der Dampfkessel-Aufmauerung zum Trocknen oder Ablagern von Gegenständen ist verboten.

§ 25. Der Kesselwärter darf Unbefugten das Betreten des Kesselraumes' und den Aufenthalt in ihm nicht gestatten.

§ 26. Der Kesselwärter darf während des Betriebes seinen Posten, so lange nicht für Ersatz gesorgt ist, nicht verlassen und ist für die Wartung des Kessels verantwortlich.

§ 27. Der Kesselwärter muss während des Betriebes den Ausgang stets frei und unverschlossen halten.

§ 28. Der Kesselwärter hat bei eintretender Dunkelheit für die Beleuchtung der Kesselanlage, insbesondere der Wasserstandsanzeiger und Manometer Sorge zu tragen.

Betrieb des Kessels.   § 29. Der Kesselwärter hat sich vor dem Füllen des Kessels von dessen ordnungsmässigem Zustande, sowie der sämmtlichen dazu gehörigen Apparate zu überzeugen.

§ 30. Das Anheizen darf erst erfolgen, nachdem der Kessel genügend mit Wasser versehen ist.

§ 31. Während des Anheizens soll das Dampfventil geschlossen, das Sicherheitsventil dagegen so lange geöffnet bleiben, bis Dampf entweicht.

§ 32. Das Nachziehen der Dichtungen hat während des Anheizens zu erfolgen.

§ 33. Dampfabsperrventile sind langsam zu öffnen und zu schliessen.

§ 34.. Der Kesselwärter darf den Wasserstand nicht unter die Marke des niedrigsten Standes sinken lassen; geschieht dies dennoch, so ist die Einwirkung des Feuers aufzuheben und dem Vorgesetzten Mittheilung zu machen.

§ 35. Die Wasserstandszeiger sind unter Benutzung sämmtlicher Hähne oder Ventile täglich wiederholt zu probiren. Sind zwei Wasserstandsgläser vorhanden, so sind beide dauernd zu benutzen.

§ 36. Sämmtliche Speisevorrichtungen sind täglich zu benutzen und stets in brauchbarem Zustande zu erhalten.

§ 37. Das Manometer ist zeitweise daraufhin zu prüfen, ob der Zeiger bei Absperrung des Drucks auf Null zurückgeht.

§ 38. Der Dampfdruck soll die festgesetzte höchste Spannung nicht überschreiten.

§ 39. Die Sicherheitsventile sind täglich durch vorsichtiges Anheben zu lüften. Jede Vergrösserung der Belastung der Sicherheitsventile ist verboten.

§ 40. Kurz vor oder während der Stillstandspausen ist der Kessel über den normalen Wasserstand zu speisen und der Zug zu vermindern.

§ 41. Beim Schichtwechsel darf der abtretende Wärter sich erst dann entfernen, wenn der antretende Wärter sich von dem ordnungsmässigen Zustande der Sicherheitsvorrichtungen überzeugt und den Kesselbetrieb übernommen hat.

§ 42. Steigt der Dampfdruck über die zulässige Spannung, so ist der Kessel zu speisen und der Zug zu vermindern. Genügt dies nicht, so ist die Einwirkung des Feuers aufzuheben.

§ 43. Gegen Ende der Arbeitszeit hat der Wärter den Dampf thunlichst aufzubrauchen, das Feuer allmählich zu mässigen und eingehen zu lassen bezw. vom Kessel abzusperren. Ausserdem muss der Rauchschieber geschlossen und der Kessel bis über den normalen Stand gespeist werden.

§ 44. Bei aussergewöhnlichen Erscheinungen: Undichtigkeiten, Beulen, Erglühen von Kesseltheilen etc. ist die Einwirkung des Feuers sofort aufzuheben und dem Vorgesetzten unverzüglich Meldung zu machen.

Ausserbetriebsetzung des Kessel.   § 45. Das vollständige Entleeren des Kessels darf erst vorgenommen werden, nachdem das Feuer entfernt und das Mauerwerk möglichst abgekühlt ist. Muss die Entleerung unter Dampfdruck erfolgen, so darf solches mit höchstens einer Atmosphäre Druck geschehen.

§ 46. Das Einlassen von kaltem Wasser in den entleerten heissen Kessel ist verboten.

Reinigung des Kessels. § 47. Der zu befahrende Kessel muss von anderen im Betriebe befindlichen Kesseln in sämmtlichen Rohrverbindungen und Feuerungseinrichtungen sicher abgesperrt werden.

§ 48. Beim Befahren des Kessels und der Feuerzüge ist die Benutzung von Petroleum und ähnlichen, bei höherer Temperatur leicht entzündlichen Beleuchtungsstoffen verboten.

b) Für Arbeitgeber:

§ 38. Bei jeder Dampfkesselanlage sind die Vorschriften für den Betrieb von Dampfkesseln an einer in die Augen fallenden Stelle in Plakatform anzubringen und im lesbaren Zustande zu erhalten.

Diese Vorschriften umfassen die §§ 38 bis 45 der Unfallverhütungsvorschriften für Arbeitgeber und die §§ 24 bis 48 der Unfallverhütungsvorschriften für Arbeitnehmer.

§ 39. Die Wasserstandsgläser sind mit Schutzhülsen zu versehen, welche die Beobachtung des Wasserstandes in keiner Weise beeinträchtigen und dem Kesselwärter beim Zerspringen der Wasserstandsgläser hinreichend Schutz gewähren.

§ 40. Das Betreten des Kesselraumes und der Aufenthalt in diesem ist Unbefugten durch Anschlag zu verbieten.

§ 41. Die Thüren des Kesselhauses müssen nach aussen aufschlagen.

§ 42. Es ist Sorge zu tragen, dass aus der unmittelbaren Umgebung des Kessels alles fern gehalten wird, wodurch der Zugang zu ihm, und besonders zu den Sicherheitsapparaten erschwert werden kann.

Die Benutzung der Kesselaufmauerung zum Trocknen oder Ablagern von Gegenständen ist zu verbieten.

§ 43. Für ausreichende Beleuchtung der Kesselanlage, insbesondere der Wasserstandsanzeiger und Manometer, ist Sorge zu tragen.

§ 44. Zum Begehen der Kesselaufmauerung ist möglichst eine sichere Treppe mit Geländer einzurichten.

§ 45. Die sorgfältige Reinigung des Kessels ist in angemessenen Zwischenräumen zu veranlassen. Der zu befahrende Kessel ist von den gemeinschaftlichen Ablass-, Dampf- und Speiseleitungen sicher abzuschliessen. Eine Absperrung durch die gewöhnlichen Ventile und Hähne und das Festbinden derselben genügt nicht. Ebenso sind gemeinschaftliche Feuerungseinrichtungen sicher abzusperren.

III. Die Dampfmaschinen.

Die Eintheilung der Dampfmaschinen kann von den verschiedensten Gesichtspunkten aus erfolgen. Hinsichtlich ihrer Wirkungsweise unterscheidet man:

a) Dampfmaschinen für den Betrieb beliebiger Arbeitsmaschinen durch Vermittelung einer Kraftleitung;

b) Dampfmaschinen für den direkten Betrieb bestimmter Arbeitsmaschinen, mit denen sie unmittelbar verbunden sind, und welche ihre ganze Kraft verbrauchen;

c) solche, welche beiden Zwecken dienen.

Die meiste Verschiedenheit zeigen die Eintheilungen rücksichtlich ihrer Konstruktion, man unterscheidet:

Auspuff- oder Kondensationsmaschinen, je nachdem der im Cylinder wirksam gewesene Dampf ins Freie geleitet oder durch Abkühlung niedergeschlagen wird, ferner Volldruck- und Expansionsmaschinen, je nachdem der Kolben bis ans Ende seines Hubes durch den fortwährend zuströmenden Kesseldampf getrieben wird, oder der Kesseldampf vom Cylinder abgeschnitten wird, wenn der Kolben erst einen Theil seines Hubes zurückgelegt hat, sodass der Kolben durch den sich ausdehnenden Dampf weiter geschoben wird. Man unterscheidet auch Eincylinder-, Zwillings-, Drillings- und Mehrlings- (oder besser »Mehrcylinder«-) Maschinen, je nachdem eine oder mehrere Dampfmaschinen auf dieselbe Kurbelwelle wirken, sodann Maschinen mit schwingendem (pendelndem) und umlaufendem (rotirendem) Cylinder und rechnet zu diesen auch die Kapselmaschinen. Bezüglich der Art der Aufstellung kennt man liegende, stehende und diagonale Maschinen und Wanddampfmaschinen, feststehende (stationäre), bewegliche und sich selbst bewegende. Endlich können Dampfmaschinen mit einem fahrbaren Kessel verbunden sein, sog. Kesseldampfmaschinen. Von den Zwillings-, Drillings- u. s. w. Maschinen sind wohl zu unterscheiden die Zwei- und Mehrcylinder-Maschinen (Compound- oder Verbund-Maschinen), bei welchen in dem einen Cylinder nur der Volldruck und ausser diesem noch ein Theil der Expansion des Dampfes zur Wirkung kommt, während die Expansion in einem zweiten grösseren oder hinter einander in mehreren Cylindern vollendet wird. Die einzelnen Unterscheidungsmerkmale werden erst klar, wenn wir die einzelnen Theile und die Wirkungsweise der Dampfmaschinen kennen gelernt haben.

Die Haupttheile der Dampfmaschine. Man unterscheidet an derselben feste und bewegliche. Zu den festen gehört das Fundament (mit den Ankern), die Bettplatte oder das Gestell, der Cylinder, die Kurbellager, die Dampfleitungsrohre (mit Absperrventil) und eventl. der Kondensationsapparat. Bewegliche Theile sind: der Kolben mit Stange, der Kreuzkopf, die Pleuelstange, die Steuerung, die Kurbel mit Welle, das Schwungrad.

Das *Fundament* (Abb. 77/79, S. 86, und Abb. 83, P., S. 90, nach Scholl). Sofern die Dampfmaschine nicht mit dem Kessel verbunden ist, muss dieselbe auf einem soliden Fundament montirt werden. Am besten wird dasselbe aus hartgebrannten und mit Cementmörtel verbundenen Klinkern oder aus Cement-Beton hergestellt. Allerdings ist hierbei zu berücksichtigen, dass der Cement durch das von den Lagern abtropfende (säurebildende) Oel angegriffen wird. Für die Ankerschrauben werden entsprechende Löcher gelassen. Die Ankerplatten, welche als Wider-

lager für die Fundamentschrauben dienen, werden entweder fest eingemauert oder in Kanäle eingeschoben, durch welche auch die Keile
eingesteckt werden. Auch kann man fest eingemauerte Ankerplatten
mit rechteckigem Loch anbringen, zu denen Ankerschrauben mit ähnlich gestaltetem Kopf gehören, welche in bestimmter Lage eingelassen
und dann um 90° gedreht, zuverlässig festhalten. Für das Schwungrad

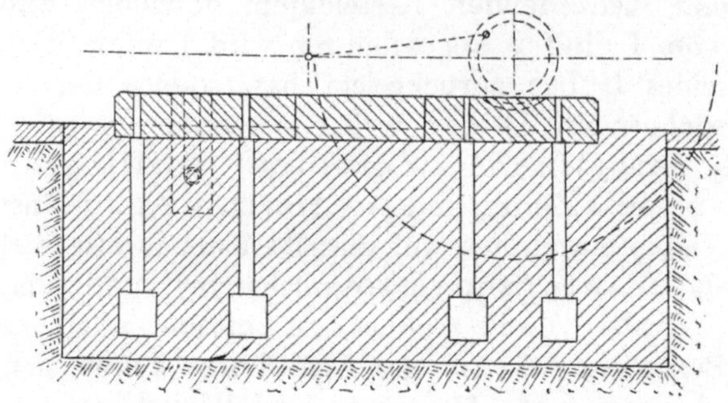

Abb. 77. Dampfmaschinen-Fundament (Längsschnitt).

ist in vielen Fällen eine schmale Grube im Fundament frei zu lassen,
welche nicht selten so grosse Tiefe erhält, dass sie grundwasserdicht
gemacht werden muss.

Die *Bettplatte* oder das *Gestell* (Abb. 78 und Abb. 83O.) besteht in seiner einfachsten Form aus einer durchgängig gleich dicken

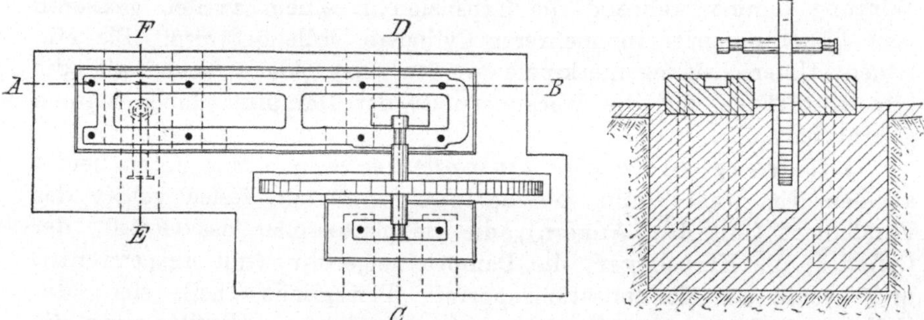

Abb. 78. Dampfmaschinen-Fundament (Bettplatte).   Abb. 79. Dampfmaschinen-Fundament (Querschnitt).

Platte aus Gusseisen, auf welcher Cylinder, Schlittbahnen und Lager
mit Schrauben auf abgehobelten Flächen befestigt werden. Die Verschiebung dieser Theile wird durch gehörig angeordnete Keile verhindert.
Um die Höhe des Cylinders und der Kurbelwellenlager zu vermindern,
werden diese Theile in zu diesem Zweck angebrachte Durchbrechungen
der Platte eingesenkt. Um eine Durchbiegung dieser Bettplatte zu verhüten, wird dieselbe in möglichst vielen Punkten ihrer Unterfläche mit der
Oberfläche des Fundaments in Berührung gebracht und mit der er-

forderlichen Anzahl Fundamentschrauben fest an das Fundament angezogen.

In gewisser Beziehung konstruktiver als die Bettplatte, aber auch
dafür mit manchen Uebelständen behaftet, ist das Einbalken- oder
Bajonettbalkenbett (Abb. 80). Es findet bei Horizontal- oder liegenden
Maschinen Anwendung und besteht aus einem horizontalen Cylinder,
welcher entweder auf einer rahmenartigen gusseisernen Grundplatte
(Bett) festgebolzt oder an dem einen Ende mit einem hohlen gusseisernen Gestell- oder Bajonettbalken verbunden ist. Ist die Maschine
mit einer als sog. Doppelbalkenbett konstruirten Grundplatte versehen,
so sind auf diesem Bett die Führungsgeleise für den am Ende der

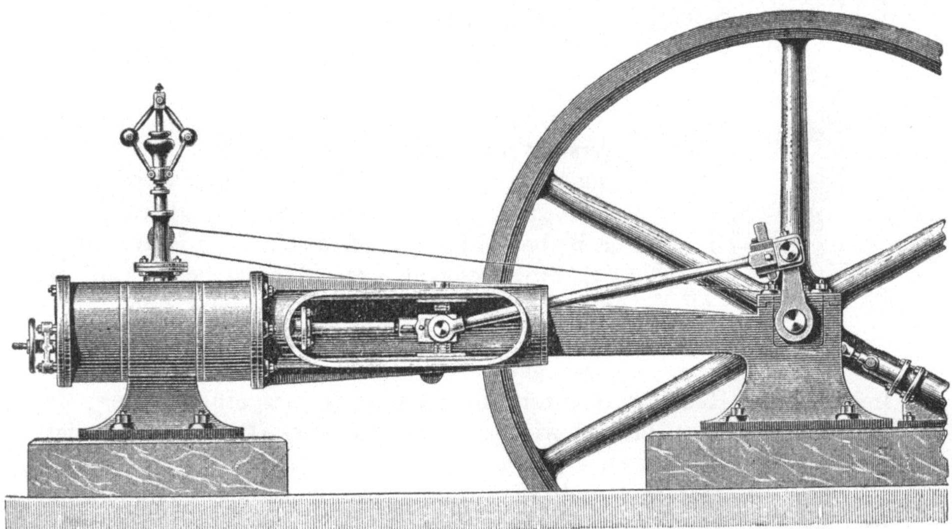

Abb. 80. Dampfmaschine mit Bajonettbalkenbett (nach Scholl).

Kolbenstange sitzenden Kreuzkopf angebracht, während bei dem Vorhandensein des sog. schwebenden Einbalkenbettes oder des Bajonett-
balkens die Geradführung sich im hohlen, centrisch zur Cylinderachse
ausgebohrten Balken befindet, wie in Abb. 80 veranschaulicht. Der
Bajonettbalken eignet sich gewöhnlich nur für kleinere Maschinen; aber
auch hier ist derselbe nach Schwartze nicht zu empfehlen, weil der
mit dem Cylinderdeckel verbundene Balken eine sehr heisslaufende
Kreuzkopfführung ergiebt, daher viel Oelschmierung erfordert.

Der *Cylinder* (Abb. 80 u. 83 A) ist der Haupttheil der Maschine; in
ihm bewegt sich der dampfdicht schliessende Kolben hin und her bezw.
auf und nieder. Der Cylinder ist aus weissem Gusseisen gebohrt und
hat mindestens 20 mm Wandstärke, er ist innen vollständig glatt und
gleichmässig. Gewöhnlich ist der Cylinder an beiden Enden um ein

Kleines weiter und kann deshalb leicht nachgebohrt werden. Er bekommt zum Schutze gegen Abkühlung einen umgeschraubten Eisenblechmantel oder einen hölzernen. Früher füllte man den Zwischenraum mit Sägespähnen, Kuhhaaren oder Filz aus, während man jetzt den Cylinder doppelwandig herstellt und den Zwischenraum mit frischem Dampf heizt.

Zum Cylinder gehören die Cylinder- oder Stirnböden nebst Stopfbüchsen und Entwässerungshähnen.

Mindestens auf einer, oft aber auf beiden Seiten des Cylinders erhält derselbe lösbare, durch Flantschverschraubung befestigte Deckel, nach deren Abnahme man den Kolben herausnehmen kann. Hierzu genügt ein lösbarer Deckel; der andere wird meist nur wegen des Ausbohrens des Cylinders lösbar gemacht.

Der Cylinderdeckel trägt die Stopfbüchse für die Kolbenstange.

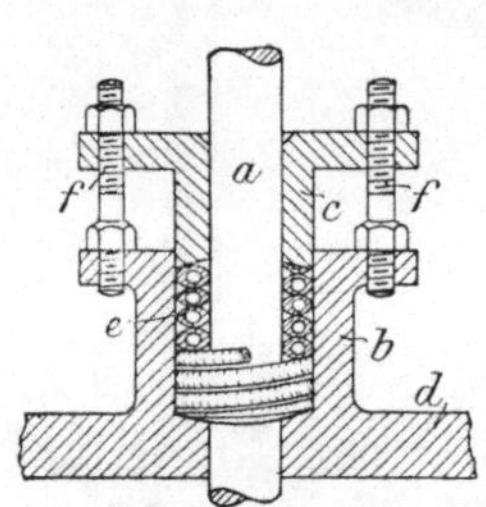

Abb 81. Stopfbüchse.

Unter *Stopfbüchse* (Stopfbuchse) (Abb. 81) versteht man eine Vorrichtung, welche eine Oeffnung dampf-, luft- und wasserdicht verschliessen soll, wenn durch dieselbe eine bewegliche Stange, z. B. bei einer Dampfmaschine die Kolbenstange (a) hindurchgeht. Man unterscheidet an der Stopfbüchse den mit der Gefässwand verbundenen Theil (d) und die mittels Schrauben (f f') gegen jenen gedrückte Brille (c). Der zwischen beiden freibleibende Raum wird durch die Packung (e) ausgefüllt. Ueber das hierzu verwendete Material wird im Kap. III unter »Dichtungsmaterial« gesprochen werden.

Am Cylinderboden bei vertikalen und an beiden Cylinderenden bei horizontalen Maschinen werden Hähne zum Auslassen des Kondensationswassers angebracht, welches sich namentlich beim Auslassen nach Stillständen in beträchtlichen Mengen niederschlägt. Dieses würde zwar auch durch die Dampfwege hinausgetrieben werden; allein es erzeugt dabei Stösse und nicht selten Brüche. Man hat hierfür auch selbstthätige Entwässerungsventile.

Beschaffenheit des *Dampfkolbens.* Ein Dampfkolben muss so beschaffen sein, dass er mit möglichst geringer Reibung sich möglichst dicht am Cylinder bewegt und trotz der unvermeidlichen Abnutzung auf die Dauer dicht hält. Bei höherem Dampfdrucke, bei dem die Druckdifferenz auf beiden Seiten des Kolbens gross ist, wie z. B. bei Eincylindermaschinen mit starker Expansion, kann der Kolben nur mit sehr starker Reibung leidlich dicht erhalten werden, während in Verbundmaschinen, bei denen die Druckdifferenz zwischen beiden Kolbenseiten selbst bei hohen Expansionsgraden verhältnissmässig gering ist, die Kolben auch bei geringer Reibung genügend dicht halten.

Die eigentlichen Kolben sind scheibenförmig. Der Körper besteht meist aus Gusseisen, aber auch aus Schmiedeeisen oder Gussstahl; letzteres ist dann der Fall, wenn die Kolben möglichst leicht sein sollen, was für liegende Maschinen eine Hauptbedingung ist. Die Kolben erhalten fast stets eine Liderung, welche entweder durch federnde Ringe aus Stahl, Bronce oder weichem Gusseisen, oder (seltener) durch organische Stoffe, Leder, Hanf, gebildet wird.

Abb. 82 (nach Scholl) zeigt einen Metallkolben im Durchschnitt und Grundriss. 1 ist die Kolbenstange (vergl. auch Abb. 83 B), welche sich unten in einen Konus verdickt, 2 der Kolbenkörper, 3 die Nabe desselben, welche durch einen durchgehenden Stahlkeil auf dem Konus der Stange befestigt ist. Die Dichtung wird durch die Metallringe 4 und 5 hergestellt. Dieselben sind aus weichem Gusseisen, besser noch aus Bronce angefertigt, damit durch die Abnutzung hauptsächlich die leicht zu ersetzenden Ringe und weniger die Cylinderwand angegriffen wird. Die Ringe sind beide an einer Seite mit dünnerer Wand versehen, als an der anderen, und zugleich an der dünnsten Stelle in schräger Richtung aufgeschnitten. Dadurch erhalten sie die Fähigkeit, sich bei eintretender Abnutzung innen ausdehnen und dampfdicht an die Cylinderwand anlegen zu können. Sie werden zu dem

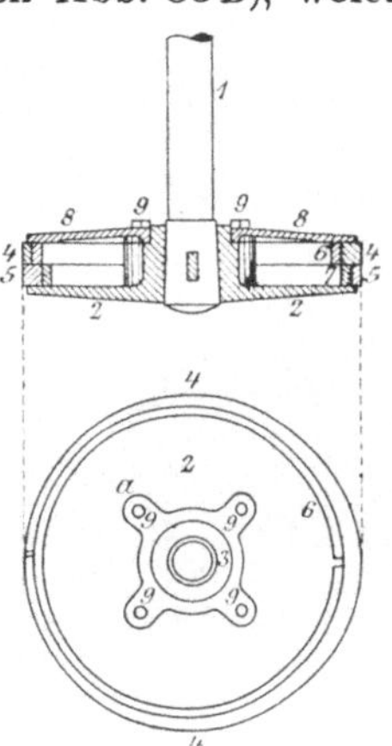

Abb. 82. Metallkolben (Durchschnitt und Grundriss).

Ende von den innen liegenden Stahlringen 6 und 7, die ebenfalls an einer Seite offen sind, stets auseinander gedrückt. Mit ihren Stirnflächen sind die Dichtungsringe sowohl aufeinander, als auch auf den Kolbenkörper 2 und den Kolbendeckel 8 dampfdicht aufgeschlossen. Der Deckel 8, der durch die Schrauben 9 auf den Kolbenkörper geschraubt ist, schliesst an der Nabe ebenfalls dampfdicht, ohne dabei so fest aufgedrückt zu sein, dass die Dichtungsringe unverschiebbar festgeklemmt wären. Auf diese Weise muss der Kolben so lange dicht bleiben, als die Ringe nicht verschliffen sind. Man hat auch Metallkolben, bei denen das Auseinanderschieben der Liderungsringe durch einen von einer Feder angedrückten Keil geschieht; auch macht man oft Dichtungsringe mehrtheilig, wie denn überhaupt in den Kolbenkonstruktionen vielerlei Formen bei einem und demselben Grundgedanken vorkommen. Es seien hier nur genannt die Konstruktionen von Mathern u. Platt und der Ramsbottonkolben.

Zur Uebertragung der Bewegung von der Kolbenstange auf die Kurbel dient, unter Vermittelung des *Kreuzkopfs* (Querhaupt, Abb. 83 C) die *Pleuel-, Schub- oder Flügelstange* (Abb. 83 E). Sie besteht aus dem Schaft und den beiden Pleuelköpfen und wird aus

Schmiedeeisen oder Gussstahl mit rundem Querschnitt hergestellt. Die Pleuelköpfe sind meistens Zapfenlager von eigenthümlicher Form, mit Lagerschalen und Nachstellvorrichtungen ausgestattet. Mitunter ist jedoch der zur Verbindung mit der Kolbenstange dienende Kopf nicht mit Lager, sondern mit einem sog. Gabelzapfen versehen, welcher in das am Kreuzkopf befestigte Lager passt.

Kurbel und Kurbelwelle (Abb. 83F) werden als sehr wichtige und stark beanspruchte Theile der Dampfmaschine gewöhnlich aus

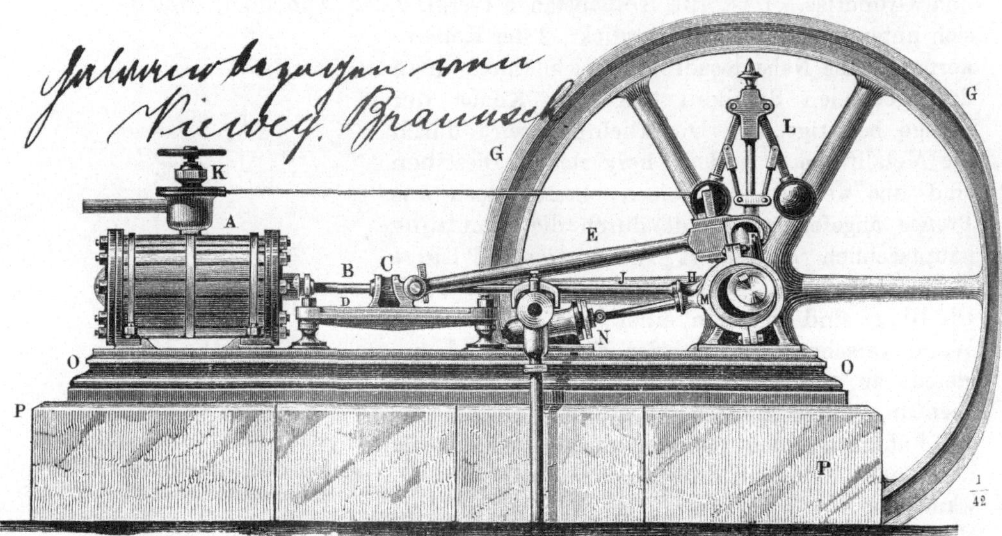

Abb. 83. Liegende Auspuffmaschine von 12 HP (nach Scholl).

Stahl gefertigt, um ihnen die gehörige Sicherheit zu geben. Die Welle darf aber, um nicht zu viel Arbeit zu konsumiren, nicht zu stark ausfallen. Die Kurbeln sitzen, je nach Bauart der Dampfmaschinen, entweder am Ende der Welle — Stirnkurbel — (Abb. 84), oder die Welle

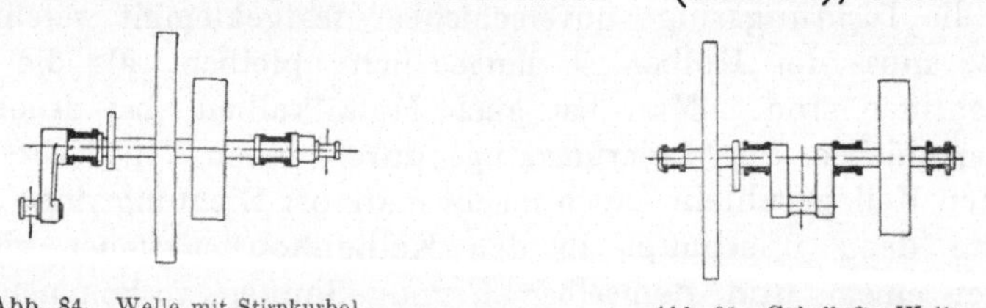

Abb. 84. Welle mit Stirnkurbel.　　　　　Abb. 85. Gekröpfte Welle.

ist gekröpft — Krummachse — (Abb. 85 nach Hintz*). In beiden Fällen muss in der Nähe der Kurbel stets die Lagerung der Welle erfolgen. Für nicht zu grosse Maschinen zieht man in neuester Zeit die etwas theurere Krummachse vielfach vor. Ausser der Kurbel trägt die

---

*) Hintz, Der Maschinist. Weimar 1893.

Welle in der Regel noch ein Schwungrad und ein Rad (Zahnrad, Riemscheibe, Seilrad) zur Ableitung der Kraft, wenn das Schwungrad nicht selbst dazu dient, sodann die Steuerungsexcentriks, mitunter auch Excentriks zum Betriebe der Luft- und Speisepumpe (vergl. Abb. 83 M; H ist das Steuerexcentrik).

Die Lager horizontaler Maschinen werden durch das Gewicht der Schwungradwelle und der damit verbundenen Theile in vertikalem, durch den Dampfdruck jedoch in horizontalem Sinne beansprucht und abgenutzt. Deshalb genügt es nicht, die Lagerschalen durch eine horizontale Fuge zu theilen, wie es sonst in der Regel geschieht, sondern es müssen mindestens dreitheilige Schalen behufs Wiederherstellung des richtigen Schlusses nach eingetretener Abnutzung angewandt werden.

Sehr wichtig ist es, eine möglichst direkte und solide Verbindung zwischen den Kurbellagern und dem Cylinder herzustellen (Abb. 80 u. 83).

Die *Geradführung* ist erforderlich, um den Seitendruck aufzunehmen, welcher sich im Kreuzkopf infolge des Ausschlages der Pleuelstange aus der Kolbenstangenrichtung ergiebt, weil sonst die Kolbenstange auf Biegung in Anspruch genommen würde.

Die einfachste Geradführung ist diejenige mittels Führungsschienen (Abb. 83). Dieselben sind zum Theil zweigleisig, zum Theil eingleisig. Sehr häufig findet man auch die in Abb. 80 veranschaulichte cylindrisch ausgebohrte Führung.

Das *Schwungrad* (Abb. 83 G) sitzt, wie schon gesagt, auf der Welle. Es dient dazu, die Todtpunkte zu überwinden und die Expansionswirkung zu ermöglichen. Die Grösse des Schwungrades ist von der Art des Betriebes abhängig und der für denselben zulässigen Ungleichförmigkeit der Umdrehungsgeschwindigkeit. Besonders grosse Gleichmässigkeit verlangt man von Dampfmaschinen zur Erzeugung elektrischen Lichtes.

Die Schwungräder sollen möglichst vollkommen auf der Welle ausbalancirt werden, was umso nothwendiger ist, je schneller dieselben laufen. Oft dienen Zahnräder, Riemscheiben oder Hanfseilräder bei hinreichender Verdickung des Kranzes als Schwungräder.

Kleine Schwungräder bis zu 3 m Dm. giesst man meist aus dem Ganzen, höchstens mit durchgossener Nabe, um Spannungen zu vermeiden, grössere aus zwei oder mehr radial getheilten Stücken.

Die *Steuerung.* Die Gesammtanordnung aller Theile, durch welche der Ein- und Austritt des Dampfes regulirt wird, bezeichnet man mit dem Namen »Steuerung«. Das oder die Organe, welche unmittelbar die Vertheilung des Dampfes bewirken, nebst den dazu gehörigen Theilen, soweit solche mit dem Dampf in Berührung kommen, nennt man »innere Steuerung« im Gegensatz zu denjenigen Theilen, welche dazu dienen, der inneren Steuerung von aussen Bewegung zu ertheilen und »äussere Steuerung« genannt werden.

Das Hauptorgan der inneren Steuerung ist der Schieber (»Muschel-schieber«). Hiernach wird die Steuerung auch Schiebersteuerung genannt. Bei der

Schiebersteuerung besteht der Schieber aus einem platten-förmigen Körper mit einer muschelartigen Aushöhlung, welcher dampf-dicht über einer am Cylinder befindlichen Fläche, dem sog. Schieber-spiegel hin- und hergleitet. In der Fläche des Schieberspiegels münden, wie es Abb. 86 (nach Hintz) veranschaulicht, die Dampfkanäle (e e Eintrittskanäle, a Austrittskanal). Der Schieber lässt, indem er über diese Kanäle hingleitet, den Dampf abwechselnd auf den beiden Seiten des Kolbens ein- und austreten. Der Eintritt erfolgt, wenn eine der Oeffnungen e durch den Schieber freigelegt ist, während der Aus-tritt stattfindet, sobald die muschelförmige Höhlung des Schiebers einen der Kanäle e mit dem Austrittskanal a verbindet.

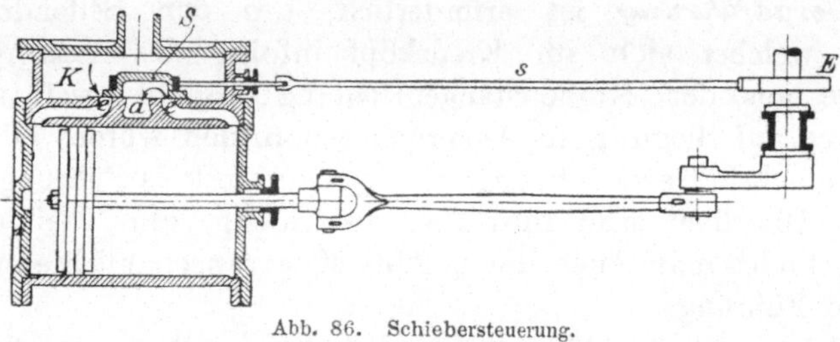

Abb. 86.   Schiebersteuerung.

In Abb. 86, welche die allgemeine Anordnung einer Schieber-steuerung mit einem Schieber darstellt, ist K der Schieberkasten, in welchen das Dampfeintrittsrohr mündet, S der Schieber, durch das auf der Kurbelwelle sitzende Excenter E (und Abb. 83 H) wird unter Ver-mittelung der Schieberstange s der Schieber hin- und herbewegt. In der augenblicklichen Stellung tritt der Dampf links ein, rechts aus, der Kolben bewegt sich also von links nach rechts.

Von den Dimensionen des Schiebers und der Vertheilungswege und von der Stellung und Excentricität des Excenters hängen die Ein-und Austrittsverhältnisse des Dampfes ab, und da diese für den richtigen Gang der Maschine massgebend sind, so ist der Konstruktion der Steuerung einer Dampfmaschine besondere Aufmerksamkeit zu widmen. Nach den benutzten Abschlussorganen unterscheidet man ausser der Steuerung mit einem Schieber, solche mit zwei Schiebern, ferner Hahnensteuerung, Ventilsteuerung und Kolbensteuerung. Ferner werden Volldruck- und Expansionsteuerungen unterschieden und bei letzteren wieder solche mit fester und solche mit stellbarer Füllung.

Es würde zu weit führen und den Rahmen dieses Büchleins über-schreiten, wollte man auf alle Konstruktionen eingehen; deshalb seien nur kurz die wichtigsten und bekanntesten angeführt. Zu diesen ge-hören die Steuerungen mit zwei Schiebern, welche man benutzt, wenn

man eine starke Expansion ohne zu starke Kompression erhalten will.
Zu dem Zweck wird zu dem ersten, dem Vertheilungs- oder Grundschieber noch ein Expansionsschieber hinzugefügt; durch letzteren
wird der rechtzeitige Abschluss des Dampfeintritts bewirkt, während
der Vertheilungsschieber nur für den rechtzeitigen Austritt und die
richtige Vertheilung des Dampfes auf beide Cylinderenden zu sorgen
hat. Die Anordnung der beiden Schieber erfolgt meist in der Weise,
dass der Expansionsschieber auf dem Rücken des Vertheilungsschiebers
liegt, der zu dem Zweck mit entsprechenden Oeffnungen und Kanälen
versehen ist.

Zu den gebräuchlichsten Steuerungen dieser Art gehört die
Meyer'sche (Doppelschieber-) Steuerung (Abb. 87 nach Hintz)
a ist der Grundschieber, b der Expansionsschieber, deren jeder durch

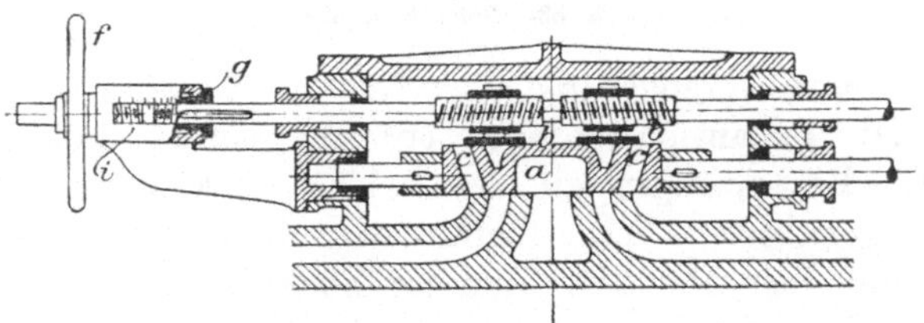

Abb. 87. Meyer'sche Doppelschieber-Steuerung.

ein besonderes Excenter bewegt wird. Bei ersterem münden die Vertheilungswege cc in der oberen Fläche des Schiebers. Auf dieser
Fläche gleitet der aus 2 Theilen bestehende, in Gestalt zweier Platten
ausgebildete Expansionsschieber. Mit jeder der Platten ist ein mit
Muttergewinde versehenes Mitnehmerstück so verbunden, dass die Platte
in Richtung auf den Grundschieber nachgiebig ist und somit durch den
Dampf ungehindert auf den letzteren gedrückt werden kann. Durch
die mit Rechts- und Linksgewinde versehenen Mitnehmerstücke geht
die Schieberstange hindurch, welche derartig eingerichtet ist, dass durch
Drehung der Schieberstange die Platten bb einander genähert und von
einander entfernt werden können. Hiermit wird die Veränderlichkeit
der Füllung erreicht. Die Entfernung der Platten von einander hat
dieselbe Wirkung, als ob die äussere Deckung vergrössert würde, führt
also kleinere Füllungen herbei, während bei einer Annäherung der
Platten das Gegentheil erreicht wird.

Um die Verstellung während des Ganges der Maschine bewirken
zu können, geht die Schieberstange an der hinteren Seite durch den
Schieberkasten hindurch und trägt hier ein Handrad (f); dieses ist mit
einer in der Längsrichtung unverschieblichen Hülse (g) verbunden,
durch welche mittels Feder und Nuth das Ende der Schieberstange hindurchgeht. Dreht man das Handrad, so dreht sich auch die Hülse
und damit die Schieberstange. Die Hülse hat am äusseren Umfang

Gewinde, auf welchem sich ein nur verschieblicher, aber nicht drehbarer Zeiger (i) bewegt. Dieser macht an einer äusserlich angebrachten Skala die jedesmal erreichte Füllung sichtbar.

Während also die Meyer'sche Steuerung mit der Hand verstellbar ist, erfolgt bei der sogenannten Rider-Steuerung (Abb. 88,

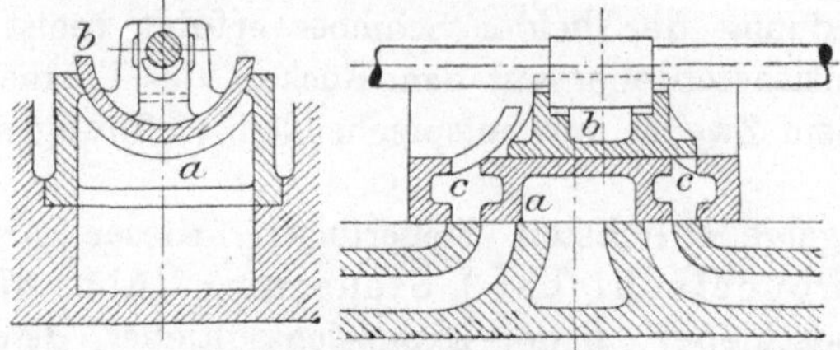

Abb. 88. Rider-Steuerung.

nach Hintz) eine Veränderung der Füllung selbstthätig. Es besteht bei dieser der Expansionsschieber (b) aus einem halbkreisförmigen Stück, dessen Begrenzungen an den beiden Endkanten nach zwei entgegengesetzt gerichteten Schraubenlinien gebildet sind, so dass der Schieber, wenn man ihn sich in einer Ebene ausgebreitet denkt, eine trapezförmige Gestalt hat.

Dieser Schraubenlinie entsprechen die beiden oberen Kanalmündungen cc des Grundschiebers a, und es ist nun klar, dass, wenn

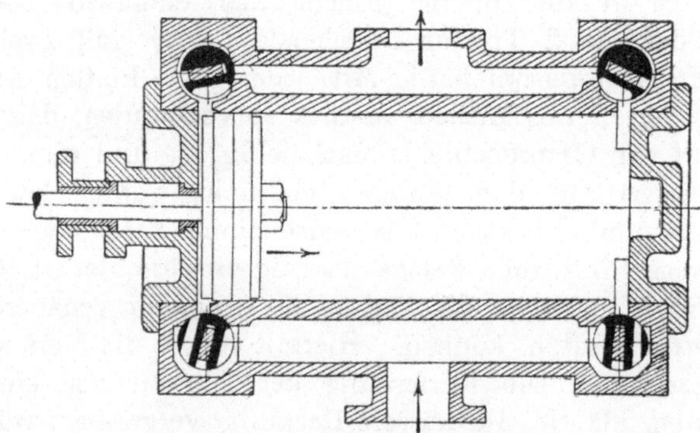

Abb. 89. Corliss-Steuerung.

der Expansionsschieber in der muldenförmigen Spiegelfläche des Grundschiebers gedreht wird, so dass der breitere Theil desselben über die Kanäle zu liegen kommt, diese früher geschlossen werden, im entgegengesetzten Falle später. — Die Drehung des Expansionsschiebers wird von aussen durch einen Regulator bewirkt, welcher auf die Schieberstange einwirkt. Die Rider-Steuerung ist sehr verbreitet, erfordert aber einen ziemlich kräftigen Regulator zur Ueberwindung der Reibung des Expansionsschiebers.

Eine andere selbstthätige Regulirung findet sich bei der sogen. Farcot'schen Steuerung.

Um die bei Schiebersteuerungen infolge langer Dampfkanäle verursachten erheblichen Dampfverluste zu vermeiden, hat man Steuerungen durch Hähne oder sogen. Drehschieber bewirkt, welche, für Ein- und Auslass gesondert, an den Enden des Cylinders angebracht und so nahe an die Innenwand des Cylinders herangerückt sind, dass zwischen dieser und dem Hahn nur ein ganz kurzer Weg bleibt. Eine solche »Corliss-Steuerung« ist in Abb. 89, S. 94 (nach Hintz) abgebildet. Es sind 4 Drehschieber vorhanden, 2 für den Ein- und

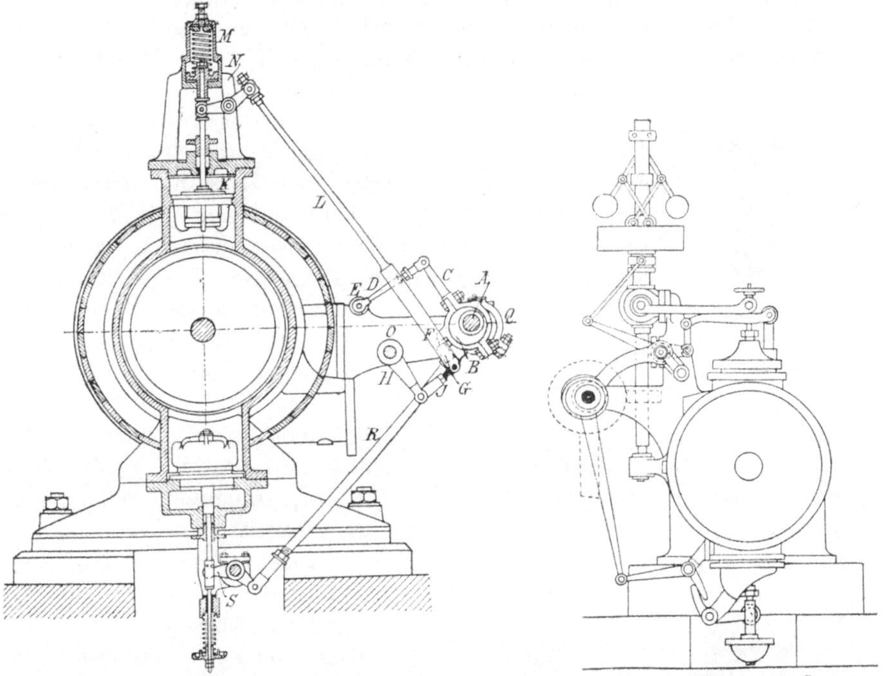

Abb. 90. Ventilsteuerung nach Gebr. Sulzer.　　　　Abb. 91. Collmann'sche Steuerung.

2 für den Auslass. Ihre Drehung erfolgt durch Hebel, deren Stangen alle 4 an eine seitlich am Cylinder angebrachte Scheibe anschliessen, welche durch Excenter in hin- und herschwingende Bewegung gesetzt wird. Diese Steuerungen, welche in zahlreichen Modifikationen vertreten sind, werden auch »Präcisionssteuerungen« genannt.

Eine dritte Hauptklasse von Steuerungen sind die Ventilsteuerungen, bei welchen in ähnlicher Weise wie die Drehschieber, Ventile zur Dampfvertheilung verwendet sind, und zwar letztere immer in Form von Doppelsitzventilen d. h. Ventilen mit 2 Sitzflächen. Zu den besten Steuerungen dieser Art gehört diejenige von Gebr. Sulzer in Winterthur (Abb. 90) und die Collmann'sche (Abb. 91).

Der *Regulator* hat die Aufgabe, die Maschine bei einer ganz bestimmten Geschwindigkeit zu erhalten. Dieses geschieht durch Regulirung des Dampfzuflusses zur Maschine.

Die neuesten Regulatoren sind Centrifugalregulatoren d. h. sie beruhen auf dem Umstande, dass ein um eine Achse schwingendes Gewicht sich infolge der Centrifugalkraft um so weiter von der Achse zu entfernen strebt, je grösser die Umdrehungszahl der Achse ist. Diese Bewegung wird auf ein den Dampfeintritt beeinflussendes Organ (Ventil oder Drosselklappe) übertragen, welches den Dampfeintritt früher oder später absperrt bezw. erschwert. Hierdurch wird der Dampfdruck im Cylinder ebenfalls vermindert, und zwar so lange, bis die Geschwindigkeit der Maschine wieder richtig ist. Je regelmässiger der Betrieb sein soll, um so empfindlicher muss für die Maschine ·der Regulator gewählt werden.

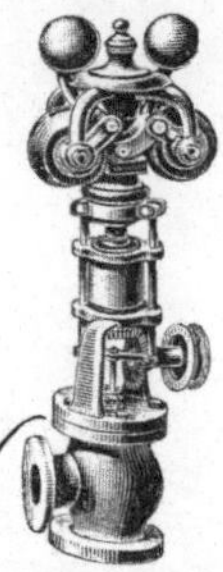

Der älteste Regulator ist derjenige von Watt (Abb. 83L). Er besteht aus 2 an einer stehenden Welle pendelnd aufgehängten Kugeln, den sogen. Schwungkugeln, deren Pendelstangen mit 2 anderen Stangen verbunden sind, welche an einer Hülse angreifen. Sobald infolge vermehrter Umdrehungskraft der Welle sich die Kugeln weiter von der Welle entfernen, wird die Hülse gehoben, im entgegengesetzten Falle gesenkt. Die Bewegung wird durch Hebel u. s. w. auf ein Ventil übertragen, welches sodann den Dampfzutritt regulirt.

Eine verbesserte Konstruktion ist der sogen. Porter'sche Regulator (Abb. 80), ferner derjenige von Pröll und von Buss (Abb. 92 montirt auf Drosselventil). Ausser letzterem wurde von Schaeffer & Budenberg noch ein Vierpendel-Regulator kombinirt mit Universal-Drossel-Absperrventil (Abb. 93)

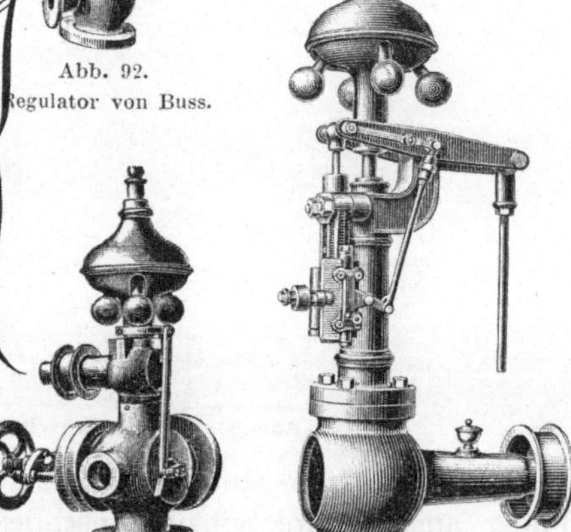

Abb. 92.
Regulator von Buss.

Abb. 93.
Vierpendel-Regulator.   Abb. 94. Regulator nach Lüde.

und u. a. auch ein Regulator mit Dampfenergie (System v. Lüde) (Abb. 94) angefertigt. Zu erwähnen sind noch die Konstruktionen von Hartmann und von Knüttel.

Kondensator nebst zugehörigen Pumpen. Um bei einer Dampfmaschine die Wärme und somit auch den zur Erzeugung derselben nöthigen Brennstoff besser auszunutzen, bedient man sich zweier

Mittel: der Kondensation und der Expansion des Dampfes, welche jetzt in ausgedehntestem Maasse Anwendung finden.

Lässt man den sogen. Abdampf der Maschine nicht auspuffen, sondern in ·einen geschlossenen Raum strömen, in welchem er mit kaltem Wasser oder durch Wasser gekühlten Gefässwänden in Berührung kommt, so wird er zu Wasser verdichtet (vergl. S. 13), kondensirt. Sorgt man dafür, dass das Kühlwasser und das aus dem Dampf entstandene Wasser regelmässig aus dem Kondensationsgefäss, dem Kondensator, abgegrenzt wird, so lässt sich in demselben dauernd eine Spannung herstellen, welche nur sehr wenig höher als Null ist.

Jede Kondensationseinrichtung, bei der nicht nur Dämpfe kondensirt werden sollen, sondern durch welche auch im Kondensationsraume eine Luftverdünnung, ein Vakuum, verlangt wird, besteht aus 2 Haupttheilen:

a) dem Kondensator, dessen Aufgabe es ist, durch eingeführtes Kühlwasser die ankommenden Dämpfe möglichst vollständig niederzuschlagen und zu Wasser zu verdichten;

b) einer Luftpumpe, welche die Luftverdünnung im Kondensator herstellt und unterhält, indem sie die dort vorhandene bezw. dem Kondensator mit dem Wasser und Dampfe zugeführte Luft absaugt.

Kommt der zu kondensirende Dampf mit dem Kühlwasser in Berührung, d. h. mischt sich mit demselben, so nennt man die Kondensation Misch- oder Einspritzkondensation zum Unterschiede von der Oberflächenkondensation, bei welcher der Dampf an Metallflächen sich kondensirt, denen auf der Gegenseite vom Kühlwasser die Wärme entzogen wird.

Hat die Luftpumpe zugleich mit der Luft auch das warme Wasser aus dem Kondensator fortzuschaffen, so nennt man sie eine »nasse Luftpumpe«; solche Luftpumpen werden fast ausschliesslich bei den Dampfmaschinenkondensatoren benutzt. Hat aber die Luftpumpe nur die Luft aus dem Kondensator abzusaugen, so wird dieselbe als »trockene Luftpumpe« bezeichnet. Die Wasserabführung aus dem Kondensator findet alsdann entweder durch eine besondere Warmwasserpumpe oder auch durch ein mindestens 10 m hohes Wasserbarometerrohr statt, dessen Wassersäule dem äusseren Luftdruck das Gleichgewicht hält und welches wohl dem Ueberdruckwasser den Ablauf, aber nicht der äusseren Luft den Zutritt in den Kondensationsraum gestattet.

Bei den Mischkondensatoren erfolgt die Mischung mittels Einspritzung von Wasser durch eine Brause; da sich aber die Oeffnungen derselben leicht verstopfen, so giebt man dem Einspritzventil den Vorzug. Dasselbe ist ganz aus Metall gearbeitet und bildet beim Lüften eine weit auseinander gehende Garbe oder Glocke von Wasser, ergiebt also innigste Berührung mit dem Dampf. Es wird durch

Schrauben regulirt, d. h. gehoben und gesenkt, und verrichtet gleichzeitig den Dienst der Brause und des Abstellhahnes.

Ein Einspritz- oder Mischkondensator mit horizontaler Luftpumpe ist in Abb. 95 und 96 (nach Schwartze)· im Vertikal- und Horizontaldurchschnitt dargestellt; derselbe ist für eine 15 pferdige Maschine dimensionirt. In Abb. 95 ist P der Kondensationsraum, in welchem mittels einer Brause S das zur Verdichtung des Dampfes dienende Kühlwasser eingespritzt wird; C ist der Luftpumpencylinder mit dem Kolben K; ss sind die Saugventile und s^1s^1 die Druckventile; durch das Rohr D strömt der auspuffende Maschinendampf und durch das Rohr W das Kühlwasser zu, dessen Zufluss bei F durch einen Hahn geregelt wird; bei B fliesst das oberhalb der Druckventile sich ansammelnde Wasser ab. Die Stopfbüchse, durch welche die Kolbenstange der Luftpumpe nach aussen geführt ist, befindet sich in einem

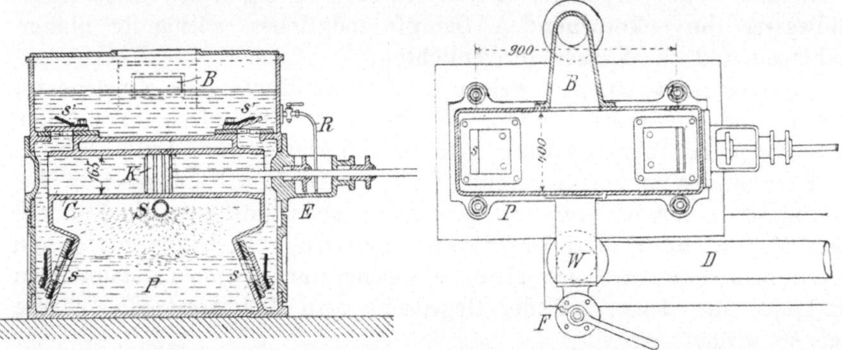

Abb. 95. Einspritzkondensator (Vertikalschnitt).   Abb. 96. Einspritzkondensator (Horizontalschnitt).

Kasten E, der durch ein Rohr R stets mit Wasser gefüllt erhalten wird; auf diese Weise befindet sich die Luftpumpe stets unter Wasser und es kann durch dieselbe keine Luft in die Pumpe eindringen. Zweckmässig ist es, die Einrichtung so zu treffen, dass die angesogene Luft auf dem Wege durch die Saugeventile sich stets über dem Wasser befindet und also dieses nicht zu durchbrechen braucht, wodurch das Oeffnen der Saugeventile verzögert wird, und folglich die Pumpen mit schlechtem Nutzeffekt arbeiten. Ein Einspritzkondensator dieser verbesserten Einrichtung nach dem »System Klein« wird von der Frankenthaler Maschinenfabrik gebaut. Bei den Kondensationsapparaten nach Watt ist die Luftpumpe vertikal angeordnet, wodurch bewirkt werden soll, dass der vertikal arbeitende Kolben allseitig gleichmässig gegen den Cylinder drückt, was zur Dichtheit der Pumpe und zur Bildung eines guten Vakuums wesentlich beiträgt. Aus diesem Grunde werden die vertikalen den horizontalen Luftpumpen oft vorgezogen.

Bezüglich der Anlage des Kondensators in Verhältniss zum Dampfmaschinencylinder weist Schwartze darauf hin, dass ersterer womög-

lich tiefer liegen soll als letzterer; überhaupt aber soll eine Luftpumpe
für den Fall, dass sie ihr Kühlwasser selbst anzusaugen hat, wie dies
bei neueren Anlagen mit Weglassung der Kaltwasserpumpe fast stets
beliebt wird, eine möglichst geringe Saughöhe zu überwinden haben.
Bei dem in Abb. 95 abgebildeten Kondensator kann das untere Ende
des Einspritzrohres S direkt in den Brunnen eingeführt werden, so dass
dieses Rohr selbst das Wasser durch den Atmosphärendruck zugeführt
erhält und demnach als sogen. Saugrohr dient. Es wird zu diesem
Zwecke das untere Rohrende noch mit einem besonderen Saugventil
versehen.

Um ein besseres Vakuum zu erreichen und der Pumpe eine
grössere Geschwindigkeit geben.zu können, ist von Fr. Becker (Glad-
bach) neuerdings die (patentirte) Einrichtung getroffen, dass die Luftpumpe nur die ausgeschiedene Luft, aber nicht den kondensirten
Dampf zu entfernen hat, während das Kondensationswasser durch die
Speisepumpe nach dem Kessel geführt wird. Es kann dabei ein
Einspritz- oder auch ein Oberflächenkondensator Anwendung finden.

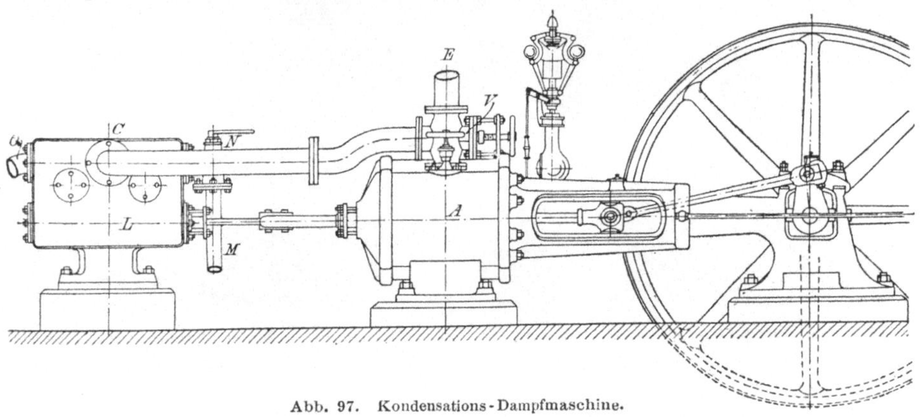

Abb. 97. Kondensations-Dampfmaschine.

Erwähnung mögen hier noch die sehr gut funktionirenden Apparate
von Balcke (Bochum) finden.

Bei wachsendem Drucke des in die Maschine tretenden Dampfes
findet sich eine unter verschiedenen Umständen höher oder tiefer
liegende Grenze, bei welcher der Nutzen der Kondensation aufhört.
Durch Dampfummantelung, Dampfüberhitzung und andere die Ex-
pansionsausnutzung begünstigende Umstände wird die Grenze für die
Anwendung immer mehr hinausgeschoben; jedoch ist wahrscheinlich,
dass bei etwa 7 bis 8 Atm. Anfangsdruck im Cylinder der Nutzen der
Kondensation überhaupt aufhört, so dass also eine Maschine ohne
Kondensation unter sonst gleichen Umständen eben so ökonomisch
arbeitet, wie mit Kondensation, aber in der Anlage billiger ist.

In Abb. 97 ist eine Kondensations-Dampfmaschine (nach Hintz)
dargestellt (c Kondensator). **7***

Zum Schluss sei hier noch die in Abb. 98 veranschaulichte Kombination von Dampfkessel und Dampfmaschine erwähnt.

Abb. 98. Dampfkessel mit Dampfmaschine kombinirt.

Dampf-Zu- und -Ableitung. Bereits auf S. 16 ist der Dampfableitungen kurz gedacht und erwähnt, dass sich dieselben von der höchsten Stelle des Kesseldampfraumes — dem Dom — abzweigen und mit einem Absperrventil versehen sind. Speisen mehrere Kessel in dieselbe Leitung, so ist für jeden Kessel ein Absperrventil vorzusehen, selbst dann, wenn die Kessel nicht unmittelbar in die Leitung, sondern in einen Dampfsammler führen. Während kurze und enge Dampfrohre, auch das Verbindungsstück zwischen Dampfventil und Hauptleitung, am besten aus Kupfer hergestellt werden, wendet man für die gewöhnlichen Leitungen Guss- oder Schmiedeeisen (für Leitungen unter 80 mm sogar fast nur letzteres) und zwar am meisten in Form von Flantschenrohren mit abgedrehten Flantschen an. Bis zu 8 Atm. Dampfdruck genügt eine Wandstärke von 9 mm mit einem Zuschlag von 1 mm für jede weitere

50 mm lichte Weite. Schmiedeeiserne Rohre sind zwar theurer als gusseiserne, bieten jedoch grössere Bruchsicherheit. Bei kleinen Weiten können sie wie Gasröhren mit Schraubmuffen verbunden werden, bei grösseren durch aufgeschweisste oder aufgeschraubte Flantschen.

Ueber das Dichtungsmaterial für abgedrehte Flantschen wird im nächsten Kapitel gesprochen werden.

Bei langen Röhrenfahrten ist die Ausdehnung des Metalls durch die Wärme zu berücksichtigen und den möglichen Nachtheilen derselben entgegen zu arbeiten. Hierzu dienen die Kompensatoren, welche aus einer Stopfbüchse (Abb. 81) bestehen, die ein erweitertes Rohr über dem eingeschobenen bildet; eine Stopfbüchsbrille mit Zugschrauben presst die Hanfpackung dampfdicht zusammen. Sowie die Rohre heiss und dadurch ausgedehnt werden, schiebt sich das dünnere Rohr in das andere hinein und rückt bei Erkaltung wieder aus demselben heraus. Häufig bewirkt man die Kompensation auch durch Einsetzen eines hufeisenförmig, wagerecht gebogenen Kupferrohres (»Federrohr«) zwischen die eisernen Rohre. Ein Nachtheil dieser Kompensatoren beruht auf dem Umstande, dass der Dampf vermöge der Nachgiebigkeit des Kompensators denselben mit grosser Kraft auseinander zu treiben sucht, welchem Bestreben nicht immer ein genügender Widerstand entgegentritt. Neuerdings zieht man die gelenkigen Kompensatoren vor, welche aus zwei parallelen rechtwinklig auf die Röhrenfahrt gerichteten Stopfbüchsen bestehen. In denselben bewegen sich die parallelen, herabgebogenen Enden eines Doppelkniestücks, welches eine Verschiebung der beiden Rohre zu einander gestattet. —

Je nach der Temperatur des Dampfes und der Luft kondensiren sich in den gusseisernen Dampfröhren stündlich 2,5 bis 5 kg Dampf auf 1 qm Röhrenoberfläche. Wenn man nach Scholl 1 kg Dampf zu 0,25 Pf. rechnet, so kosten 3 kg 0,75 Pf. Der Verlust beträgt also bei 300 je zehnstündigen Arbeitstagen jährlich 3000 · 0,75 = 2250 Pf., d. i. 22,50 M. für 1 qm der unbedeckten Rohrleitung. Durch gute Umhüllung, z. B. mit Leroi'scher Masse kann man hievon $^2/_3$, d. h. 15 M., ersparen, sofern sich die Kondensation pro 1 qm Rohrfläche und Stunde auf 1 kg einschränken lässt; da nun die Bekleidung mit dieser Masse incl. Auftrag ca. 5 M. pro Quadratmeter kostet, so würde sich bereits im ersten Jahre ein Gewinn von 10 M. pro Quadratmeter, oder bei z. B. 100 qm Rohrleitung 1000 M. ergeben.

Die *Wärmeschutzmassen* werden entweder um das zu schützende Rohr gebunden oder aus einer Masse gebildet, welche auf das Rohr gestrichen wird. Zu ersterer Art gehören Schlackenwolle, Seidenzöpfe, Kieselguhrschnur, Korksteine, Filz u. s. w., zu letzterer Schmiermasse, wie Kieselguhr, Lehm u. a. m.

Schlackenwolle wird durch die Erhitzung leicht bröckelig, Kieselguhrschnur wird ebenfalls leicht brüchig, Seidenzöpfe sind nur in bedeckten Räumen anwendbar.

Die breiigen Massen, von denen es eine ganze Reihe von Zusammenstellungen giebt, werden in ca. 3 mm Dicke mit einem Pinsel aufgetragen und nach erfolgter Trocknung in Schichten von je 5 mm Dicke bis zu 20 mm aufgebracht. Es werden folgende Mischungen empfohlen:

1. Leroi'sche*) Masse (Kieselguhr, gemahlenes Papier, Malzkeime, Dextrin und andere Bindemittel) erhärtet leicht und hält jahrelang vor. Die unterste Lage wird mit einem Pinsel auf die vollkommen gereinigte und erwärmte Fläche, die folgenden werden mit der Hand (3 mm stark) aufgetragen, nachdem die jedesmalige vorhergehende Lage vollständig getrocknet ist. Die ganze Schicht ist 10 bis 20 mm stark.

2. Die Weinlig'sche Masse, 2 hl Lehm und 3 hl Sand (oder feiner Coaksgrus) mit möglichst wenig Wasser angerührt und gemengt mit 3 Eimern Zuckersyrup nebst 15 kg Graphit. Das Rohr wird mit dickem Filzpapier umwickelt, dieses mit Draht befestigt und dann Syrup und auf diesen die Masse 20 mm dick gestrichen.

3. Die Kieselguhr-Komposition von A. Haacke & Comp.-Celle, welche, weil unverbrennlich, die Wiederverwendbarkeit gestattet. Zur Umhüllung von Rohren für überhitzten Dampf wird die feuerfeste »Pyrostat-Composition« empfohlen. Die von derselben Firma gelieferten Isolirschläuche sind für vorliegende Zwecke aus Asbestfasern gefertigt, um das Verbrennen (bei Jutefäden) zu verhüten und mit Kieselguhr oder Korkmehl gefüllt.

Auch Korksteine und Korkschalen, welche aus zerkleinertem Kork und einem mineralischen Bindemittel durch Pressung hergestellt werden, sind feuersicher, werden durch Wasser nicht aufgelöst und sind daher für die Leitungen von Kältemaschinen ebenfalls ausserordentlich geeignet.

4. Infusorit-Korksteinschalen von Reinhold & Comp.-Hannover, sowie die Wärmeschutzmasse »Gloria-Infusorit« sind feuerfest und vielfach verwendet.

Aehnliche Präparate liefern Grünzweig & Hartmann-Ludwigshafen a. Rh.

5. Die Asbest-Kieselguhrmasse aus ausgeglühter Kieselguhr und langen Asbestfasern von Dr. L. Grote-Uelzen ist gleichfalls absolut feuerfest, ohne sich zu verändern. Auch wird von derselben Firma ein künstlicher Tuffstein in Platten, Segmenten, Schalen u. s. w. hergestellt, derselbe ist ebenfalls feuersicher und sehr leicht.

Zum Schluss noch einiges über

die Wartung der Maschine. Aufgabe des Maschinisten ist es, täglich

1. die Maschine rechtzeitig in und ausser Betrieb zu setzen;
2. sich während des Ganges unterrichtet zu halten, ob die Maschine im ganzen und in den einzelnen Theilen fehlerlos und möglichst vortheilhaft arbeitet;
3. diejenigen kleinen Nachhilfen vorzunehmen, welche zu rascher Abstellung bemerkter Mängel dienen, sowie das Reinhalten der Maschine zu besorgen.

Vor dem *Anlassen* der Maschine müssen zunächst alle Keile, Splinte und Schraubensicherungen nachgesehen werden. Hierauf folgt das Schmieren der Zapfenlager, Schubstangenköpfe, Gleitpfannen, überhaupt aller Stellen, an denen Reibung stattfindet. Dieses ist besonders an ganz neuen Maschinen nöthig, weil sich nur dann alle Theile glätten und an ihren Oberflächen poliren.

Alle wichtigeren Zapfenlager müssen, wie im nächsten Kapitel weiter ausgeführt wird, Oelbüchsen haben, aus denen das Oel nach und nach an die Zapfen fliesst.

---

*) **Posnansky & Strelitz-Berlin.**

Wenn es möglich ist, sollen die Arbeitsmaschinen beim Ingangsetzen der Dampfmaschine abgestellt sein; dann hat letztere von Anfang an nur sich selbst und das Triebwerk in Bewegung zu setzen, und die Arbeitsmaschinen werden erst allmählich eingerückt. Vor dem Anlassen muss der Wasserstand im Kessel und der Dampfdruck reichlich hoch sein, damit nicht infolge der Dampfentnahme der Druck schnell nachlässt. Namentlich muss das Feuer lebhaft sein, was man daran erkennt, dass die Spannung im Wachsen begriffen ist. Daher muss sich der Maschinist an dem Manometer von der Dampfspannung im Kessel sowie von dem Vorhandensein des Wassers im Vorwärmer überzeugen, auch das Speiseventil am Kessel öffnen.

Die Maschine soll auf $^1/_8$ des Kolbenhubes stillgestellt worden sein. Dabei ist die Dampfeinströmung geöffnet, und die Pleuelstange hat schon eine günstige Stellung gegen die Kurbel.

Wenn der Dampfkolben vor Beginn des Anlassens ganz am Ende seines Hubes steht, so ist man genöthigt, etwas am Schwungrade in dem Sinne seiner zu machenden Bewegung zu drehen, was bei kleinen Maschinen von Hand, bei grossen mittels Hebel und Schaltwerk oder mit Anlassmaschinen erfolgt.

Zunächst muss nun die Maschine angewärmt werden, was dadurch geschieht, dass man das Absperrventil ein ganz klein wenig öffnet, während gleichzeitig die Entwässerungshähne (zum Ablaufen des Kondenswassers) geöffnet sind. Nach wenigen Minuten öffnet man das Ventil nach und nach mehr, bis die Maschine ruhig in Gang kommt. Ist ein Dampfmantel vorhanden, so wärmt man durch Einlassen des Dampfes in diesen an. Wenn man das Anwärmen unterlässt, so hat das sich niederschlagende Wasser nicht genug Zeit zu entweichen und kann leicht Brüche verursachen. — Nach einigen Umdrehungen der Maschine können die Wasserablasshähne geschlossen werden, falls sie nicht selbstthätig arbeiten. Bei Kondensationsmaschinen wird nach etwa drei Umdrehungen der Einspritzhahn geöffnet und somit die Kondensation eingeleitet.

Zum *Abstellen* der Maschine wird das Dampfzulassventil nahezu geschlossen; dadurch verringert sich die Geschwindigkeit der Maschine so, dass man nun einen zum gänzlichen Dampfabschluss günstigen Zeitpunkt erwarten kann. Nachdem dies geschehen, wird die Maschine je nach der angehängten Belastung nach $^1/_2$ bis $1^1/_2$ Huben zum Stillstand gebracht.

Bei Kondensationsmaschinen wird vor vollständigem Schluss des Dampfzulassventils der Einspritzhahn geschlossen; dadurch hört die Kondensation auf, es bleibt also in dem Kondensator und dem mit ihm verbundenen Cylinderraum Dampf und atmosphärischer Gegendruck. In neuerer Zeit sind bei vielen Dampfmaschinen Unfallbremsen in Anwendung gekommen, welche mit Momentverschlüssen der Dampfleitung in Verbindung stehen.

Untersuchung der Dampfmaschine. Um feststellen zu können, ob bei einer Dampfmaschine die Steuerung richtig funktionirt, d. h. ob eine richtige Dampfvertheilung stattfindet, ob der Dampf richtig ausgenutzt wird und wie viel Dampf die Maschine für eine gewisse Arbeitsleistung verbraucht, bedient man sich des Indikators, Kalorimeters und Dynamometers, welche gleichzeitig dazu dienen, nicht nur die Arbeit des Dampfes im Cylinder für jeden Kolbenhub, sondern auch die von der Maschine überhaupt zu leistende, d. h. von deren Kurbelwelle abzugebende Arbeit zu bestimmen.

Der Indikator (Abb. 99) besteht im wesentlichen aus einem kleinen Metallcylinder, worin sich mit leichter Reibung ein dampfdichter Kolben bewegen lässt, der durch eine Spiralfeder niedergedrückt wird. Dieser Indikatorcylinder ist durch eine möglichst kurze mit

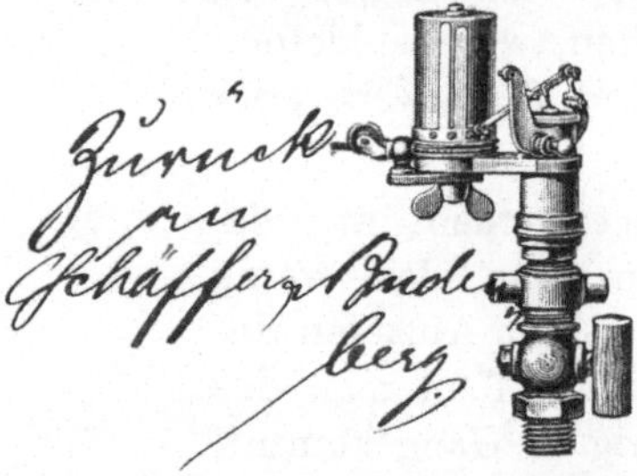

Abb. 99. Indikator.

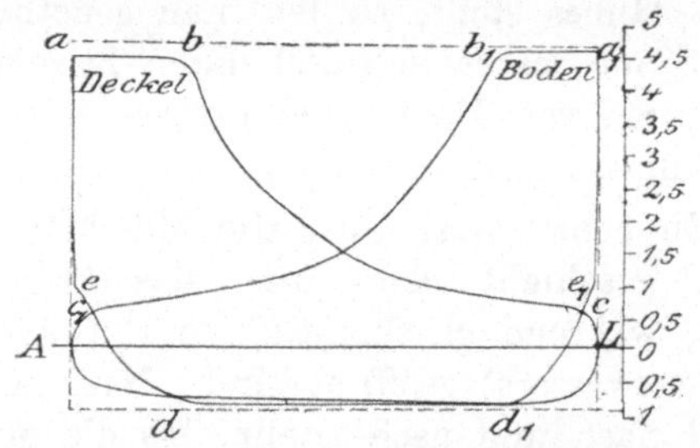

Abb. 100. Indikator-Diagramm

Hahn versehene Leitung mit dem Ende des Dampfmaschinencylinders zu verbinden, und deshalb ist für jedes Ende des Dampfmaschinencylinders ein besonderer Indikator zu benutzen. Neben dem Indikatorcylinder befindet sich die Papiertrommel, d. i. eine drehbare leichte Metallwalze, auf welcher behufs Abnahme der Indikatordiagramme ein Blatt Zeichenpapier besonderer Art (weisses Glanzpapier) befestigt wird. Ferner ist mit dem Indikatorkolben in geeigneter Weise ein Zeichenstift verbunden, dessen Spitze bei der Benutzung des Instrumentes gegen die Papiertrommel drückt. Die Papiertrommel wird so mit dem Kreuzkopf der zu untersuchenden Dampfmaschine verbunden, dass dieselbe durch den Kolbenschub der Maschine unter Mitwirkung einer an der Trommel selbst angebrachten Ringfeder um nahezu eine volle Umdrehung hin und her gedreht wird, während der Cylinderdampf der Maschine zu dem Indikatorkolben von unten Zutritt erhält, so dass dieser Kolben bei jedem Hin- und Hergange der Trommel einen Auf- und Niederschub ausführen muss. Die zweckmässige Uebertragung der Kreuzkopfbewegung auf die Papiertrommel erfolgt durch Rollen, deren Durchmesser dem Kolbenschub der betreffenden Dampfmaschine, sowie der Drehung der Papiertrommel angemessen ist. Bei grösseren Maschinen werden sogenannte Reduktoren verwendet, bei denen die Masse der Rolle durch eine derselben entgegenwirkende Spiralfeder aufgehoben wird. Man erhält auf diese Weise von dem mit dem Indikator verbundenen Zeichenstifte ein sog. Indikatordiagramm (Abb. 100, S. 104) aufgezeichnet, welches, wenn es vom Arbeitsraume des Dampfmaschinencylinders abgenommen worden ist, als Kolbendiagramm bezeichnet wird, und welches nicht nur die Art und Weise der Dampfvertheilung im Cylinder, sondern auch die Wirkungsweise des Dampfes an sich, sowie die dynamische Leistung der Maschine, d. i. deren Leistung während einer gewissen Betriebsperiode, erkennen und bestimmen lässt; jedoch sind dabei einige Vorsichtsmassregeln zu beobachten. Bevor man an das Abnehmen der Diagramme geht, ist der Verbindungshahn des Indikators langsam zu öffnen, so dass der Indikator vom einströmenden Dampfe möglichst hoch erhitzt wird, weil man sonst Diagramme mit zu tief liegender Admissionslinie erhält, indem der Dampf sich abkühlt und an Spannung verliert. Der Stift darf beim Aufzeichnen des Diagramms das Papier nur ganz leicht berühren; der Kolben des Indikators muss ganz frei spielen und darf nicht etwa durch Unreinigkeiten zu viel Reibung haben.

Ein gutes, fehlerloses Diagramm, welches an den Uebergängen sanft abgerundet ist, veranschaulicht Abb. 100. Die Linie AL stellt den Kolbenweg dar, und zwar in der Richtung von A nach L. Zugleich ist AL die atmosphärische Linie des Diagramms, die der Indikator bei geschlossenen Hähnen zeichnet. Ein Diagramm ohne diese Linie ist unbrauchbar. Den erreichten höchsten Druck im Dampfcylinder ersieht man aus der Linie $a_1 b_1$. Der Druck des Dampfes auf den Kolben während dieses Kolbenweges ist ein konstanter. Bei b_1 ist die Einlassöffnung des Dampfes abgeschlossen und der Dampfdruck fällt, während er bis zum Punkte c_1 expandirt. Hier beginnt die Oeffnung des Auslasskanals etwas vor der Beendigung des Hubes und dauert bis zum Punkte d_1 des Rückhubes. Die Dampfspannung sinkt vom Punkte c_1 ab bis zum niedrigsten Gegendruck, der stets etwas grösser ist, als der Druck im Kondensator, ebenso wie der grösste Anfangsdruck im Cylinder stets etwas geringer ist als der Kesseldruck. Im Punkte d_1 wird die Dampfauslassöffnung geschlossen und der im Cylinder zurückgebliebene Dampf bis zum Punkte e_1 komprimirt, meistens etwas vor dem Ende des Rückhubes. Der gleiche Vorgang findet auf der anderen Seite des Cylinders statt. Will man die Linie a b ebenso hoch haben wie die Linie $a_1 b_1$, so könnte man dies durch früheren Dampfeinlass bei e erreichen.

Fehlerhafte Diagramme erhält man dagegen, wenn
1. dem benutzten Indikator Mängel anhaften oder
2. sich in der Maschine Fehler zeigen.

Abb. 101 stellt ein Diagramm dar, bei welchem der Indikatorkolben hakt; es ist scharfeckig (die schräg ansteigende Dampfeinlasslinie a_1 b_1 zeigt gleichzeitig einen Mangel an Voröffnung).

Durch ungehörige Schwankungen der Indikatorfeder oder durch eine zu schwache Feder erhält man wellenförmige, verzerrte oder auch verschlungene Diagramme (Abb. 102).

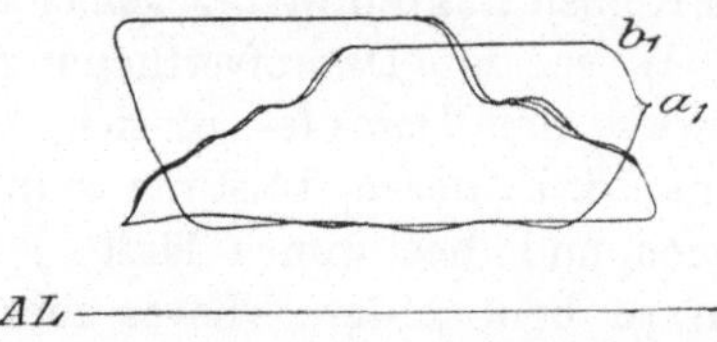

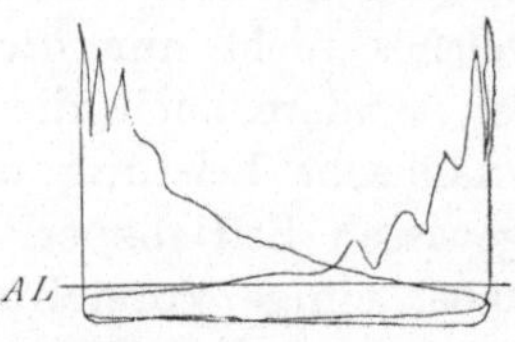

Abb. 101. Scharfeckiges Diagramm.　　　　Abb. 102. Verzerrtes Diagramm.

Bei Fehlern in der Maschine, z. B. wenn sich Wasser im Cylinder befindet, erhält man ein Diagramm, wie es Abb. 103 zeigt. Ist der Kolben undicht, so erhält man das in Abb. 104 dargestellte Diagramm.

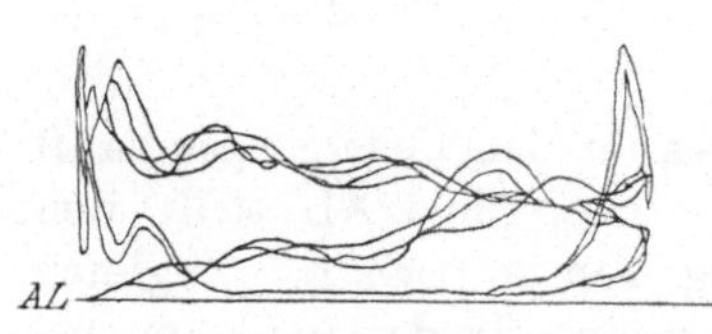

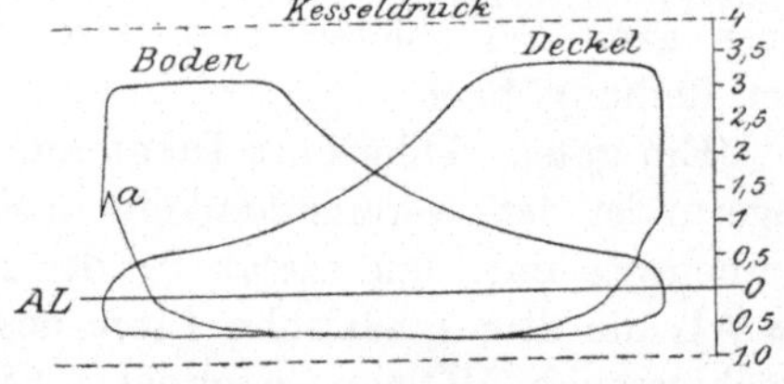

Abb. 103.　　　　　　　　　　　　Abb. 104.

Fehlerhaftes Diagramm infolge Wassers im Cylinder.　　　Fehlerhaftes Diagramm infolge undichten Kolbens.

Ausser den Kolbendiagrammen kann man mit dem Indikator auch noch Schieberdiagramme und (an Verbundmaschinen) Receiverdiagramme abnehmen, um beziehentlich die relative Dampfspannung für den Schieberweg, sowie die Spannungsverhältnisse im Receiver studiren zu können.

Es ist gut, wenn in einem etwas grösseren Institute ein Indikator vorhanden ist, damit der Maschinenmeister von Zeit zu Zeit, mindestens einmal in jedem Vierteljahr, Diagramme aufnehmen kann, um sie einem Sachverständigen vorzulegen.

Die Proben ohne Indikator sind sehr roh, für den aufmerksamen Maschinisten aber dennoch von Werth. Sie bestehen bei Auspuffmaschinen in der Beobachtung des abblasenden Dampfes, welcher in gleichmässigen Stössen austreten soll; in dem Horchen nach dem Rauschen des durch den Schieber strömenden Dampfes, welches, wenn der Schieber dicht ist, gleichmässig auf beiden Seiten aufhören muss; endlich in der Untersuchung des ruhigen und spielfreien Ganges der sichtbaren Steuerungstheile.

Anhang.

Auszug aus den Unfallverhütungs-Vorschriften der Fleischerei-Berufsgenossenschaft vom 13. Juli 1898.

a) für Arbeitnehmer:

§ 19. Die mit der Wartung und Bedienung von Motoren und Transmissionen beschäftigten Arbeiter sind verpflichtet, anschliessende Kleidung zu tragen.

§ 20. Den in der Nähe bewegter Maschinentheile beschäftigten Personen ist das Tragen lose hängender Haare und Zöpfe, freihängender Kleidertheile, Schleifen, Bänder, Halstuchzipfel und dergleichen verboten.

§ 21. Das Reinigen und Putzen von Maschinen, Maschinentheilen, Transmissionen, sowie von Fussböden, Wänden und Decken in Maschinenräumen ist thunlichst nur während des Stillstandes der Maschinen gestattet.

§ 22. Jede im Betriebe erhaltene Verletzung ist von dem Verletzten, sobald er hierzu im Stande ist, an zuständiger Stelle zu melden.

§ 23. Der Arbeiter hat dafür Sorge zu tragen, dass jede Wunde, auch wenn sie noch so geringfügig erscheint, sofort gereinigt und gegen das Eindringen von Staub und sonstigen Unreinlichkeiten sorgfältig geschützt wird.

So lange die Verletzung nicht mindestens durch einen Nothverband geschützt ist, hat der Verletzte die Arbeit zu unterbrechen.

§ 49. Der Maschinenwärter hat bei eintretender Dunkelheit für die vorschriftsmässige Beleuchtung des Maschinenraumes Sorge zu tragen.

§ 50. Der Maschinenwärter darf unbefugten Personen das Betreten des Maschinenraumes und den Aufenthalt in ihm nicht gestatten.

§ 51. Nach jedem längeren Stillstande der Kraftmaschine hat sich der Wärter vor ihrer Inbetriebsetzung von deren ordnungsmässigem Zustande und ihrer Schutzvorrichtungen zu überzeugen, sowie insbesondere für ausreichendes Oelen und Schmieren zu sorgen. Nicht sofort abstellbare Mängel sind dem Vorgesetzten zu melden.

§ 52. Ist das Oelen und Schmieren einzelner Theile der Kraftmaschine während des Ganges erforderlich, so darf dies nur mittels der passenden, hierzu bestimmten Einrichtungen erfolgen.

§ 53. Das Anziehen der Keile und Schrauben an sich drehenden Theilen von Kraftmaschinen während des Ganges derselben ist verboten.

§ 54. Beim Schichtwechsel darf der abtretende Wärter sich erst dann entfernen, wenn der antretende Wärter die Maschine übernommen hat.

§ 55. Vor dem jedesmaligen Anlassen und Abstellen der Kraftmaschine muss das vorgeschriebene Zeichen gegeben werden.

§ 56. Der Maschinenwärter hat vor Andrehen des Schwungrades der Dampfmaschine das Dampfeinströmungsventil zu schliessen und vorhandene Cylinderhähne zu öffnen.

b) für Arbeitgeber:

§ 46. Das Betreten des Maschinenraumes und der Aufenthalt in ihm ist Unbefugten durch Anschlag zu verbieten.

§ 47. Es ist dafür zu sorgen, dass Dampf-, Gas- und dergleichen Kraftmaschinen oder deren Theile, sofern sie nicht in besonderen Räumen aufgestellt oder unmittelbar mit Arbeitsmaschinen verbunden sind, durch ein festes Geländer oder auf andere geeignete Weise von den Arbeitsräumen abgeschlossen werden.

§ 48. Wasserräder und Turbinen sind in besonderen Räumen aufzustellen oder, wenn sie durch ihre Lage für Unberufene nicht unzugänglich sind, mit schützender Einfriedigung zu umgeben.

§ 49. Das Anlassen und Abstellen der Kraftmaschine muss durch ein in allen Betriebsräumen hörbares, bestimmtes Zeichen angekündigt werden können.

Von einer solchen Einrichtung kann abgesehen werden, wenn die Kraftmaschine nur zum Betriebe einer mit ihr unmittelbar verbundenen Arbeitsmaschine dient, die der Wärter zugleich bedient und unter Augen hat.

§ 50. Die Schwungräder, Hauptriemen oder Seile sind im Verkehrsbereiche in geeigneter Weise einzufriedigen.

§ 51. Alle im Verkehrsbereiche freiliegenden bewegten Theile einer Kraftmaschine (Kurbel, Kreuzkopf, Lenk- und Kolbenstangen, Schwungkugeln) sind zweckentsprechend zu umwehren.

§ 52. Räder, hervorstehende Keile und Schrauben der sich drehenden Theile an Kraftmaschinen sind, soweit der Maschinenwärter dadurch gefährdet werden kann, in geeigneter Weise zu verdecken.

§ 53. Sofern das Oelen und Schmieren einzelner Theile der Kraftmaschinen während des Ganges erforderlich ist, sind geeignete Einrichtungen zu treffen, welche dies ohne Gefahr ermöglichen.

Kurbelzapfen, Kreuzkopf, Excenter, Hauptlager, Gleitbalken und Stopfbüchsen sind mit selbstthätigen Schmiervorrichtungen zu versehen.

§ 54. Bei allen Kraftmaschinen, einschliesslich der Wasserräder und Turbinen, sind Einrichtungen zu treffen, welche ein sicheres Stillsetzen ermöglichen.

§ 55. Dampfmaschinen von 10 und mehr Pferdestärken sind mit einer Schwungrad-Andrehvorrichtung zu versehen.

IV. Schmier-, Putz- und Dichtungsmaterial.

I. *Schmiermaterial.* Die aneinander gleitenden Metallflächen der Maschinen vor der direkten Berührung und der dadurch erzeugten starken Reibung und Abnutzung zu schützen, ist der Zweck und die Aufgabe der Schmiermittel. Je vollkommener die Aufgabe unter den in Frage kommenden Temperatur-, Geschwindigkeits- und Druckverhältnissen gelöst wird, und je geringer die bei Bewegung der Maschinentheile mitzuüberwindende innere Reibung des Schmiermittels ist, als um so werthvoller in technischer Hinsicht ist das letztere anzusehen. In wie weit das technisch höherwerthige Schmiermaterial auch zugleich das wirthschaftlich werthvollere ist, hängt von dem Verhältniss des technischen Nutzwerthes zum Verbrauch und Preis des Schmiermaterials ab. Mit Recht sagt Carl Volk (»Ueber Schmieröle«). »Bei Wahl eines Schmiermittels kommt nicht die Ausgabe für das Oel, sondern die Ersparniss an Reibungsarbeit in Betracht; denn das wirthschaftlich vortheilhafteste Oel ist nicht jenes, das am billigsten kommt, sondern jenes, das die Reibung am besten vermindert und die Gleitflächen am meisten schont.«

Die Aufgabe, die Berührung der aneinander gleitenden Maschinentheile zu verhindern, erfüllt das Schmiermittel durch seine mehr oder weniger zähflüssige Beschaffenheit, durch seine Fähigkeit, in die

Poren der Metallflächen einzudringen und dem herrschenden Druck
Widerstand zu leisten. Diesen Bedingungen muss es unter allen in
Frage kommenden Temperaturverhältnissen — und letztere sind in der
That recht mannigfaltige — genügen; auch darf es die bezeichneten
Fähigkeiten nicht etwa durch Verdunstung oder Eintrocknen in dünner
Schicht, oder dadurch, dass es zum Theil mit dem Lager- und Zapfen-
material Verbindungen eingeht, einbüssen.

Man unterscheidet zwei grosse Gruppen von Schmiermaterial:

a) flüssige Schmiermittel (Oele),
b) starre Schmiermittel (konsistente Fette).

a) die flüssigen Schmiermittel — Oele — können sein:

1. pflanzliche und thierische Oele,
2. Mineralöle,
3. Gemenge beider Oele.

1. Die *pflanzlichen und thierischen Oele* bestehen im wesentlichen aus Verbindungen des Glycerins mit Fettsäuren (Oelsäure,
Stearin-, Palmitin-, Linol- u. s. w. Säure). Letztere sind bis zu 95 %
im Oele enthalten. Die Konsistenz aller dieser Oele ist sehr verschieden.

Von den pflanzlichen Oelen kommen hauptsächlich in Betracht:
Olivenöl, Rüböl; Senfsaatöl, Ricinusöl. Verfälschungsöle sind hierfür:
Erdnussöl, Baumwollensaatöl, Sesamöl, ferner Lein-, Hanf-, Nuss- und
Sonnenblumenöl. Die Hauptvertreter der thierischen Oele sind: Klauen-
öl, Knochenfett, Spermazetiöl und Walöl. Minderwerthige Thieröle sind
die Thrane.

Sämmtliche fetten Oele sind in Schwefeläther, Schwefelkohlenstoff,
Benzol und, mit Ausnahme des Ricinusöls, auch in leicht siedenden
Petroleumdestillaten, sogen. Petroläther, und Benzin leicht löslich.
Diese Eigenschaften werden zur Herstellung der Oele vielfach benutzt.

2. Die *Mineralöle* oder richtiger *Mineralschmieröle,* d. h. die
höchstsiedenden Bestandtheile der Rohpetrole sind ihrer chemischen
Natur nach von den vegetabilischen und animalischen Oelen gänzlich
verschieden; sie bestehen der Hauptsache nach aus über 300 ⁰ C siedenden flüssigen Kohlenwasserstoffen und sind dementsprechend unverseif-
bar. Diese Eigenschaft wird in der Analyse der Schmiermittel zum
Nachweis der Mineralöle und zu deren Trennung von fetten Oelen
häufig benutzt. Die Kohlenwasserstoffe in den Mineralölen zeigen je
nach der Herkunft der Oele oft nicht unerhebliche Verschiedenheiten
in ihrer chemischen Natur. Dementsprechend sind die specifischen
Gewichte und Löslichkeitsverhältnisse (für Alkohol) z. B. bei russischen
und amerikanischen Oelen gleicher Siedegrenze sehr verschieden. Das
Kaukasische Roh-Erdöl, aus welchem die beliebtesten Maschinen-
schmieröle hergestellt werden, besteht hauptsächlich (ca. 80 %) aus
Kohlenwasserstoffen ($C_n H_{2n}$), welche man als »Naphtene« bezeichnet.

Ferner enthält dieses Oel 10 % aromatische Kohlenwasserstoffe und sauerstoffhaltige Verbindungen. Je höher der Gehalt an festen Kohlenwasserstoffen, Asphalt und Pech — ceteris paribus — in den Mineralölen ist. um so leichter erstarren die Oele. Daher sind die asphalt- und pechreichen deutschen Mineralschmieröle, ferner die paraffinreichen, amerikanischen, schottischen und galizischen Oele als leicht (oft schon bei —2 °) erstarrende Oele dort zur Verwendung im unvermischten Zustand wenig geeignet, wo die Oele der Einwirkung starker Kälte ausgesetzt sind (Eismaschinen), während die paraffinfreien, bezw. nur sehr wenig Paraffin enthaltenden russischen Schmieröle, welche oft noch bei —10° flüssig bleiben, einer allgemeineren Verwendung fähig sind.

Bezüglich der Fabrikation der Mineralschmieröle, welche je nach dem Verwendungszweck in den verschiedenartigsten Stufen der Konsistenz, Verdampfbarkeit, Farbe und chemischen Reinigung hergestellt werden, sei noch folgendes kurz bemerkt:

Deutschland wird mit Mineralschmierölen aus Nordamerika (Pennsylvanien und Ohio), Russland (Baku), Rumänien und Galizien versorgt. In Deutschland finden sich an einigen Orten z. B. Pechelbronn im Elsass, Oelheim, Wietze u. s. w. in Hannover Quellen. Das Schmieröl, d. h. der über 300° siedende Fraktionenantheil der Rohnaphta, bildet beim pennsylvanischen Erdöl einen verhältnissmässig kleinen Bestandtheil, da aus dem Rohöl bis zu 75 % Leuchtöl gewonnen werden; bei russischen Oelen bildet es einen Hauptbestandtheil, nämlich 40 bis 60 %, ebenso beim rumänischen Erdöl. Die Produktion an Schmierölen im Elsass und in Hannover ist gegenüber derjenigen der anderen genannten Fundstätten von untergeordneter und vorwiegend lokaler Bedeutung. Das Ausgangsmaterial für die Mineralschmierölfabrikation, das rohe Erdöl, wird zunächst durch Destillation von den leichter siedenden Bestandtheilen, d. h. dem Benzin und dem Leuchtpetroleum, befreit. Die hierbei verbleibenden dunkelfarbigen und dickflüssigen Rückstände bilden das eigentliche Rohmaterial zur Erzeugung der Schmieröle und werden entweder direkt als ungereinigte Residuen für bestimmte Schmierzwecke benutzt oder durch Destillation in einzelne den Verwendungszwecken angepasste Fraktionen zerlegt. Es ist einleuchtend, dass man sowohl durch Entnahme verschiedener Fraktionen wie durch Mischung von Fraktionen verschiedener Eigenschaften unter einander und mit den Rückständen ein in seinen Haupteigenschaften, [d. h. Viskosität (Flüssigkeitsgrad), Flammpunkt und spec. Gewicht] ausserordentlich variirendes Material erhalten kann. Dieses Princip ist die Hauptgrundlage der ganzen Schmierölfabrikation. Die einzelnen Fraktionen werden noch, um störenden Geruch, Harzbestandtheile etc. zu entfernen und die gewünschte Helligkeit der Farbe zu erzielen, unter Einblasen von Luft mit koncentrirter Schwefelsäure, welche später mit Lauge bezw. Wasser wieder ausgewaschen wird, raffinirt. Die Destillation geschieht fast überall mittels überhitzten Wasserdampfes, und zwar wird darnach gestrebt, möglichst wenig direkte Feuerung zur Unterstützung der Destillation anzuwenden, da hierdurch leicht Zersetzungen der hochsiedenden Fraktionen durch zu starke Erhitzung der Kesselwände eintreten können.

Man unterscheidet viele Sorten von Mineralölen z. B. leichtes Spindelöl (spec. Gew. 0,875), schweres Spindelöl (0,900), Cylinderöl (0,933), Walzenöl (0,945). Die russischen Maschinenöle besitzen grössere Viskosität als die amerikanischen, während die amerikanischen Cylinderöle die russischen übertreffen.

Russische Maschinenöle spec. Gew. 0,893—0,920, Flammpunkt 138—197 ^{0}
  „ Cylinderöle „ „ 0,911—0,923,   „   188—238
amerik. Maschinenöle „ „ 0,884—0,920,   „   187—206
  „ Cylinderöle „ „ 0,886—0,899,   „   280—283

Die russischen Maschinenöle sind dunkler mit blauem Schimmer, die amerikanischen haben einen grünlichen Schimmer. Die amerikanischen Cylinderöle haben keinen blauen Schimmer, während er bei den russischen sehr in die Augen springt. Die amerikanischen Oele sind fast geruchlos, dagegen prägt sich bei dem russischen Oele ein fadsüsslicher Geruch aus.

Die vor 1888 zur Schmierung benutzten Braunkohlen-Schieferöle sind durch die aus dem Erdöl erzeugten Mineralschmieröle vollständig verdrängt worden.

3. *Gemenge vegetabilischer (animalischer) Oele mit Mineralölen.* Als eine grosse Kategorie von Schmiermitteln müssen noch unter den flüssigen und halbflüssigen Schmiermitteln die Mischungen von Mineralölen mit fetten Oelen genannt werden, in denen den Mängeln des einen Materials, z. B. der Zersetzlichkeit der fetten Oele durch gespannten Dampf, durch den Zusatz des anderen Oeles begegnet werden soll. Der Zusatz von fettem Oel zu Mineralölen erzeugt ein schwerer verdampfbares Oel; daher werden auch Mischungen genannter Art zur Dampfcylinderschmierung benutzt. Reine, d. h. ungemischte Mineralöle eignen sich für derartige Zwecke nur dann, wenn sie eigens hierfür hergestellt sind. Zu diesen gehört auch das Valvoline, welches sich seit einer Reihe von Jahren sehr gut eingeführt hat und sich als vorzügliches Cylinder-Schmiermittel erweist. Es wird ebenfalls aus Rohpetroleum gewonnen und enthält 85,7 Kohlenstoff und 14,3 Wasserstoff, also keinen Sauerstoff, zieht diesen auch nie aus der Luft an, wird also nicht ranzig oder harzig, und da es sich nicht zersetzt, greift es weder Eisentheile noch Gummi u. s. w. an. Seine Tragfähigkeit und besonders seine Schmierkraft sind ausserordentlich. Die hohen und vorzüglichen Eigenschaften werden dadurch erklärt, dass durch den hohen Hitzegrad von 580 ^{0} C bei der Gewinnung das im rohen Petroleum enthaltene Paraffin in einen flüssigen Kohlenwasserstoff umgewandelt wird, welcher diese Schlüpfrigkeit besitzt. Das Valvoline, welches von Breymann & Hübener-Hamburg vertrieben wird, fängt bei weit über 200 ^{0} C erst an zu verdampfen und entzündet sich erst bei 360 ^{0} C. In der Kälte erstarrt es bei — 15 ^{0} C kaum salbenartig, giebt aber stets noch so viel Oel ab, dass die Wellen nicht trocken gehen.

Die (stationären) Maschinen werden in ihren äusseren Theilen in überwiegender Anzahl mit raffinirtem Mineralöl geschmiert. Für diesen Zweck werden gewöhnlich helle durchsichtige Mineralöle angeboten, und zu entsprechend höheren Preisen auch gekauft, weil die Durchsichtigkeit und die schöne goldgelbe oder granatrothe Farbe als Kennzeichen ihres höheren Werthes angesehen wird. Diese rein äusseren Eigenschaften steigern jedoch keineswegs ihren Werth als Schmiermittel; denn es giebt raffinirte Mineralöle, die in dicker Schicht undurchsichtig und dunkel sind, aber den ganz gleichen Schmierwerth besitzen und dabei um vieles billiger sind, als die hellen Oele. Ob man es mit einem raffinirtem Oele zu thun hat, lässt sich leicht an seiner Durchsichtigkeit in dünner Schicht — ausgebreitet auf einer Glas- oder Metallplatte — erkennen. Unraffinirte Mineralöle sind auch in dünner Schicht dunkel, raffinirte dagegen durchsichtig. Ja, sogar unraffinirte Mineralöle lassen sich zum Schmieren der äusseren Theile der Dampfmaschine verwenden; nur haben sie den raffinirten Schmierölen gegenüber den Nachtheil, dass ihre Verwendung mehr Aufmerksamkeit bezüglich der Instandhaltung der Schmiervorrichtungen erforderlich macht, als den Maschinenwärtern im Interesse der anstandslosen Verrichtung ihres Dienstes zugestanden werden darf. Dass die Schmierölerzeuger sich bemühen, die raffinirten Mineralschmieröle durchsichtig zu machen und ihnen eine bestimmte Färbung zu geben, ist wesentlich nur der Absicht entsprungen, dieselben den fetten Oelen ähnlicher zu machen, um das Misstrauen, welches den dunklen Oelen sehr häufig entgegengebracht wird, leichter besiegen zu können.

Mit Rücksicht darauf, dass die Dampfmaschinen auf Schlachthöfen immer in geschlossenen Räumen aufgestellt sind, das Mineralöl daher keinem sehr starken Temperaturwechsel ausgesetzt ist, kann der Flüssigkeitszustand in weiten Grenzen gehalten werden. Fette Oele würden hier versagen, und man wählt daher für solche Zwecke leichtflüssige, paraffinfreie russische Oele, sogen. Kompressoröle. In solchen Maschinenräumen, in denen die Oele nicht in dem Maasse dem Einflusse der Kälte ausgesetzt sind, braucht man natürlich auf ihr Erstarrungsvermögen, soweit die Schmierfähigkeit in Betracht kommt, weniger Rücksicht zu nehmen. Im Interesse einer leichten Ueberführung der Oele aus den Fässern in die Schmierkannen u. s. w. zu jeder Jahreszeit wird ein tief liegendes Erstarrungsvermögen der Oele freilich meistens eine erwünschte Eigenschaft von Schmierölen sein. Derartig schwer erstarrende Oele werden in besonders grosser Zahl für verschiedene Verwendungszwecke aus der russischen Rohnaphta erzeugt; die Abwesenheit nennenswerther Mengen von Paraffin in diesen Oelen, welches sonst die Ursache des leichteren Erstarrens ist, hat in erster Linie zu ihrer Beliebtheit bei der Maschinenschmierung beigetragen. Deutsche, amerikanische und galizische Oele haben meistens grösseren Paraffingehalt und erstarren daher leichter.

Bei kleineren Dampfmaschinen ist eine Viskosität gleich der 1,5 bis 2,5 fachen, bei Maschinen mit schwer belasteten Lagern ein Flüssigkeitsgrad gleich dem 4 fachen des Rüböls bei 20° C zulässig; noch höher zu gehen, empfiehlt sich aus dem Grunde nicht, weil das dickflüssige Schmiermittel eine grössere Reibung erzeugt, daher bei Verwendung desselben ein Verlust an nützlicher Arbeit unvermeidlich ist. Ausserdem ändern dickflüssige Schmieröle beim kleinsten Temperaturwechsel ihre Viskosität sehr schnell, die damit geschmierten Maschinen können daher nicht im gleichmässigen Gange erhalten werden. In Bezug auf den Kältepunkt ist die Forderung, dass das Oel bei —5° C noch flüssig ist, für fast alle Fälle ausreichend. Der Entflammungspunkt soll nicht unter 160° C liegen.

Zum Schmieren der Cylinder und Schieber ist die Wahl eines hochsiedenden Mineralöls (mit hoch liegendem Flammpunkt) angezeigt. Der Flammpunkt muss der Spannung des Dampfes entsprechend sein und zwar soll

bei 5 bis 6 Atm. Spannung der Flammpunkt nicht unter 210° C
„ 7 „ 8 „ „ „ „ „ „ 220 „
„ 9 „ 10 „ „ „ „ „ „ 230 „
„ 11 „ 12 „ „ „ „ „ „ 240 „

liegen. Weniger strenge Anforderungen sind an den Flüssigkeitsgrad zu stellen, besonders dann, wenn das Oel mittels Dampf zu den Verbrauchsstellen getrieben oder in den Schmiervorrichtungen mit dem Dampfe oder mit Kondensationswasser vermischt wird. Beim Vorhandensein solcher Vorrichtungen sind selbst halbfeste Schmiermittel mit Vortheil zu gebrauchen. Wenn solche Vorrichtungen nicht vorhanden sind, dann ist die Wahl eines flüssigen Cylinderöles angezeigt. Auch in Bezug auf den Kältepunkt können die Anforderungen ermässigt werden und zwar wird ein Cylinderöl, welches bei 0° schon stockt, sich noch als brauchbar erweisen.

Die *Probe,* wie sich verschiedene Oele als Schmiermittel verhalten, macht man am besten auf einer etwas geneigt stehenden Eisenblechtafel, auf welche von jeder Sorte einige Tropfen gegeben werden. Dasjenige Oel, welches im Herablaufen den längsten Streifen bildet und am längsten flüssig bleibt, ist das zum Schmieren dienlichste.

In Bezug auf den Säuregehalt kann bei reinen Mineralölen gefordert werden, dass derselbe nicht mehr als 0,1 % betrage; bei Mischölen (Mineral- mit fettem Oel) kann 0,3 % Säuregehalt noch geduldet werden. Nach Wiederhold geschieht die Probe auf Säure, indem man etwas Kupferoxydul oder statt dessen Kupferasche aus der Kupferschmiede in das Oel in einem Probirgläschen bringt. Säurefreies Oel bleibt dabei farblos; sonst tritt nach 10 bis 20 Minuten eine lichtgrüne bis blaugrüne Färbung ein. Bei Erwärmung erfolgt die Reaktion noch schneller.

Cylinderöl soll ferner auch auf den Gehalt an harzenden Bestandtheilen geprüft werden.

Prüfung auf Harzöl. Eine zuverlässige chemische Probe soll diejenige sein, bei welcher die Oele mit Untersalpetersäure (rohe, rauchende Salpetersäure) ge-

mischt und dann ruhig stehen gelassen werden. Zum Schmieren dienliche Oele
bilden nach jener Mischung in wenigen Stunden eine ziemlich feste, zusammen-
hängende Masse, die nicht aus dem Gefäss läuft; verharzende Oele thun dies aber nicht.

Geringe Zusätze von Harzöl üben nach den gemachten Erfahrungen keinen
nachtheiligen Einfluss auf die Güte eines Schmieröls aus. Wie gross in einem
pflanzlichen und mineralischen Schmieröle die Zusatzmenge an Harzöl sein darf,
ohne dass nachtheilige Eigenschaften zu Tage treten, ist noch nicht ermittelt worden;
doch werden 25% als das äusserst zulässige Maass angenommen.

Die beste Methode, Harzöl nachzuweisen, ist die Polarisationsprobe nach
Valenta. Ebenderselbe benutzt aber auch zum Nachweis Eisessig, indem·er 2 g
des zu prüfenden Oeles mit 10 ccm Eisessig versetzt und nach 5 Minuten unter
Umschütteln im Wasserbade erwärmt. Man filtrirt durch ein leicht angefeuchtetes
Filter und bestimmt in einem abgewogenen Theile des Filtrates den Eisessig durch
Titration mit Natronlauge, um dann aus der Gewichtsdifferenz zwischen Gesammt-
lösung und Eisessig die Menge des gelösten Oeles zu berechnen. Für die qualitative
Bestimmung des Harzöls wird auch die Hübl'sche Methode durch Titration mit
Jodlösung empfohlen.

Sowohl die Pflanzenöle wie die Mineralöle lassen sich, wenn sie rein sind, in
Petroleum - Benzin von 0,67 bis 0,7 spec. Gewichte auflösen. Findet keine vollständige Lösung statt, so trennt man die ungelösten Bestandtheile von der Lösung
und erhitzt sie sodann auf einem · Platinblech. Bleibt kein Rückstand auf dem
Platinblech, so waren die Verunreinigungen entweder Schleim oder kohlenartige
Bestandtheile, was bei einiger Uebung durch den Augenschein beurtheilt werden
kann. Bleiben unverbrannte Rückstände zurück, so muss die Natur derselben durch
eine qualitative Analyse festgestellt werden.

Das Cylinderöl soll auch wasserfrei sein, weil sonst die Oelzuführung
durch Schaumbildung leicht behindert wird. Das Vorhandensein von
Wasser wird nach folgender Methode geprüft.

Der Gehalt an Wasser giebt sich in der Weise kund, dass das Oel beim Erwärmen schäumt, dass Stösse im Probirglas oder im Tiegel bemerkbar werden und
dass es in dünner Schicht eine weisse Emulsion bildet. Diese Emulsion ist bei hellen
Mineralölen leicht an der entstehenden Trübung erkennbar; bei dunklen Oelen wird
das Vorhandensein von Wasser nach Holde in folgender Weise geprüft. Man
bringt ca. 5 ccm des zu prüfenden Oeles in ein Probirglas, benetzt die Wände vollständig mit Oel und taucht das Gläschen so in ein bis zu ³/₄ mit hellgelbem Leinöl
gefülltes Becherglas, dass die Oberfläche des Oeles ca. 1 cm unter jener des Leinöles
steht; letzteres wird unter zeitweiligem Rühren erwärmt, bis ein in die Oelprobe
gehaltenes Thermometer 140° C. zeigt. Enthält das Oel Wasser, so tritt schon unter
100° C. Schäumen ein und meistens auch Stossen, vor allem aber in der dünnen
Oelschicht an den Wänden des Gläschens eine deutlich sichtbare Emulsion, welche
bei 150° C. noch nicht verschwindet. War das Oel wasserfrei, so zeigt sich an den
Wänden nur eine dünne durchsichtige Oelschicht; bei ganz dicken Cylinderölen setzt
man zweckmässig das Probirglas in das schon bis 160° C. vorgewärmte Leinölbad
und erhitzt die Probe bis 170° C. War das Oel von Luftblasen durchsetzt, so steigen
dieselben beim Erwärmen auf unter Erzeugung eines geringen Schaumes, der für
den ungeübten Beobachter leicht Irrthum veranlassen kann. Ein Stossen findet aber
nur dann statt, wenn Wasser zugegen ist. Die weisse Emulsionsbildung tritt bei
Anwesenheit von Wasser stets scharf auf.

Als besondere Oele seien hier genannt: das Vulkanöl (aus virgini-
schem Petroleum gewonnen), das Globe-Oel (Globe-oil), Star-Oel, Phönix-
Oel, Kaukasine, ferner als besondere Präparate, ausser dem oben bereits
erwähnten Valvoline, das Oleonaphta, das Valvonaphta u. s. w.

Auf ein im Rheinland viel verwendetes Schmieröl aus der Vacuum Oil Company-Hamburg (Alterwall 36) macht Schlachthof-Direktor Ehrle-Frankfurt a./O. aufmerksam. Er sagt von demselben:

»Dieses Oel ist preiswerth, äusserst schmierfähig, sparsam im Verbrauch und immer von derselben guten Qualität. Maschinenöl filtrire ich 1 bis 2 Mal und verwende es dann für kleine, wenig belastete Lager. Gewiss ein gutes Zeichen für die Güte des Oeles. Es erfüllt alle Anforderungen, und mir ist ein besseres oder auch nur annähernd gleichwerthiges nicht bekannt, es übertrifft vielmehr alle die mir bis jetzt zugänglichen Oele.

Wer an seiner Maschine oder seinen Schmiermaterialien etwas auszusetzen hat, der mache einen Versuch mit obigem Oel.

Ich verwende: Cylinderöl 600 W M. 100,—

Etna Maschinenöl » 48,— p. % Kil.«.

Nachdem man sich früher fast nur flüssiger Schmiermittel bedient hatte, ging man gegen Mitte des vergangenen Jahrhunderts zu der sog. *Starrschmiere* über. Letztere bildete ein Mittelding zwischen Palmölschmiere und der flüssigen Schmiere. Allein man kehrte bald zu den flüssigen Schmiermitteln wieder zurück, bis man sich Mitte der 80er Jahre wieder einer besonderen Form der Starrschmiere, dem sog. »konsistenten Fett« (»konsistentes Schmieröl«) mehr und mehr zuneigte. Besonders wurde zu seinen Gunsten geltend gemacht, dass der Verbrauch gering sei und kaum mehr als 10% von Schmieröl betrage. Es ist aber festgestellt worden, dass die konsistenten Fette keineswegs für alle Zwecke, zu denen sie manchenorts Verwendung fanden, passen. Grossmann*) sagt hierüber folgendes: »Die in neuerer Zeit verwendeten konsistenten Fette bestehen aus animalischen oder vegetabilischen Seifen mit einem Zusatze von Mineralöl. Bei dem Umstande, dass die Mineralöle selbst nicht verseift werden können, geschieht die Erzeugung in der Weise, dass einer sich bildenden animalischen oder vegetabilischen Seife im Moment ihres Entstehens Mineralöl zugesetzt wird, welch letzteres mit der Seife einen homogenen, salbenartigen Körper bildet. Damit sich das Mineralöl nicht wieder von der Seife trennt, was namentlich bei höheren Temperaturen leicht geschieht, wird der Schmiere noch etwas Kolofonium oder ein anderer harzartiger Körper beigemengt. Die Fette werden sehr fein und gleichartig in beliebiger Konsistenz hergestellt und je nach Geschmack gelb oder braun gefärbt.«

Da diese Fette bei gewöhnlicher Temperatur eine salbenartige Konsistenz haben, so ist die Reibung der damit geschmierten Lager beim Ingangsetzen der Maschine eine sehr grosse, es erwärmen sich infolgedessen rasch die Lager. Diese Erwärmung bewirkt, dass das Fett flüssig wird, und mit dem Flüssigwerden wird dann nach und nach die Reibung

---

*) »Die Schmiermittel«, Methoden zu ihrer Untersuchung u. s. w., Wiesbaden 1894.

wieder geringer, wobei gleichzeitig die Temperatur der Lager wieder abnimmt. Die Reibung kann aber nie so klein werden, wie bei einem mit Oel geschmierten Lager, weil das Fett bei jeder kleinen Temperaturerniedrigung rasch dickflüssiger und bei einer noch verhältnissmässig hohen Temperatur wieder fest wird, ein Zustand, der unter allen Umständen eine grössere Reibung bedingt. Dass die konsistenten Schmieren so viel Anklang gefunden haben, ist neben der erhofften Ersparniss an Schmierkosten noch auf den Umstand zurückzuführen, dass gleichzeitig eine Reihe von Schmiervorrichtungen auftauchten, welche es ermöglichten, die vorhandenen Oellager ohne besonders grossen Kostenaufwand in Schmierlager umzuändern. Im allgemeinen treten die besprochenen Uebelstände bei Maschinen, welche in geschlossenen Räumen aufgestellt sind, nicht so sehr hervor. Da hier die Aussentemperatur nur in geringen Grenzen schwankt, ist es möglich, ein Fett zu wählen, welches dieser Temperatur angepasst wird, so dass es nach Massgabe der Erwärmung den reibenden Theilen regelmässig zufliesst. Der grössere Reibungswiderstand muss selbstverständlich auch hier mit in den Kauf genommen werden. Eine ausgedehnte Anwendung haben die konsistenten Fette aber auch bei diesen Maschinen nicht gefunden und ihre Benützung ist fast immer auf eine besondere Liebhaberei von Seiten der Besitzer oder Fabrikleiter zurückzuführen. — Aus alledem darf aber keineswegs gefolgert werden, dass das konsistente Fett als Schmiermittel überhaupt zu verwerfen sei; denn es giebt eine Reihe von Fällen, in denen es mit mehr Vortheil verwendet wird als das Oel, so z. B. bei den Leerscheiben der Triebwerke, ferner bei schwer belasteten Kreuzkopf- und Kurbelzapfen, besonders dann, wenn die Gleitflächen derselben nicht mehr in tadellosem Zustande sind; auch bei gewissen schnellrotirenden Maschinen, bei welchen die flüssige Schmiere leicht verschleudert wird und überall dort, wo die Zuführung und Erhaltung des Schmieröls auf den Gleitflächen mit Schwierigkeiten verbunden ist, ist die Anwendung von konsistentem Fett ein willkommenes Auskunftsmittel. Im grossen und ganzen jedoch ist die Oelschmierung vortheilhafter, und sie sollte ohne zwingenden Grund nicht verlassen werden. Das Ideal eines Schmiermittels ist ein dünnflüssiges, möglichst schlüpfriges Oel; das konsistente Fett dagegen ist ein willkommenes Aushilfsmittel für besondere Fälle.

In diese Kategorie gehören alle als Patrick-, Reisert-, Tovote-*) u. s. w. Fettschmiere bezeichneten Schmiermittel.

Ferner ist als festes, vielfach noch angewandtes Schmiermittel der Talg zu nennen, und zwar hauptsächlich der Rindertalg (Unschlitt). Er zeichnet sich durch eine eigenthümlich bröckliche Beschaffenheit aus, welche bei Beimischung anderer Fette allmählich zurücktritt. Für den

---

*) J. Patrick-Frankfurt a. M., H. Reisert-Köln, Fr. Tovote-Hannover.

Geübten bietet diese bröcklige Beschaffenheit des reinen Talges einen guten Anhaltspunkt zur Erkennung von Verfälschungen. Der Talg wird in besonderen Raffinerien gereinigt, kommt auch in grossen Mengen aus Amerika zu uns.

Der Talg ist unter den animalischen Fetten so ziemlich dasjenige, welches den höchsten Schmelzpunkt besitzt. Derselbe ändert sich während des Lagerns: je älter der Talg, desto höher liegt gewöhnlich der Schmelzpunkt. Manche Talgarten schmelzen schon bei 37^0, andere erst bei 52^0. Künstlich kann man den Schmelzpunkt des Talges dadurch erhöhen, dass man reinen Talg schmelzt, die entstandene Flüssigkeit fortwährend rührt, bis sie endlich erstarrt. Die so hergestellte, durchscheinende Masse wird kräftig gepresst und auf diese Weise vom Talgöl befreit, welches zur Herstellung flüssiger Schmiermittel Verwendung findet. Der so entstandene Talg hat einen so hohen Schmelzpunkt, dass er sogar in den Tropen Verwendung finden kann.

Die durch gewöhnliches Ausschmelzen in erhitztem Wasser gewonnene Menge Talg ist weit geringer als diejenige, welche man durch Zusatz von verdünnter Schwefelsäure oder besser von Aetznatron (3000 Th. Talg, 2000 Th. Wasser, 5 Th. Aetznatron) erhält. Da das Natron die Eigenschaft besitzt, freie Fettsäuren zu binden und mit ihnen Seife zu geben, so kann man dieses besonders dann zweckmässig anwenden, wenn man alten, ranzig gewordenen Talg aufzuarbeiten hat. Ueberhaupt bietet dieses Verfahren, welches zudem noch das billigste unter allen Reinigungsmethoden ist, den wesentlichen Vortheil, dass es die Fette vollkommen frei von Säure macht. Mit Schwefelsäure ausgelassener Talg ist jedenfalls zur Schmierung von Cylinder und Kolben (von Gusseisen) höchst ungeeignet. Cylinder, Kolben und Schieber werden in kurzer Zeit vollständig ruinirt und unbrauchbar gemacht. Ein gleiches erfolgt bei der Verwendung von gereinigtem Raps- und anderem minderwerthigem Oel.

Erwähnt sei hier noch die Palmöl-Schmiere, welche von verschiedenen Konsumenten heute noch gern benutzt wird, und zwar zum Schmieren der Schwungräder-Achsen und anderer schnelllaufender Maschinentheile. Die Mischung besteht aus Palmöl (gewonnen durch Auskochen der Früchte verschiedener Palmenarten, besonders der Oelpalme von Guinea) mit Talg, wodurch sich zwar die Herstellungskosten vermehren, die Schmiere aber strengflüssiger gemacht wird.

Von verschiedenen Fabrikanten werden sog. »Universal-Schmiermittel« angepriesen. Diese leisten insgesammt nicht das, was in den Anpreisungen versprochen wird, wie denn auch der Name schon sagt, dass der betreffende Fabrikant das Wesen der Schmiermittel gar nicht verstanden hat; denn ein »Universal-Schmiermittel« in des Wortes eigenster Bedeutung kann es gar nicht geben. Es ist ganz klar, dass die Welle eines Schwungrades, welches mehrere tausend Kilogramm wiegt und sich verhältnissmässig nur langsam umdreht, eines anderen Schmiermittels bedarf, als die Achse eines Eisenbahnwagens bei Schnellzügen, dessen Räder sich sehr rasch bewegen. Für Maschinen, welche keiner hohen Belastung ausgesetzt sind, werden wieder andere Schmiermittel zu verwenden sein; bei diesen Maschinen kommt es hauptsächlich darauf an, ein solches Schmiermittel anzuwenden, welches die Reibung auf das geringstmögliche Maass herabdrückt und infolgedessen die schwächste Abnutzung der Maschinentheile bei leichtem Gange derselben bewirkt. —

Darin ist aber Grossmann unbedingt beizustimmen, »dass die Schmiermittel, obwohl die Kosten hierfür bei den meisten technischen Betrieben gegen die übrigen Betriebsauslagen nicht sehr ins Gewicht fallen, doch immer eine wichtige Rolle spielen, weil sie einerseits den Verbrauch an Brennmaterial beeinflussen und weil andererseits auch die Sicherheit und Regelmässigkeit des Betriebes von deren richtiger Wahl und Anwendung abhängig ist. Es liegt daher im Interesse des Unternehmers, vor allem gute Schmiermittel zu verwenden, auch wenn sie höher im Preise sind; denn durch den Gebrauch minder guter aber billiger Schmiermittel können die Betriebskosten nicht wesentlich herabgedrückt werden, wohl aber ist die Möglichkeit einer Erhöhung der Auslagen für den Brennstoff sowie von Betriebsstörungen näher gerückt«.

Die Aufbewahrung der Schmiermittel. Die festen Schmiermittel bewahrt man in den Originalgefässen, Tonnen oder Blechbüchsen, an einem kühlen Ort auf und entnimmt denselben ein kleines Quantum für den täglichen Gebrauch. Für die Entnahme von Oel empfehlen sich sehr Patricks Oelzapfpumpen für kleinere Betriebe, für grössere namentlich die sog. Oel-Sparapparate, von denen es verschiedene Konstruktionen giebt und welche eine bequeme und sparsame Entnahme von Oel ermöglichen. Einfachster Konstruktion ist der Oel-Spar- und -Abfüll-Apparat von H. Bondy & Comp.-Hohenlimburg (Abb. 105), welcher aus einer Oelpumpe mit einer am Auslauf befindlichen Auffangeschale besteht. Diese Vorrichtung kann aber nicht gleichzeitig zum Verschluss des Oeles benutzt werden, ein Vorzug, den andere Oel-Sparapparate, welche allerdings erheblich theurer sind, aufweisen. Solche verschliessbaren Oelkästen sind z. B. von L. Holzmüller-Darmstadt für 150, 250 und 420 l eingerichtet und kosten 65 bezw. 84 bezw. 110 M. Kleinere, ähnlich (rund) konstruirte Kästen sind für 25, 50 und 100 l bestimmt

Abb. 105. Oel-Abfüll-Apparat.

und kosten 25 bezw. 35 bezw. 48 M. Von I. Patrick-Frankfurt a. M. werden solche Kästen auch aus Holz, innen mit starkem Zinkblech ausgeschlagen, und zwei- und dreitheilig angefertigt für verschiedene Oelsorten, z. B. in Kühlmaschinen-Anlagen für Maschinen-, Cylinder- und Kompressor-Oel u. s. w.

Einen besonderen Vorzug weist noch der Apparat von H. Reisert-Köln (Abb. 106 und 107) auf, bei welchem, wie aus dem Schnitt

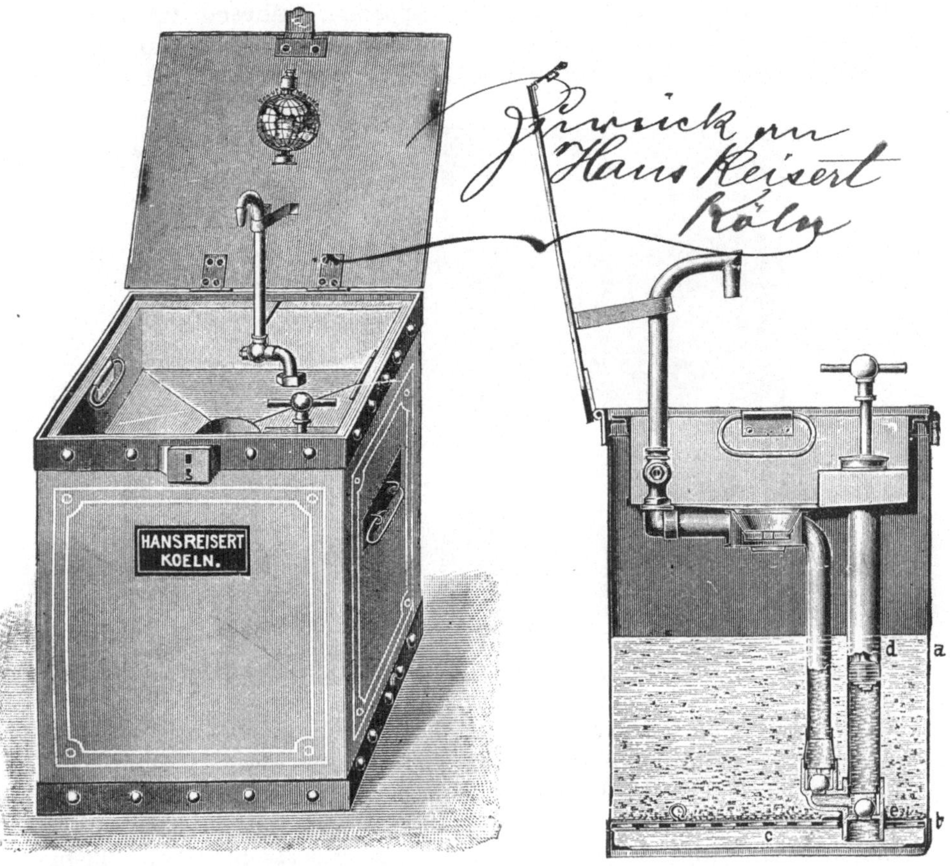

Abb. 106. Oel-Sparapparat.Abb. 107. Oel-Sparapparat (Schnitt).

(Abb. 107) ersichtlich, über der Mündung des Saugrohres ein Filterboden (c) aus geeignetem Material angeordnet ist. Bei Entnahme des Oeles durch die Pumpe d muss das Oel das Filter passiren, wird unter dem atmosphärischen Druck durch eine grosse Filterfläche durchgesogen und gelangt absolut rein zum Gebrauch.

Die Wiedergewinnung reiner Schmiermittel aus schon gebrauchten. Bei manchen Maschinentheilen, welche reichlicher Schmierung bedürfen, tropft ein Theil des angewendeten Schmiermaterials

ab und wird in untergesetzten Gefässen (Blechschalen) aufgefangen.
Dieses Schmiermittel ist häufig durch Staub und mikroskopisch kleine
Metalltheilchen verunreinigt.   Man kann es aber leicht wieder durch
Filtriren reinigen, indem man als filtrirend wirkende Substanz zweckmässig dichtes Löschpapier in zwei- oder dreifacher Lage anwendet.
Das filtrirte Schmiermittel kann wieder zum Schmieren der Maschinentheile verwendet werden.   Zur Reinigung kleiner Mengen von Schmiermitteln genügen ganz einfache Filtrirapparate, während für grössere
komplicirtere Verwendung finden.   Ein ziemlich einfacher Apparat ist
folgender von Maelger-Berlin (Abb. 108).   Das in den Trichter a ge-

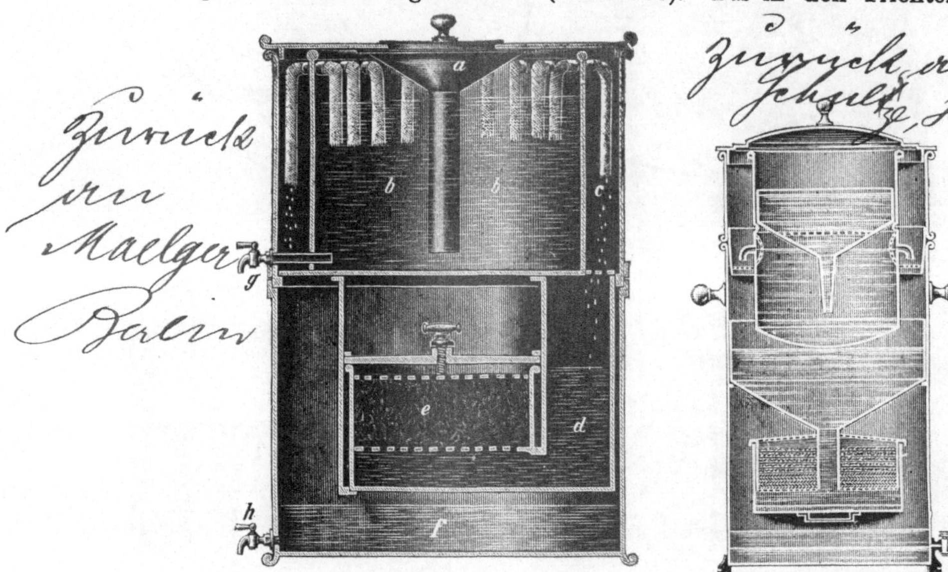

Abb. 108.   Oel-Reinigungs-Apparat von Maelger.   Abb. 109   Oel-Filter von Schulze.

schüttete unreine Oel gelangt durch diesen nach b.   Die hier zu Boden
sinkenden Schmutztheile werden durch Hahn g entfernt, während das
so vorgeklärte Oel durch Dochte c nach d übergeleitet wird.   Nachdem es alsdann noch das Filter e passirt hat, sammelt es sich schliesslich in f und wird durch h gebrauchsfertig abgelassen.   Einige kleine
Abweichungen in der Konstruktion zeigt der Apparat von H. Schulze-
Halle a. S., Abb. 109.   Ferner giebt es derartige Apparate von
I. Patrick-Frankfurt a. M. (Oelwaschapparat), von L. Holzmüller-
Darmstadt und Breymann & Hübener-Hamburg, welche hier alle
zu beschreiben zu weit führen würde.

Die Applikation der Schmiermittel.   Es kommt in der
Praxis nicht nur darauf an, brauchbare Schmiermittel zu haben, sondern
auch darauf, dieselben möglichst sparsam zu verwenden.   Der Mehrverbrauch durch unrichtige Anwendung der Schmiermittel summirt sich

in einer grösseren Anstalt im Laufe eines Jahres derart, dass eine sehr bedeutende Mehrausgabe für Schmiermittel entstehen kann. Um dem vorzubeugen, muss man erstens das für die betreffende Maschine bezw. für die einzelnen Theile derselben am besten geeignete Schmiermittel wählen und zweitens dasselbe mit Hilfe geeigneter Schmierapparate, welche möglichst vor Verlust schützen, zur Anwendung bringen. Auf die verschiedenen Schmiervorrichtungen an den einzelnen Maschinentheilen komme ich weiter unten näher zurück, hier sei zuvörderst nur derjenigen Vorrichtungen gedacht, welche für die verschiedensten Theile allgemein Anwendung finden; es sind dieses die Oel- oder Schmierkannen und Oelspritzen. Letztere (Abb. 110), gewöhnlich aus Messing, sind mit einer langen Spitze versehen, um an diejenigen Theile der im Gange befindlichen Maschine zu gelangen, welche mit einer Oelkanne nicht zu erreichen sind, ohne die Hand des Arbeiters in Gefahr zu bringen.

Bei den Oel- oder Schmier kannen kann man zwei Systeme unterscheiden: die elastische und die aërostatische Kanne. Erstere (Abb. 111) sind die bekannten Kännchen, wie sie zum Oelen der Nähmaschinen gebraucht werden. Sie bestehen aus einem Metallgefäss, auf welches ein gebogenes, spitz zulaufendes Rohr geschraubt ist, das an seiner Spitze eine feine Oeffnung hat. Der Boden des Gefässes ist entweder, wie

Abb. 110. Oelspritze. Abb. 111. Oelkännchen.

in Abb. 111, leicht oder stark nach aussen gewölbt und besteht aus elastischem Blech (die starke Wölbung macht ein Umlegen der Kännchen unmöglich, daher sie auch als »Stehauf« bezeichnet werden).

Auf Druck mit dem Daumen auf den Boden des bis zu $^2/_3$ mit der Schmierflüssigkeit ge- füllten Kännchens entleeren sich Tröpfchen, deren Menge sich nach dem jeweiligen Druck auf den Boden richtet. Für

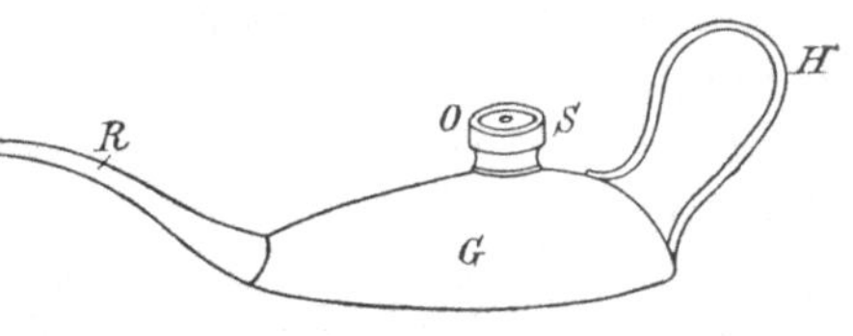

Abb. 112. Schmierkanne.

grössere Maschinen verwendet man jedoch meistens die aërostatische Schmierkanne, welche in verschiedenen Formen angefertigt wird. Die in Abb. 112 dargestellte Kanne besteht aus dem länglichen Gefässe (G), an welches ein langes, oben in eine feine Spitze mündendes Rohr (R) und eine Handhabe (Griff) (H) gelöthet ist. Das Rohr soll immer so lang sejn, dass der Maschinenwärter das Schmieren der Maschine, während diese im Gange ist, ausführen kann, ohne seine Hand dabei in Gefahr zu bringen. Oben auf dem Gefäss befindet sich die durch eine Schraube verschliessbare Füllöffnung (S). Diese Schraube besitzt an ihrer Oberfläche eine kleine Vertiefung und eine feine, in der Längsrichtung verlaufende Bohrung (O). Beim Gebrauch fasst man die Kanne bei der Handhabe, legt den Daumen auf die feine Oeffnung und kann nun die Kanne beliebig neigen, ohne dass auch nur ein Tropfen ihres Inhaltes ausläuft; der einseitige Luftdruck, welcher auf die Flüssigkeit wirkt, verhindert den Ausfluss. Lüftet man dagegen den Daumen, so tritt durch die vorher gedeckte Oeffnung Luft in das Innere der Kanne, der einseitige Druck ist aufgehoben und man erhält aus der röhrenförmigen Oeffnung einen Strahl des Schmiermittels. Durch entsprechendes Aufdrücken des Daumens auf die feine obere Oeffnung kann man das Schmiermittel Tropfen für Tropfen ausfliessen lassen, auch den Ausfluss nach Belieben unterbrechen.

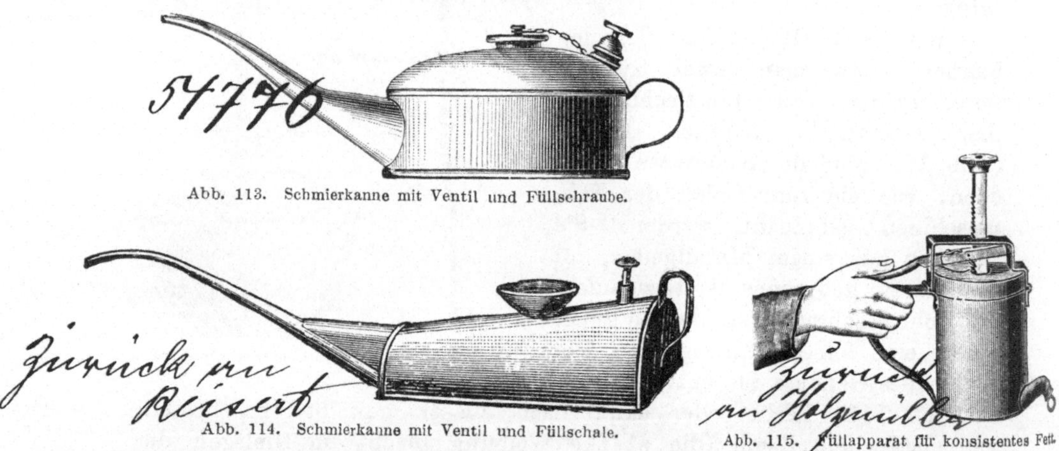

Abb. 113. Schmierkanne mit Ventil und Füllschraube.

Abb. 114. Schmierkanne mit Ventil und Füllschale.

Abb. 115. Füllapparat für konsistentes Fett.

Bei den in Abb. 113 (Schäffer & Budenberg) und Abb. 114 (H. Reisert) abgebildeten Schmierkannen wird das Oel durch Druck auf ein Ventil herausbefördert, während die Füllung bei ersterer durch Abschrauben der Füllschraube, bei letzterer mittels der drehbaren Füllschale erfolgt.

Es sei hier noch der Patent-Füllapparat für Schmierbüchsen (Abb. 115) von L. Holzmüller-Darmstadt erwähnt. Mittels Druck auf den Hebel des Apparates werden die Büchsen bequem mit konsistentem Fett gefüllt.

Für die meisten kleinen Maschinentheile genügt als Vorrichtung zum Schmieren ein bis zu den reibenden Flächen hingeführtes Loch, das Schmierloch, welches am Eingussende zweckmässig erweitert und gegen das Eindringen von Staub durch einen Stöpsel geschützt ist. Dieses Loch wird vorsichtig mittels der Schmierkanne gefüllt. Alle wichtigeren Zapfenlager müssen Oel- bezw. Fettbüchsen haben, aus denen das Oel bezw. Fett nach und nach an die Zapfen fliesst. Die einfachsten gebräuchlichen Oelbüchsen sind kleine Blechnäpfchen oder Aussparungen, von deren Boden ein Röhrchen zu der zu schmierenden Stelle führt. Das Röhrchen ist innerhalb des Napfes noch nach oben verlängert. In den Kelch wird ein Baumwollendocht gelegt, dessen Ende an einem Draht befestigt und oben in das Röhrchen hineingehängt wird. Nur schüttet man nie so viel Oel ein, dass es über das Röhrchen fliesst; dasselbe wird vielmehr allmählich durch die ansaugende Kraft (Kapillarität) des Dochtes heraufgezogen und in das Oelloch geträufelt. Die Regulirung des Oelzuflusses geschieht auf verschiedene Art. Man presst entweder den Docht auf dem Rohre mehr oder weniger zusammen, flicht den Docht im Rohre mehr oder weniger dicht, oder lässt hier nur eine gewisse kleine Zahl Leitfäden hinabhängen, die vom Docht ausgehen. Von den Selbstölern ist der Nadelschmierapparat der verbreitetste; er versorgt nach einmaliger Füllung den betreffenden Maschinentheil auf längere Zeit. In dem mit Oel gefüllten Fläschchen befindet sich ein durchbohrter Holz- bezw. Metall-

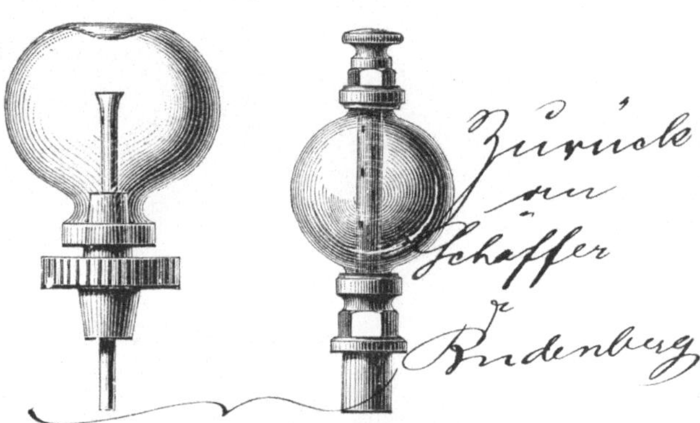

Abb. 116. Abb. 117.
Nadelschmierapparate.

stöpsel mit messingenem Einsatzrohr, in welchem ein Eisendraht mit wenig Spielraum auf und nieder bewegt werden kann. Das Schmiergefäss soll mit der Hülse so tief in das Schmierloch des Lagers eingesetzt werden, dass der Draht den Zapfen berührt. Die feinen Bewegungen, welche er hierdurch während der Drehung des Zapfens erhält, genügen, um die erforderliche Oelmenge in den kapillaren Zwischenraum zwischen Draht und Röhreninnenwand zum Ausfluss zu bringen. Ist die Schmierung zu schwach, so wird der Draht durch Abfeilen dünner gemacht. Während des Stillstandes läuft fast gar kein Oel aus. Der Oelvorrath in dem Glase muss natürlich immer kontrollirt werden. Diese in Abb. 116 und 117 abgebildeten Schmiergefässe können mit Holz- oder Metallgarnitur (auch Metallschutzhülse) ausgestattet sein.

Auch die Schmierbüchsen für konsistentes Fett, Abb. 118 und Abb. 119, S. 124 (mit belastetem Kolben, von aussen regulirbar, Schaeffer & Budenberg), haben sich in diesen und vielen anderen, ähnlichen Konstruktionen sehr gut bewährt.

Ausserordentlich gross ist auch die Zahl der Cylinder-Schmier-vorrichtungen. Statt des Cylinderschmierhahnes älterer Konstruktion

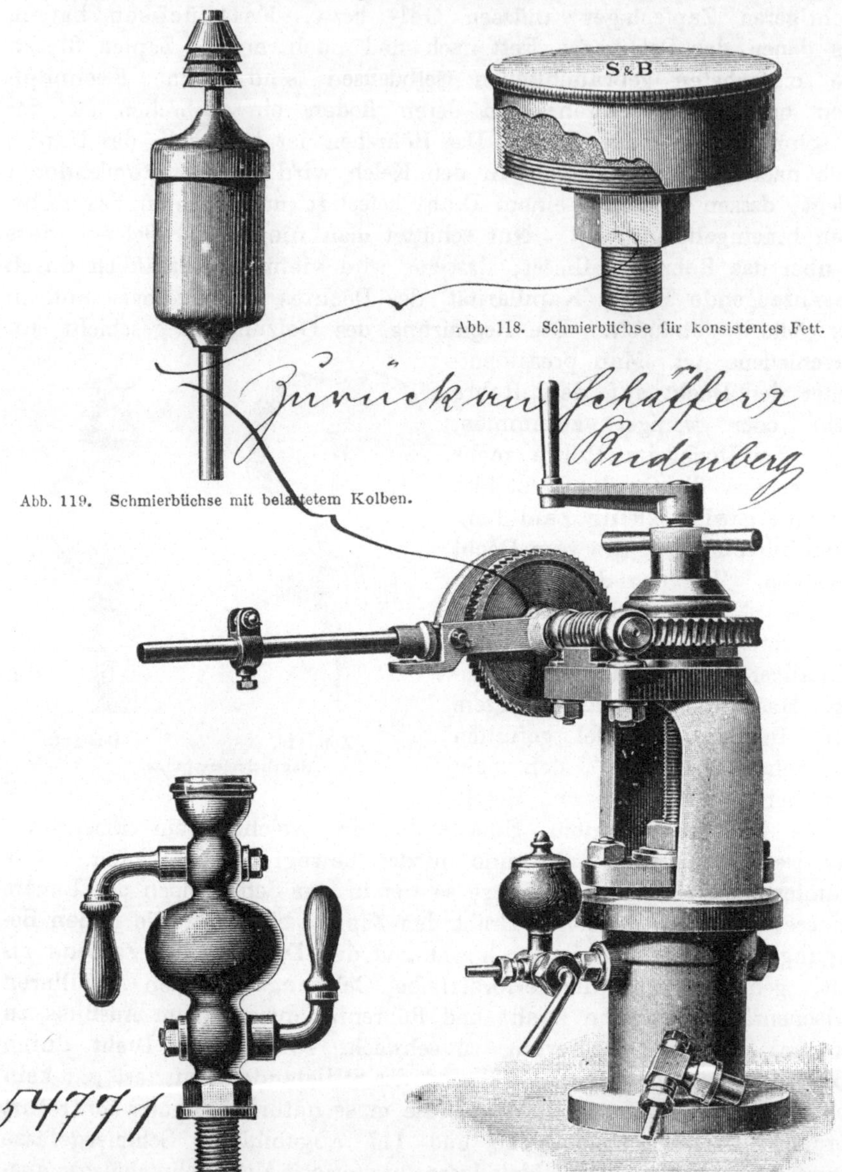

Abb. 118. Schmierbüchse für konsistentes Fett.

Abb. 119. Schmierbüchse mit belastetem Kolben.

Abb. 120. Cylinder-Schmiergefäss mit 2 Hähnen.   Abb. 121. Schmierpresse mit Metallcylinder.

mit einem Hahn, hat man jetzt das in Abb. 120 dargestellte Schmier-gefäss mit zwei Hähnen, welches sowohl oben auf dem Cylinder, als auch seitlich angebracht werden kann. Ist unten zu und oben offen,

so kann man das Gefäss füllen, dann schliesst man oben und lässt das
Oel unten ausfliessen. Bei Maschinen, welche mit grosser Geschwindigkeit
der Kolben arbeiten und bei denen der Dampfdruck ein hoher ist, verhält sich die Sache anders, bei
diesen werden Vorrichtungen angebracht, mittels deren das Oel lang
sam eintropft.

Sehr verbreitet sind auch Cy-
linder-Schmierapparate, welche
selbstthätig durch Kondensation des
Dampfes funktioniren.

In neuerer Zeit sind vielfach
Schmierpressen zur Verwendung
gekommen, bei denen die Oelfüllung
eines Metall- oder Glascylinders durch
einen mit Schaltrad oder Schraube
niedergedrückten Kolben allmählich
und gleichmässig in den Dampfcylinder gedrückt wird. Der Schalt-
hebel wird durch eine Schieberstange
oder einen Ventilhebel in Schwingung
versetzt, so dass sich der Apparat
bei jeder Dampfmaschine leicht an-
schliessen lässt. Die ganz aus Gusseisen gefertigten Schmierpressen

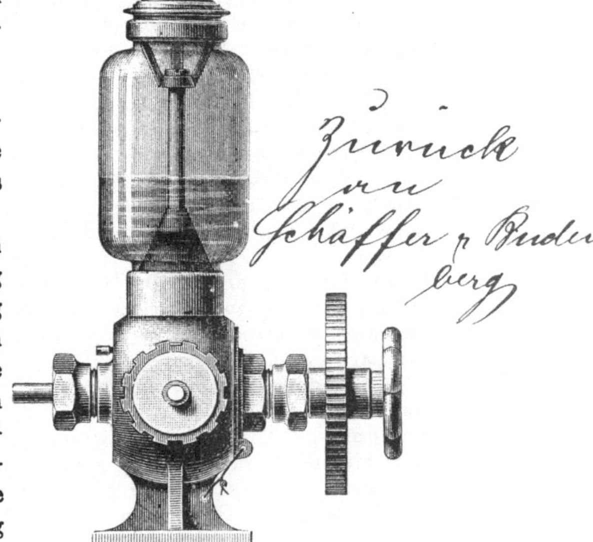

Abb. 122. Schmierpresse mit Glascylinder.

(Abb. 121, S. 124) haben den Vorzug grösserer Haltbarkeit vor den
mit einem Glascylinder (Abb. 122) ausgestatteten.

Zum Schluss noch Einiges

über das Warmlaufen der Dampfmaschine).* Das Warmlaufen
der Dampfmaschine lässt sich auf gewisse äusserlich schwer wahrnehmbare Ursachen zurückführen. Es tritt ein, wenn es an Schmiere mangelt, wenn die
Schmierlöcher verstopft sind, wenn Staub oder Sand zwischen die Gleitflächen gerathen ist, wenn der auf die Berührungsfläche ausgeübte Druck zu gross oder un-
gleichförmig vertheilt ist, wenn an den Achsläufen oder Lagerschalen schadhafte
Stellen entstanden sind, wenn die Schmiermittel von ungenügender
Qualität oder wenn sie den obwaltenden Umständen nicht angepasst sind.
Es kommt ferner vor, dass die Lagerschalen zu fest angezogen sind, so dass wegen
zu inniger Berührung von Lager und Schale das Oel nicht zu allen Theilen der
Gleitflächen gelangen kann. Auch durch zu weite Lagerschalen kann Warm-
laufen hervorgerufen werden, weil dann der Zapfen an einem zu kleinen Theil der
Fläche aufliegt, an welcher der Druck dann übermässig gross wird, so dass der
Zutritt des Oeles verhindert wird. Auch die Schmiernuthen können Ursache des
Heisslaufens sein, namentlich, wenn sie an Stellen angebracht sind, wo die grösste
Belastung stattfindet. Die scharfen Kanten der Schmiernuthen wirken dann wie
Schaber, durch welche das Schmieröl abgestreift und von den schwerbelasteten
Stellen, wo es am nöthigsten ist, zurückgehalten wird. Besteht die Lagerschale

---

*) Nach Grossmann, Die Schmiermittel. 1894.

aus 2 Theilen, was sehr häufig der Fall ist, dann kann es vorkommen, dass durch die Kanten der Lagerschalen das Schmieröl in gleicher Weise abgestreift wird, wie durch die Kanten der Schmiernuthen. Aus diesem Grunde sollen die Kanten der zweitheiligen Lager abgeschrägt werden.

Beim Warmlaufen eines Lagers muss zunächst darauf gesehen werden, die Ursache desselben herauszufinden. In vielen Fällen wird diese bald erkannt und das Warmlaufen durch entsprechende Massnahmen behoben werden können. Ist die Ursache nicht zu entdecken und nimmt die Temperatur des Lagers trotz hinreichender Schmierung immer mehr zu, oder nimmt die Temperatur trotz Kühlung mit kaltem Wasser nicht ab, so besteht die Gefahr des Heisslaufens und damit die einer Betriebsstörung, und es ist in solchem Falle besser, rechtzeitig abzustellen, das Lager herauszunehmen und zu untersuchen. Oftmals neigen aber die Lager zum Laugehen oder Warmlaufen, ohne dass die Temperatur eine besorgnisserregende Höhe dabei annehmen würde und ohne dass eine Störung des Betriebes damit verbunden ist. Das Warmlaufen nimmt in diesem Falle gewissermassen einen harmlosen Charakter an. Den laugehenden Lagern gegenüber ist aber immer die grösste Vorsicht zu beobachten, und es ist daher jedem, dem die Wartung einer Maschine anvertraut ist, zu empfehlen, sich von Zeit zu Zeit von der Temperatur der Lager zu überzeugen.

Es drängt sich hier die Frage auf: Giebt es Kennzeichen, durch welche das harmlose, den normalen Zustand des Lagers bildende Laugehen von dem gefährlichen Laugehen unterschieden werden kann? Die Antwort hierauf ist für jeden, der eine Maschine zu beaufsichtigen hat, von Wichtigkeit; denn wenn es Merkmale giebt, die darauf schliessen lassen, dass das Laugehen der Vorläufer des Heissgehens ist, dann erhält der Maschinist in diesem gewissermassen ein Signal, welches ihn auf die drohende Gefahr aufmerksam macht, und er wird hiernach rechtzeitig die geeigneten Vorkehrungen treffen können. Lassen andererseits die wahrgenommenen Anzeichen darauf schliessen, dass das Laugehen harmloser Natur ist, so wird er über den Zustand der Maschine beruhigt werden und seine Aufmerksamkeit seinen übrigen Dienstpflichten zuwenden können.

Das harmlose Laugehen ist nun von dem gefährlichen bei fleissiger Beobachtung nicht schwer zu unterscheiden. Das gefährliche Laugehen kennzeichnet sich durch die stetige Zunahme der Temperatur des Lagers, es steigert sich ohne Unterbrechung bis zum Warmlaufen und endigt, wenn die Ursache nicht gehoben wird, mit Zerstörung der Gleitflächen. Nur ausnahmsweise tritt der Fall ein, dass bei einer anfangs beobachteten stetigen Zunahme der Erhitzung diese endlich zum Stillstande kommt und statt der gefürchteten Zerstörung der Gleitflächen nur eine unbedeutende Beschädigung derselben eintritt, welche zwar die Reibungswiderstände vergrössert, ohne indessen zum Heisslaufen zu führen. Fälle dieser Art treten indessen immer nur ausnahmsweise ein, und es ist daher, sobald eine stetig zunehmende Erhitzung beobachtet wird, das Laugehen immer als gefährlich anzusehen und als solches zu behandeln.

Beim harmlosen Laugehen dagegen findet keine stetige Zunahme der Temperatur statt, sondern es kommt die Erwärmung, nachdem sie einen gewissen Grad erreicht hat, zum Stillstande und nimmt dann allmälich wieder ab. Noch häufiger tritt ein Schwanken in der Temperatur der Lager ein, indem die Temperatur, nachdem sie eine gewisse Höhe erreicht hat, um einige Grade herabsinkt, sich wieder steigert, dann wieder fällt u. s. f. Die Höhe der Temperatur, welche die Lager dabei annehmen, ist sehr verschieden, und es sind hierauf ausser der Lufttemperatur auch noch andere Umstände von Einfluss. Diesen Umständen entsprechend schwankt die Temperatur bald so, dass abwechselnd Lau- und Kaltgehen eintrittt, während in anderen Fällen die Erhitzung zwischen Warm- und Laugehen wechselt. Auch aus anderen Umständen wird der Maschinist manchmal den Schluss ziehen können, dass er es mit dem harmlosen Laugehen zu thun hat. Wird z. B. Schmieröl einer neuen Lieferung in Gebrauch genommen und tritt unmittelbar darauf ein Laugehen eines oder mehrerer Lager ein, so kann mit Sicherheit angenommen werden, dass das Laugehen harmloser Natur ist; vorausgesetzt ist hierbei, dass das neue Schmieröl nicht von unbekannter oder unerprobter Güte ist. Selbst ein Schmieröl von derselben Lieferung und aus demselben Fasse kann zum harmlosen Laugehen führen, ferner, wenn es durch lange Lagerung dicker geworden ist oder an einem kalten Orte aufbewahrt wurde.

In der Praxis kommen übrigens auch viele andere Umstände vor, die das harmlose Laugehen begünstigen. Das wichtigste Mittel zur Erkennung desselben und zur Unterscheidung von dem gefährlichen Laugehen ist immer die Beobachtung der Temperatur, aus deren Verlaufe der Maschinist jederzeit ein richtiges Urtheil über den Zustand der Lager seiner Maschine und seiner möglichen Folgen gewinnen kann.

II. *Putzmaterial.* Unter Putzmaterial soll hier nur dasjenige Material verstanden sein, welches zum Reinigen der einzelnen Maschinentheile dient. Das gewöhnlichste und wohl billigste dieser Mittel ist Werg (1 kg = 20 Pf.) Es saugt aber Fettstoffe nur schwer auf und wird daher leicht schmierig und infolgedessen unbrauchbar. Dagegen ist es zur Entfernung wässeriger Flüssigkeiten sehr gut brauchbar. Putzlappen sind, wenn sie aus allerlei Lumpen sich zusammensetzen, ein ziemlich minderwerthiges und insofern nicht ungefährliches Putzmittel, als sie oft vermöge ihrer Herkunft Krankheitsstoffe aller Art und Ungeziefer enthalten. Sie sollen vor ihrer Anwendung stets erst mit überhitztem Dampf behandelt werden. Ferner Putztücher (Preis für das Stück ca. 30 Pf.) werden aus Baumwolle, Seidenabfällen (seidene und rohseidene Polirtücher) oder dergleichen gewebt und können wiederholt (12 bis 15 Mal) durch Auswaschen wieder gesäubert werden; gestrickte Tücher, welche den doppelten Preis der gewebten Tücher haben, sollen sogar 30 bis 40 Waschungen aushalten. Die gestrickten Putztücher haben eine Form von 45 : 46 cm.

In neuerer Zeit wird als sehr sparsam und reinlich das Fliesspapier empfohlen.

Die weitaus meiste Verwendung findet die Putzbaumwolle*). Dieses äusserst wichtige Putzmaterial zur Erhaltung eines ungestörten maschinellen Betriebes wird aus den Baumwollabfällen der Spinnereien und Webereien hergestellt. Während noch vor ca. 15 Jahren die Spulreste ohne jede weitere Bearbeitung zum Putzen verwendet wurden, wodurch eine nur unvollständige Ausnutzung des Putzmaterials stattfand, indem die Spulreste nur von aussen angeschmutzt bezw. angefettet wurden, im Innern aber rein blieben, ist man seit der Zeit dazu übergegangen, dieselben auf besonderen Maschinen zu strecken oder auch zu kämmen. Durch dieses Strecken oder Kämmen wird der Spulrest auseinandergerissen — doch so, dass die einzelnen Fäden ganz

---

*) Eine der bedeutendsten Putzwoll-Fabriken ist diejenige von Wwe. Bernard Messiug-Bocholt; jedoch sind in dem im Anhange befindlichen Firmenregister noch andere, ebenfalls grosse Fabriken angegeben.

und lang bleiben —, so dass nunmehr Faden neben Faden liegt, demzufolge jeder einzelne Faden fähig ist, zu putzen und Oel und Schmutz aufzusaugen. Durch dieses Verfahren wird eine Materialersparniss von 50 bis 75 % erzielt. — Zu empfehlen ist, speciell bei Anlagen, in denen unbedingt die peinlichste Sauberkeit an Maschinen und sonstigen Geräthschaften herrschen muss, gestreckte weisse Putzbaumwolle, die, wenngleich im Preise fast doppelt so theuer als bunte, sich dennoch im Gebrauche viel billiger stellt; denn die Aufsaugefähigkeit ist um das Doppelte grösser als bei bunter Putzbaumwolle, welche, abgesehen von der ihr schon anhaftenden Farbe und Appretur, vielfach äusserlich nicht erkennbaren Schmutz enthält.

In Anstalten, in welchen eine grössere Anzahl von Maschinen geschmiert und geputzt werden müssen, ist es lohnend, das von den Putzlappen aufgesogene Schmiermittel wieder zu gewinnen und auch die Lappen wieder in brauchbaren Zustand zu versetzen. Solange Lappen und Wolle durch den Gebrauch nicht ganz mürbe und brüchig geworden sind, können sie wieder ausgewaschen und aufs neue benutzt werden. Durch zweimaliges Kochen mit Seifensiederlauge und Ausspülen wird das Fett entfernt. Muss, in Rücksicht auf die zu erhaltende Menge, auf die Wiedergewinnung von Schmiermaterial Gewicht gelegt werden, so ist das Schmiermittel in einem dasselbe lösenden Stoffe z. B. Petroleumäther oder Benzol aufzulösen und durch darauffolgende Verdunstung des letzteren zu gewinnen. Putzlappen, welche mit Mineralölen oder Paraffinschmiere getränkt sind, lassen sich durch Behandeln mit Aetznatronlösung nicht reinigen, sondern müssen der Behandlung mit einem der oben angegebenen Lösungsmittel unterzogen werden[*]).

Es ist aber durchaus unrathsam, den Maschinisten, wie es so häufig vorkommt, in der Verabfolgung von Putzmaterial zu beschränken: »eine unsaubere Maschine«, sagt Scholl (a. a. O.) mit Recht, »verbraucht leicht zehnmal mehr an Oel zum Schmieren, als jenes Material kosten würde. Maschinisten und Wärter sollen aber nichts destoweniger ordentlich damit zu Rathe gehen und es nicht so rasch dem Feuer übergeben, wie es oft geschieht.«

Bezüglich der *Aufbewahrung gebrauchter Putzlappen* noch einige Worte. Man hat wiederholt die Wahrnehmung gemacht, dass Putzlappen, welche mit einer fetten Oelschmiere getränkt sind und auf einen Haufen geworfen werden, sich so weit erhitzen, dass sie brennen und Ursache grosser Feuersbrünste geworden sind. Man kann sich diese Erscheinung nur in der Weise erklären, dass sich das auf einer sehr grossen Fläche ausgebreitete Fett so rasch oxydirt, dass die hierbei frei werdende Wärme genügt, um die Entflammung herbeizuführen.

---

[*]) Ein besonderes Reinigungsverfahren bildet dasjenige von Dr. K. Mönkeberg-Hecklingen (Anhalt).

Es sollte daher stets darauf geachtet werden, dass die gebrauchten
Putzlappen, wenn das Sammeln nicht lohnt, zum Feueranmachen benutzt, oder im anderen Falle in einem besonderen eisernen Kasten,
welcher leicht verschliessbar ist, gesammelt werden.

III. *Dichtungsmaterial.* Unter Dichtung (Liderung [von
Leder], Verpackung, Packung) versteht man eine Vorrichtung, welche
das gegenseitige dichte Anschliessen zweier Maschinentheile hervor-
bringen soll. Die Zusammensetzung und Beschaffenheit des hierzu erforderlichen Materials — Dichtungsmaterials — ist natürlich in der
Hauptsache von der Verwendungsstelle abhängig. Maschinentheile,
welche keiner hohen oder einer abnorm tiefen Temperatur ausgesetzt
sind und welche in einer und derselben Lage zu einander bleiben,
dichtet man dadurch ab, dass man sie möglichst genau aufeinander
passt oder ein schmiegsames Material, wie Hanf, Pappe, Leinen, Leder,
Asbest, Gummi u. s. w. dazwischenlegt. Der Hanf muss schön und
langfaserig, rein ausgezogen und frei von Werg sein und keinen Staub,
Sand u. s. w. enthalten. Bei Kalt-
wasser-Röhren-Leitungen genügen
meistens Dichtungen mit Leder,
Pappe und Gummi zwischen den
abgedrehten Flantschen. Bei Heiss-
wasser- und besonders Dampfleitungen hat man eine Menge
sehr verschiedener Dichtungs-
mittel, wie dickgekochtes Leinöl,

Abb. 123. Kupfer-Dichtungsringe.

dicker, steifer Mennigkitt, wulstförmig ausgerollt und in nicht zu
dicker Lage zwischen Schraubenlöcher und Rohrhöhlung gelegt, Blei-
ringe aus Bleiplatten gestanzt, Kupferringe u. s. w. Gut bewährt
haben sich ferner Ringe aus besonders präparirten Gummiplatten
(»Herkulesplatte«) und Asbestpappe. Abgesehen davon, dass derartiges
Material nur einmal verwendet werden kann und daher Kosten und
Mühe nicht gering sind, hat es auch oft zu verlustbringenden Betriebsstörungen und gar zu Unfällen geführt. Das vortreffliche Anpassungs-
vermögen des Asbests und seine Widerstandsfähigkeit gegen hohe
Temperaturen ist leider vielfach beeinträchtigt durch die wohlbekannte
Thatsache, dass reine Asbestdichtungen nach einiger Zeit ihre faserige
Beschaffenheit und ihren festen Zusammenhang gänzlich verlieren und
sich durch die zersetzenden Einflüsse von Wasser und Dampf in eine
schlammige, leicht zerbröckelnde Masse verwandeln. Diesem Mangel
ist dadurch abgeholfen worden, dass man den Asbest vor dem direkten
Zutritt von Wasser und Dampf in der Weise schützt, dass man ihn
mit einem Kupferringe umgiebt. Die Ringe, welche von Paul Lechler-
Stuttgart in allen Grössen und Formen angefertigt werden, gestatten
ebenso wie die aus Fäden bestehende Asbesteinlage (Abb. 123) eine

mehrmalige Verwendung, wodurch sich das Material äusserst billig stellt. Ausser den auf der äusseren Seite offenen Ringen mit sichtbarer Asbesteinlage werden in Fällen, in denen von aussen Dampf oder Nässe einwirken, auch vollständig geschlossene Ringe angewendet.

Zu erwähnen sind ferner die von derselben Firma hergestellten Dichtungsringe aus Asbestpappe mit innerer Kupfer- oder Bleirille, ferner die Centrirringe mit weicher Dichtungsscheibe und dieselbe einfassendem Metallring von Roller-Frankfurt a./M., die Asbestonit-Fiber-Platte, Hochdruck-Asbestonit-Dichtungsplatte u. a. m.

Bei zwei ineinander beweglichen Maschinentheilen genügt in der Regel ein genaues Aufeinanderpassen nicht, weil bei der Bewegung eine gegenseitige Reibung und daher auch eine Abnutzung eintritt, durch welche nach einiger Zeit durchlassende Spalten entstehen. Man wendet daher entweder gleichfalls schwingsame Dichtungsmaterialien oder federnde Metallringe an. Erstere müssen oft erneuert werden, letztere sind dagegen von grosser Dauerhaftigkeit. Das älteste und bekannteste Material hierfür sind Hanf und Talg. Ersterer muss sehr fein, lang ausgezogen und absolut rein von Sand, Staub u. dergl. sein, weil die Kolbenstangen durch solche Unreinigkeiten leicht geritzt und verdorben werden; es entstehen dann Nuthen, Oeffnungen, welche häufig mit der besten Packung und dem schärfsten Anziehen nicht zu schliessen sind. Die Zöpfe werden in geschmolzenes reines Fett getaucht und reichlich dick um die Stange gewickelt, so dass sie mit Mühe in die hohle Büchse hineingedrückt werden müssen. Als Ersatz für den Hanf dienen mancherlei, zum Theil patentirte Materialien, namentlich Asbestschnur oder Baumwollenschnur mit Talkumfüllung; auch Metallpackungen sind im Gebrauch. Man ist in neuerer Zeit, angesichts der Nachtheile des Talges, vielfach von dem Princip der Fettpackung, unter Verkennung ihrer Vorzüge, abgekommen. Es liegt doch aber klar auf der Hand, dass eine Kolbenstange infolge ihrer fortwährenden Reibung auf einem trockenen Gegenstande diesen abnutzt und auch von demselben abgenutzt wird. Bei jeder Trockenpackung wird deshalb einerseits die Kolbenstange stets blau aussehen, mit der Zeit schwinden und endlich durch eine neue ersetzt werden müssen, andererseits aber durch die Reibung viel Kraft, und somit Dampf, verloren gehen. Da alle diese Uebelstände bei einer Fettpackung fortfallen, so wird diese auch in den meisten Fällen benutzt. Nun hat aber Talg einen sehr niedrigen Schmelzpunkt, und da durch den Dampf des Cylinders die Kolbenstange und die Stopfbüchse warm sind, so wird der Talg schnell aufgezehrt und der trockene Hanf bleibt übrig. Es muss also die Packung oft erneuert werden, sollen nicht dieselben Erscheinungen wie bei der Trockenpackung eintreten, oder für den Talg ein anderes, höheren Temperaturen widerstehendes Fett gewählt werden. In der That besitzen wir letzteres in der Burgmann'schen Packung, welche z. B. eine ganze Kühlkampagne aushält, ohne einer Erneuerung zu bedürfen.

Bei Herausnahme alter Packungen ist erstens darauf zu achten, dass die Büchsen nicht ganz kalt werden, und zweitens muss man sich nicht eines spitzen Werkzeuges, Hakens u. dergl., sondern eines korkenzieherförmigen Instrumentes bedienen, mit welchem auch die festeste Packung in kurzer Zeit ausgeräumt wird.

V. Uebertragung von Triebkraft.

Nur in seltenen Fällen erfolgt die von der Kraftmaschine geleistete Kraft direkt auf die Arbeitsmaschine, wie z. B. bei Dynamo- und Förderungsmaschinen, Pumpen u. s. w. Meistens wird von der Kraftmaschine zunächst ein Triebwerk in Bewegung gesetzt, von welchen die zum Betriebe der Arbeitsmaschinen nöthige Kraft abgeleitet wird. Ein solches Triebwerk, auch Getriebe, Vorgelege, Transmission, Zwischengeschirr genannt, besteht gewöhnlich aus Wellenleitungen mit Riementrieben, Hanfseiltrieben, Zahnrädern, Kurbeln, Excentriks, Stangen u. s. w. Die Wellenleitungen bilden ein bequemes und deshalb weit verbreitetes Mittel zur Vertheilung der Kraft der Motoren einer Fabrik auf die einzelnen Arbeitsmaschinen, sind aber ihrer Natur nach durch starke Reibungsverluste auf Kraftübertragung in engen Grenzen beschränkt.

Ein solches Vorgelege besteht aus: den Konsolen, auf welchen die Lager für die Welle befestigt sind, aus den auf letzterer sitzenden Riemenscheiben, den zugehörigen Riemen und dem Ausrücker.

Die Konsolen können Hänge- (Abb. 124, S. 132) oder Wandkonsolen (Abb. 125, S. 132) sein. Bei Benutzung der ersteren nennt man das Vorgelege »Deckenvorgelege«. Ein solches ist nach der Konstruktion von J. M. Grob & Comp.-Leipzig in Abb. 126, S. 132 (Vorder- und Seitenansicht) dargestellt.

Von den Konsolen werden die Lager für die Welle getragen. Diese müssen mit guten Schmiervorrichtungen versehen sein.

Auf der Welle sitzen nun soviel Riemenscheiben, als Arbeitsmaschinen angetrieben werden sollen, und diejenige Riemenscheibe, welche die Kraft, sei es von einem anderen Vorgelege, sei es direkt von der Kraftmaschine überträgt. Die Uebertragung erfolgt durch Riemen oder ähnliche Vorrichtungen, über welche weiter unten ausführlich gesprochen wird.

Neben der eigentlichen Riemenscheibe, welche in neuerer Zeit vielfach aus Holz angefertigt wird, läuft eine zweite, die sog. »Leer-

oder Losscheibe«. Diese dient dazu, den Riemen u. s. w. aufzunehmen, wenn das Vorgelege ausser Thätigkeit gesetzt werden soll. Um dieses

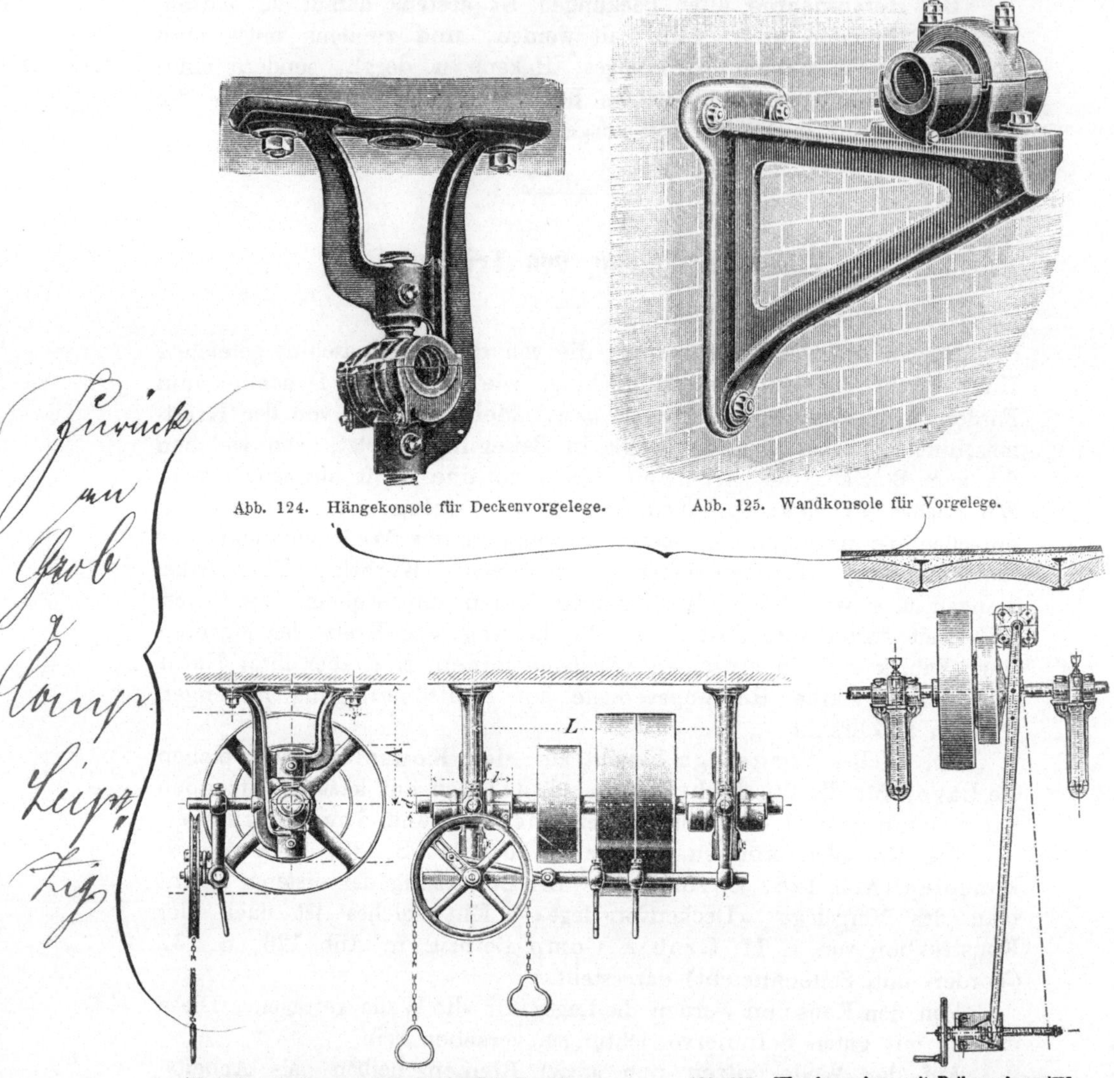

Abb. 124. Hängekonsole für Deckenvorgelege.   Abb. 125. Wandkonsole für Vorgelege.

Abb. 126. Deckenvorgelege mit Ausrück-Vorrichtung.   Abb. 127. Wandvorgelege mit Reibungskuppelung.

»Ausrücken« bewirken zu können, hat man verschiedene Vorrichtungen, deren einfachste darin bestehen, dass eine Gabel, zwischen welcher der Riemen läuft, mittels einer Stange vor die Leerscheibe gerückt und die eigentliche Riemenscheibe somit ausser Thätigkeit gesetzt wird. Sicherer und schneller erfolgt das Ausrücken durch die in Abb. 126 abgebildete Vorrichtung, indem durch Ziehen an einer der beiden kleinen

Ketten das Rädchen eine Vierteldrehung macht, wodurch die Ausrückergabel nach rechts bezw. links geschoben wird. Bei anderen Konstruktionen erfolgt, wie es Abb. 127, S. 132 veranschaulicht, die Inbetriebsetzung der Fest- (Riemen-) Scheibe durch Andrücken an die Leerscheibe mittels einer regulirbaren Zugstange oder einer besonderen Anpressvorrichtung (sog. Reibungskuppelung).

Zur Transmission gehören auch die *Treibriemen,* welche jetzt aus den verschiedensten Stoffen hergestellt werden. Wo Feuchtigkeit oder Hitze nicht in Frage kommen, bestehen die Treibriemen am besten aus Leder, und zwar scheint es, dass langsam gegerbtes, lohgares Leder*) am besten hält. Riemen, welche grosse Arbeit zu leisten haben, dürfen nur aus der Mitte der Haut herausgeschnitten werden, so dass jede Haut nur einen Streifen giebt. Die Riemen müssen von Zeit zu Zeit geschmiert werden; sie durcheilen mit grosser Geschwindigkeit täglich viele Stunden die Luft und werden daher von dieser ausgetrocknet. Um sie elastisch zu erhalten, muss ihnen also wieder Fett zugeführt werden. Hierzu eignet sich jedes animalische Fett, dem, um es gegen Ranzigwerden zu schützen, etwas Mineralöl beigefügt ist. Vegetabilische Fette und Oele sind weniger gut, aber immer noch besser als garnichts. Am besten eignet sich Fischthran; aber auch das billige, ziemlich weiche Pferdekammfett mit etwas Mineralöl (etwa 0,5 kg auf 10 kg Fett) giebt eine sehr gute, haltbare Lederschmiere**). Das Fett ist warm, aber nicht heiss auf die Aussenseite der Riemen aufzutragen. Natürlich darf die Einfettung auch nicht übertrieben werden. Ein richtig gefetteter Riemen hat die grösste erreichbare Dauerhaftigkeit und ist elastischer als ein trockener Riemen. Er kann daher mit weniger Spannung arbeiten, wodurch die Transmissionen leichter laufen. Bei längerem Stillstand müssen die Riemen abgenommen und zusammengerollt werden.

In feuchten, namentlich mit Wrasen angefüllten Räumen sind Lederriemen nur von geringer Dauer; in solchen Fällen sind die verschiedenartigen Gummiriemen empfohlen worden. Dieselben werden entweder als »deutsche Gummitreibriemen« mit 3 bis 10 Baumwoll-Einlagen oder als »Balata-Treibriemen« hergestellt. Letztere bestehen aus mehreren Lagen besonders gewebten Baumwolltuches, welches mit Gutta-Percha und Balata (eine dem Gutta-Percha ähnliche, aber elastischere Masse) imprägnirt ist und dadurch vollständig fest ver-

---

*) Behufs Probe für die Güte des Leders lege man ein Stückchen Riemen in Essig. Ist das Leder vollkommen gegerbt, so wird die Farbe des Leders etwas dunkler. Ist das Leder jedoch nicht vollkommen mit Tannin imprägnirt, so schwellen die Fasern in kurzer Zeit stark an; das Leder verwandelt sich allmählich in eine gelatinöse Masse.

**) Eine andere, auf den mit lauwarmem Wasser sauber gereinigten Riemen warm aufzutragende Komposition ist nach Scholl folgende: 1 Theil Talg, 4 Theile Fischthran, 1 Theil Kolophonium und 1 Theil Holztheer.

bunden wird, so dass der Riemen als ein untheilbares Ganzes, ohne Naht, erscheint. Gegen Feuchtigkeit, selbst Nässe u. s. w. sind diese Riemen vollständig unempfindlich; doch dürfen sie keiner starken Reibung ausgesetzt sein, weil durch die hierbei sich entwickelnde Hitze das Imprägnirungsmittel erweicht wird. Die Balata-Riemen haben eine Tuchseite und müssen mit dieser auf die Riemenscheibe gelegt werden. Auch gummirte Hanfbänder werden für gleiche Zwecke empfohlen, ebenso »Haar - Treibriemen«, besonders »Kameelhaar-Riemen«*), denen grosse Haltbarkeit und Widerstandsfähigkeit, auch gegen Säuren, nachgerühmt wird. Sie besitzen bei geringster Dehnung grosse Elasticität, werden mit einer Patentkante versehen und event. auch gummirt. Da sie endlos gewebt sind, so besitzen sie auch keine erhöhte oder sichtbare Verbindungsstelle, üben daher keinen Stoss auf die Scheiben aus, was für den Gang der Maschine nicht ohne Einfluss ist. Neuerdings sind baumwollene Treibriemen vielfach mit gutem Erfolg zur Verwendung gelangt. Dieselben werden ebenfalls aus einem einzigen, festen Gewebe hergestellt und besitzen eine ausserordentliche Zugfestigkeit. Sie haben den grossen Vorzug, dass sie auf der ganzen Länge von vollkommener Gleichmässigkeit in der Dicke hergestellt werden können und geschmeidiger als Lederriemen sind, also kräftiger durchziehen und auch wohl weniger schlagen. Dem Einfluss der Feuchtigkeit, welcher bei schlechten Baumwollriemen ein starkes Verkürzen und dadurch ein Verbiegen der Treibwellen herbeigeführt hat, wird durch Imprägnirung mit Fetten begegnet. Die besten, aber auch theuersten Baumwollriemen*) sind die weissen, billiger und weniger gut sind die rothen. Baumwollriemen werden auch in Köper- und Leinwandgewebe angefertigt. Auch Hanfgurte, naturell geteert oder geruchlos appretirt, finden Verwendung.

Für den Betrieb von Lichtmaschinen, bei horizontalem Lauf, kurzem Achsenabstand, starker Uebersetzung, auch in feuchten Räumen werden die Glieder-Riemen empfohlen. Dieselben sind nach Art der Gallschen Glieder-Ketten hergestellt, indem kleine Lederstreifen unter einander und mit dem nächsten kettenartig durch Bolzen verbunden werden. Die Glieder sind ca. 40 mm lang und 20 mm breit.

Erwähnung mag schliesslich noch der in grösseren Betrieben zur Anwendung kommende Seilbetrieb finden. Man unterscheidet englischen und amerikanischen Seilbetrieb. Bei ersterem werden der auf dem Schwungrade bezw. der Seilscheibe vorhandenen Anzahl von Rillen (bis zu 80) entsprechend viele einzeln von einander unabhängige Seile angewendet, während man die Verwendung nur eines einzigen endlosen, um alle Rillen der treibenden und getriebenen Scheibe

---

*) Fabrik von Gust. Kunz A.-G.-Treuen i. S

geschlungenen Seiles als amerikanischen Trieb bezeichnet. Drahtseilbetrieb ist nur da zu empfehlen, wo die treibende und die getriebene Achse möglichst in derselben horizontalen und genau in derselben vertikalen Ebene liegen.

Verbindung und Auflage der Riemen. Die Riemen sollen möglichst ausgereckt auf die Scheibe gebracht werden. Während des Betriebes findet stets ein weiteres Recken statt, so dass dann ein Nachspannen des Riemens stattfinden muss. Zu diesem Zwecke verwendet man Riemenspanner, von denen einige in den Abb. 128, 129 und 130

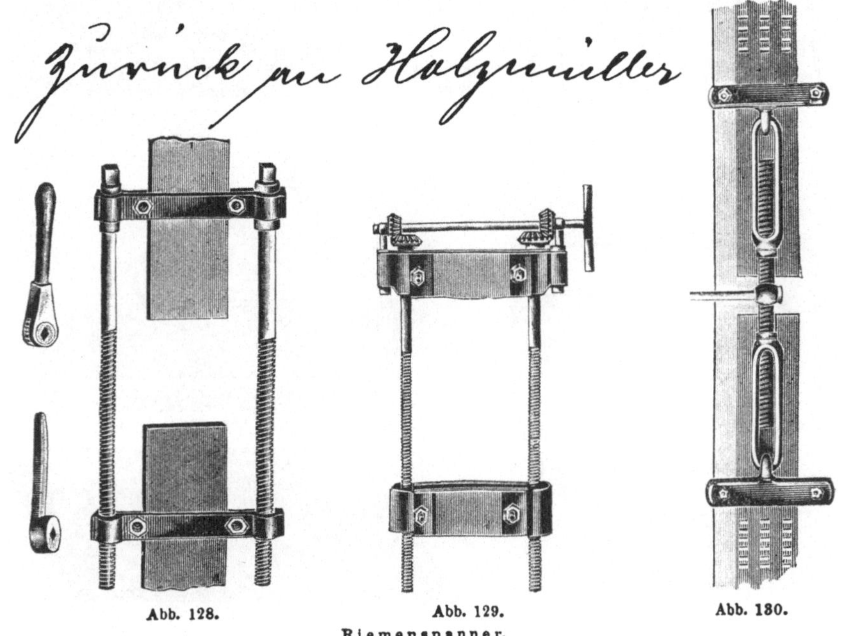

Abb. 128.   Abb. 129.   Abb. 130.

Riemenspanner.

dargestellt sind. Die in den Spanner eingeklemmten Riemenenden werden durch Schrauben aneinandergedrängt und dann verbunden. Abb. 130 veranschaulicht einen Gelenk-Riemenspanner, welcher auch bei engem Raume angewendet werden kann, da beide Enden vermöge des Gelenkes umgebogen werden können.

Zur Vereinigung der auf diese Weise zusammengebrachten Riemenenden hat man verschiedene Mittel. Am gebräuchlichsten ist bis vor kurzem die Naht mit Lederschnüren gewesen. Die Lederschnüre ersetzt man jetzt auch wohl durch kleine verzinnte Stahlklammern (Abb. 131, S. 136), welche mit der Riemenheftmaschine (Abb. 132, S. 136) durch den Riemen getrieben und dann umgeschlagen werden. Aehnlich, aber weit stärker sind die Buffalo-Riemen-Verbinder (Abb. 133, S. 136), welche, wie Abb. 134, S. 136 es veranschaulicht, in den Riemen ge-

schlagen werden. Auf einer Eisenplatte biegt man dann die hervorstehenden Ecken mit einer Kneipzange derart um, dass sie wieder in
die Riemen zurückgetrieben werden können. Dann werden von der
anderen Seite ebenfalls Verbinder eingetrieben und wird ebenso wie

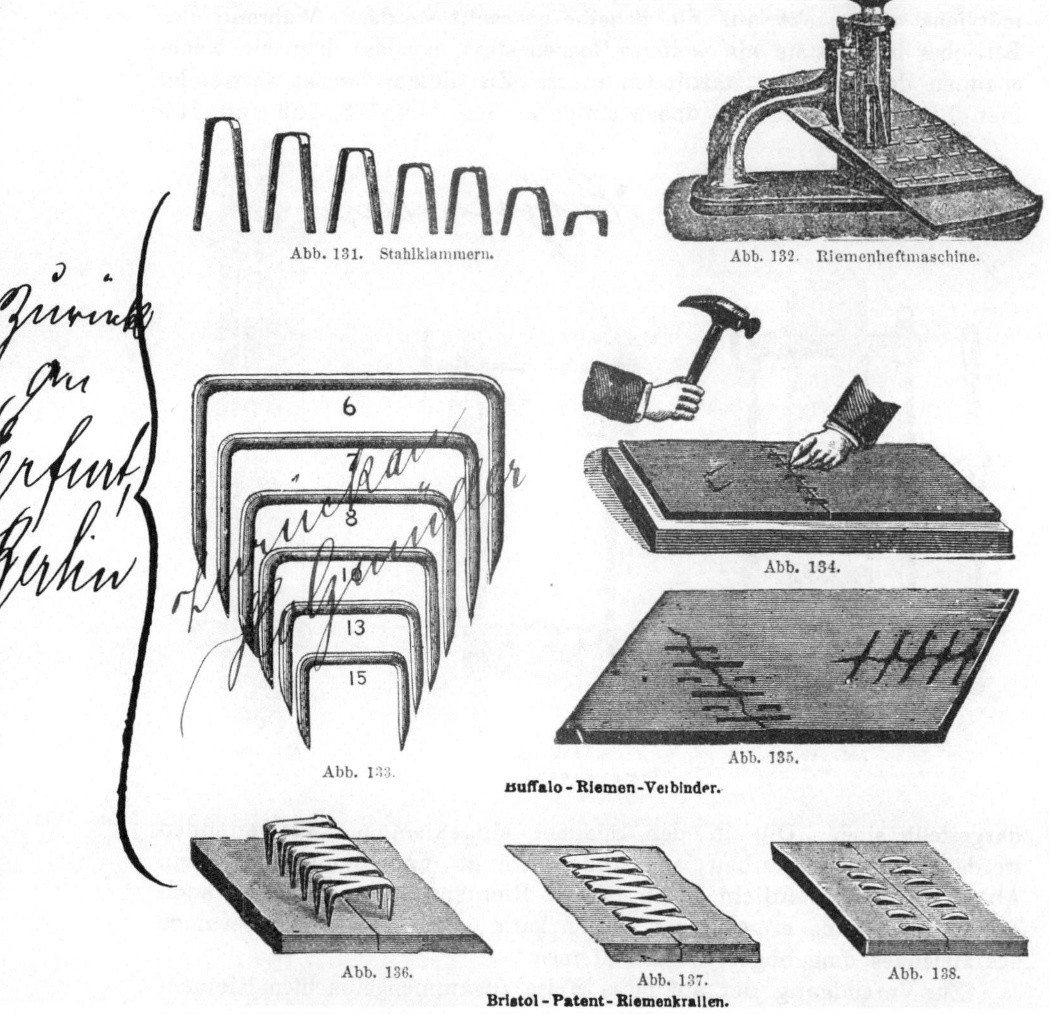

Abb. 131. Stahlklammern.

Abb. 132. Riemenheftmaschine.

Abb. 134.

Abb. 135.

Abb. 133.

Buffalo - Riemen - Verbinder.

Abb. 136.

Abb. 137.

Abb. 138.

Bristol - Patent - Riemenkrallen.

mit den ersten verfahren. Auch Reparaturen (Abb. 135) können auf
diese Weise vorgenommen werden. Diesen Verbindern sehr ähnlich
sind die Bristol-Patent-Riemenkrallen, welche in gleicher Weise für
Leder-, Stoff-, Gummi- oder Haarriemen Verwendung finden. Die auf
die rechtwinklig geschnittenen Riemenenden gesetzte Kralle (Abb. 136)
wird in dieselben vorsichtig eingeschlagen (Abb. 137), worauf man die

Spitzen auf der anderen Seite umschlägt (Abb. 138, S. 136). Sehr verbreitet sind auch Harry's gewöhnliche Riemenverbinder (Abb. 139)

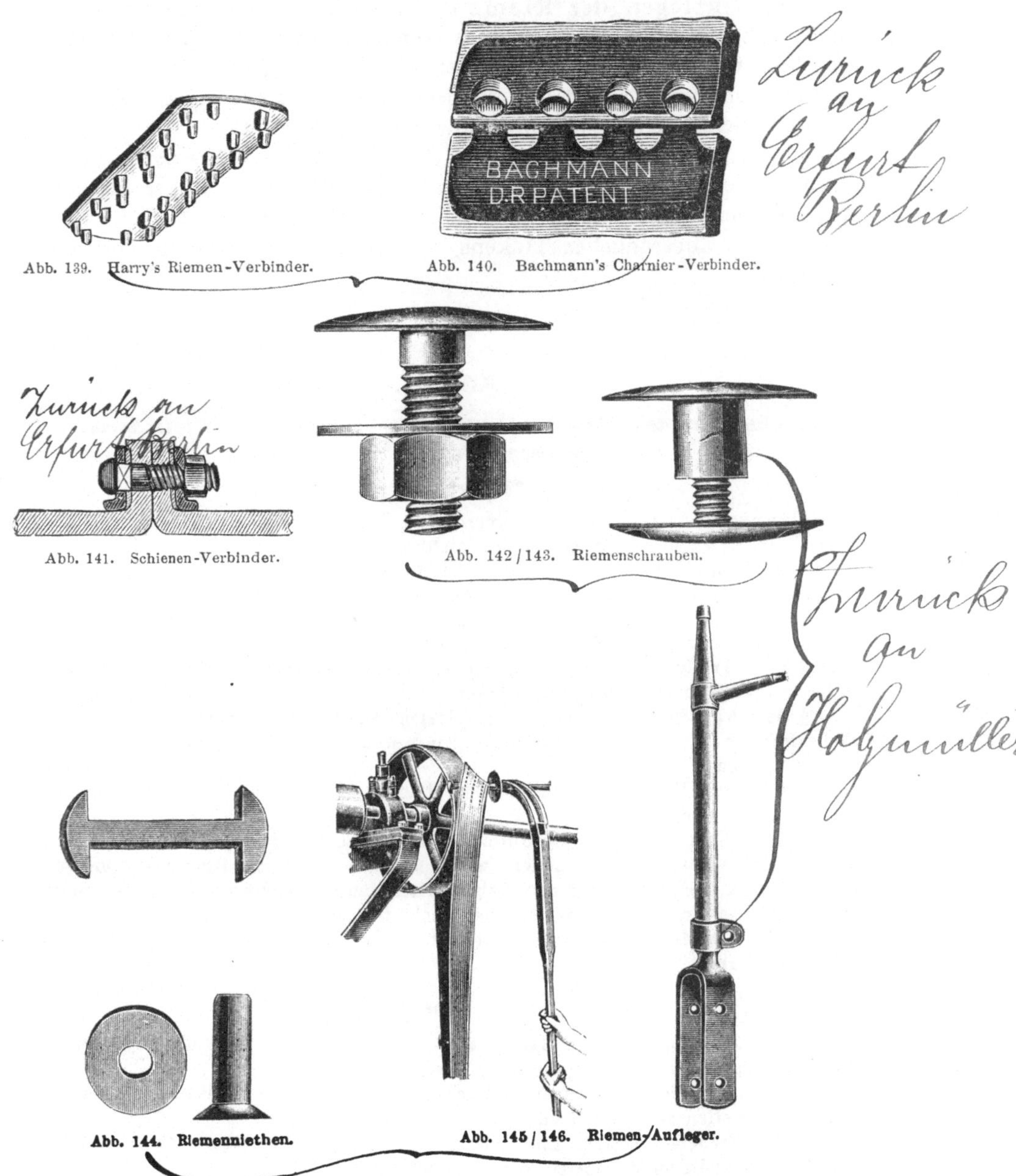

Abb. 139. Harry's Riemen-Verbinder.   Abb. 140. Bachmann's Charnier-Verbinder.

Abb. 141. Schienen-Verbinder.   Abb. 142/143. Riemenschrauben.

Abb. 144. Riemenniethen.   Abb. 145/146. Riemen-Aufleger.

und Bachmann's Charnierverbinder (Abb. 140). Erwähnt seien endlich noch die Schienenverbinder für alle Riemensorten (Abb. 141), die

Riemenschrauben (Abb. 142/143, S. 137) und die kupfernen Riemenniethen (Abb. 144, S. 137)*).

Das Auflegen der Riemen soll nach den Bestimmungen für Unfallverhütung stets mittels eines Auflegers erfolgen, wie er in den Abb. 145 und 146, S. 137 abgebildet ist. Nur der auflaufende Riemen ist leicht zu bewegen und auf die Nebenscheiben zu bringen, während der ablaufende kaum oder nur schwer zu regieren ist.

Um zu verhindern, dass ein von der treibenden Scheibe abgeglittener Riemen sich um die Welle wickelt und bei einer Reparatur den Arbeiter gefährdet, bringt man neben der Welle einen Aufhänger in Form eines abgewinkelten Hakens an, welcher den Riemen über der Welle hält.

Anhang.

Auszug aus den Unfallverhütungsvorschriften der Fleischerei-Berufsgenossenschaft vom 13. Juli 1898.

a) für Arbeitnehmer:

Transmissionen. § 57. Unverdeckte Wellenleitungen, Riemen, Seile etc die sich in Bewegung befinden, dürfen nicht überschritten werden.

§ 58. Umwehrte oder abgeschlossene Räume, innerhalb deren Transmissionen laufen, dürfen nur von besonders dazu befugten Personen betreten werden.

§ 59. Das Schmieren der Transmissionen darf nur von den hierzu bestimmten Personen und nur beim Stillstande vorgenommen werden.

§ 60. Treibriemen, Seile und Ketten dürfen während des Ganges von Hand weder aufgelegt noch abgeworfen werden.

§ 61. Abgeworfene Riemen etc. dürfen nicht mit bewegten Theilen der Wellenleitung in Berührung kommen, sondern müssen auf den dafür bestimmten Trägern liegen.

§ 62. Das Fetten und Harzen der Riemen darf nur bei langsamem Gange vorgenommen werden.

§ 63. Wenn eine die gewöhnliche Zeit des Stillstandes überdauernde Arbeit an der Transmission vorgenommen wird, so muss an zuständiger Stelle hiervon und auch von der Beendigung der Arbeit Mittheilung gemacht werden, sofern nicht die betreffende Transmission sicher ausgerückt werden kann.

§ 65. Für die Sicherung des Ausrückers bei abgestellten Maschinen ist stets Sorge zu tragen.

b) für Arbeitgeber:

§ 56. Alle bis in einer Höhe von 1,8 m über dem Fussboden liegenden Transmissionswellen sind in geeigneter Weise zu umwehren.

Wellen, welche an einzelnen Stellen überschritten werden müssen, sind an den Uebergangsstellen zu überdecken.

§ 57. Stehende Wellen sind bis zur Höhe von 1,8 m über dem Fussboden der Verkehrsstelle in geeigneter Weise zu umwehren.

---

*) Sämmtliche hier angeführte Artikel werden u. a. von den Firmen L. Holzmüller-Darmstadt und Aug. Erfurt-Berlin geliefert.

§ 58. Es ist zu verbieten, dass Treibriemen, sowie Seile und Ketten während des Ganges von Hand aufgelegt oder abgeworfen werden.

§ 59. Zum Verschieben der Riemen zwischen Los- und Festscheibe sind Riemenrücker fest anzubringen, welche für den Leerlauf sicher festgestellt werden können.

§ 60. Für abgeworfene Riemen und Seile müssen feste Träger so angeordnet sein, dass die Riemen etc. mit bewegten Theilen der Wellenleitung nicht in Berührung kommen können.

§ 61. Riemen und Seile, welche mit einer Geschwindigkeit von mehr als 10 m in der Secunde laufen, und alle Riemen von mehr als 180 mm Breite müssen in sicherer Weise unterfangen werden, sofern sie sich über einer Arbeits- oder Verkehrsstelle befinden.

§ 62. Alle Riemen sind, soweit sie niedriger als 1,8 m über dem Fussboden der Verkehrsstelle laufen, zu umwehren. Riemen, welche durch Fussböden gehen, sind mit einem 1,8 m hohen Schutzverschlag zu versehen, sofern nicht eine Umwehrung der betreffenden Transmissionsabtheilung vorhanden ist. Im letzteren Falle sind die Durchgangsöffnungen mit mindestens 0,25 m hohen Fussleisten zu umgeben.

§ 63. Das Fetten und Harzen der Riemen ist nur bei langsamem Gange der Transmission zu gestatten.

§ 64. Bei sämmtlichen bewegten Theilen von Transmissionen sind hervorstehende Keile, Schrauben und vergleichen zu vermeiden oder durch glatte Umhüllungen zu verdecken. Das Umwickeln der hervorstehenden Theile mit Lappen, Putzwolle oder dergleichen ist zu verbieten.

§ 65. Riemenscheiben, Zahnräder, Friktionsscheiben, deren niedrigster Punkt tiefer wie 1,8 m über dem Fussboden der Verkehrsstelle liegt, sind bis zu dieser Höhe in geeigneter Weise zu umwehren.

§ 66. Die Transmission ist möglichst so einzurichten, dass sie in jedem Arbeitsraume selbständig stillgestellt werden kann.

Wo eine solche Einrichtung nicht vorhanden ist, ist in den einzelnen Arbeitsräumen eine Signalvorrichtung anzubringen, mittels welcher nach der nächstliegenden Ausrückstelle hin ein Zeichen zum Stillstehen der Transmission oder nach der Kraftmaschine hin ein Zeichen zum Abstellen und Wiederanlassen gegeben werden kann.

Die Ausrückvorrichtungen sind so einzurichten, dass eine selbstthätige Inbetriebsetzung ausgeschlossen ist.

§ 67. Sämmtliche Zahngetriebe (Kammgetriebe) sind derart zu schützen, dass der Eingriff dauernd verdeckt ist.

§ 68. Sämmtliche Maschinen mit Kraftantrieb sind mit einer Vorrichtung zu versehen, mittels welcher die Ausrückung vom Standorte des Arbeiters aus leicht und sicher bewirkt werden kann (Riemenausrücker, Ausrückkuppelung etc.) Die Ausrückung muss gegen unwillkürliche Veränderung gesichert sein.

VI. Wasserbeschaffung.

Für die Versorgung der Dampfkessel mit Wasser (Speisung) giebt es, wie wir oben gesehen haben, verschiedene Methoden, es erübrigt aber noch, hier die verschiedenen Vorrichtungen zu besprechen, durch welche die Versorgung des Schlachthofes mit Wasser erfolgen kann.

Brunnenanlagen im allgemeinen. Vielfach sind die Schlachthöfe an die allgemeine städtische Wasserleitung angeschlossen. Wo
dieses nicht geschehen — denn der Zins für das für Schlachthofzwecke
meist zu gute Wasser pflegt die Kasse nicht unwesentlich zu belasten —
sind ein oder mehrere Behälter vorzusehen, in welche das Wasser aus
einem Brunnen gefördert wird. Bei diesen Brunnen braucht im allgemeinen nicht so sehr auf die Beschaffenheit des Wassers gesehen
zu werden, wenn es eben nur für Reinigungs- und dergleichen Zwecke
dient; dagegen kommt bei grösseren Instituten die Ergiebigkeit in
Frage, weil man durchschnittlich auf jede Schlachtung 0,30 bis 0,35 cbm
Wasser rechnen muss.

Auf Schlachthöfen mit Kühlhäusern jedoch ist nicht allein der
Wasserverbrauch ein ganz wesentlich höherer — er richtet sich nach der
jeweiligen Leistungsfähigkeit der Kühlmaschine —, sondern es kommt
alsdann auch die Temperatur des Wassers in Betracht. Diese darf
nicht höher sein als $+$ 10 bis $+$ 12°C; höher temperirtes Wasser
beeinträchtigt den Kühlmaschinenbetrieb.

Wo das Wasser nicht mit natürlichen Druck zu Tage tritt und
nur abgefangen und an die betreffenden Zapfstellen geleitet zu werden
braucht, müssen Brunnen, und zwar möglichst in der Nähe des Kesselhauses angelegt werden. Solche Brunnen, ihrer Form wegen Kesselbrunnen genannt, haben gewöhnlich einen Schacht von 1,5 bis 2,5 m
Durchmesser, sind ausgemauert und liefern bei günstiger Lage und
bei einem Durchmesser von 1 bis 1,25 m 0,5 bis 1 Ltr. Wasser in
der Secunde, bei 2 m Durchmesser 4 bis 5 Ltr. Um sicher zu gehen,
soll man aber immer nur mit ¼ dieser Menge rechnen.

Die Beschaffenheit des Wassers eines Brunnens ist abhängig von
dem Boden, in welchem er steht. Es ist im allgemeinen um so besser,
je stärker und gleichmässiger der Brunnen benutzt wird. Gewöhnlich
liefern Tiefbrunnen von mehr als 8 m Tiefe besseres Wasser als
Flachbrunnen; sie sichern eine grössere Beständigkeit des Zuflusses,
grössere Gleichmässigkeit der Temperatur und sind weniger abhängig
von Bodenverunreinigung. Bei Schlachthofanlagen muss ganz besonders
darauf geachtet werden, dass in der Nähe des Brunnens nicht die Ab-
wässer-Klärbassins und das Düngerhaus resp. die Düngerstätte errichtet
werden, vorausgesetzt, dass letztere nicht so eingerichtet ist, dass überhaupt keine Flüssigkeiten in den Erdboden sickern könne. Liegen
diese Anlagen in der Nähe des Brunnens, so ist die Gefahr einer Verunreinigung unter Umständen nicht ausgeschlossen, was dann um so
bedeutsamer ist, falls das Wasser auch für Genusszwecke Verwendung
finden soll.

In ganz kleinen Betrieben dürfte schon die Anlage eines Röhren-
oder amerikanischen Brunnens genügen. Dieselben bestehen aus ge-
walzten eisernen Gasröhren von 32 mm l. Weite und werden in ein-

zelnen aufeinander schraubbaren Enden in die Erde gerammt, bis sie die Wasserschicht erreichen. Auf das oberste Ende wird eine Handpumpe aufgeschraubt.

Für die Förderung des Wassers aus Kesselbrunnen dienen folgende Apparate:

a) Dampfstrahl-Elevatoren,
b) Pulsometer (Dampfdruckwasserheber, kolbenlose Dampfpumpe),
c) Pumpen.

a) Die *Dampfstrahl-Elevatoren* oder *Dampfstrahlpumpen* sind Apparate, bei denen Flüssigkeiten mittels eines unter Druck, also mit einer gewissen Geschwindigkeit ausströmenden Strahles einer anderen Flüssigkeit oder Luftart gefördert werden. Die hierbei erforderliche Bewegungsübertragung von der bewegenden auf die Förderflüssigkeit findet nicht, wie z. B. bei den Kolbenpumpen, durch direkten Druck, sondern durch die bei der Ausströmung angesammelte lebendige Kraft statt. Der sich hierbei abspielende Vorgang ist in Abb. 147 veranschaulicht. Aus dem kugelförmigen Mundstück E, einer sogen. Düse, des Rohres B tritt ein Strahl aus und reisst die ihn umgebende Flüssigkeit, welche

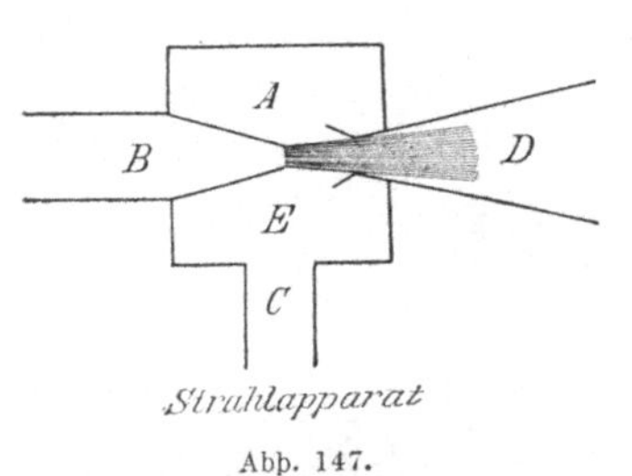

Strahlapparat

Abb. 147.

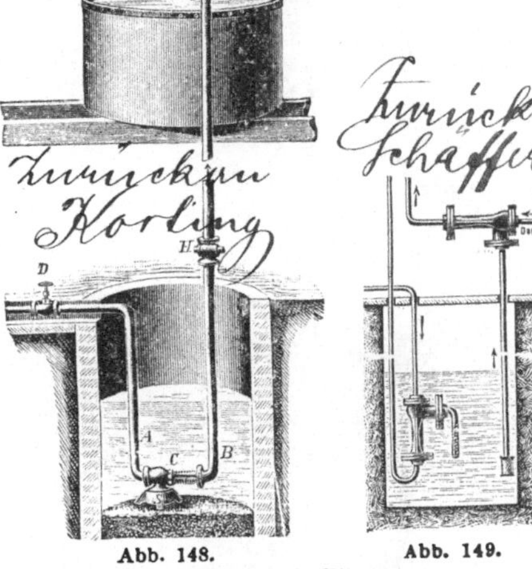

Abb. 148.   Abb. 149.
Dampfstrahl-Elevatoren
von Körting.   von Schaeffer & Budenberg.

durch Rohr C in das Gefäss A tritt, mit sich in die sogen. Fangdüse des Rohres D. Die beim Eintritt in das Rohr D in der Mischflüssigkeit vorhandene Geschwindigkeit wird durch allmähliche Erweiterung von D in Druck umgewandelt, welcher die Ueberwindung einer gewissen Steighöhe oder das Eindringen in einen unter Druck stehenden Raum gestattet.

Aus Abb. 148 (Gebr. Körting-Körtingsdorf) ist die Anordnung eines Dampfstrahl-Elevators zum Fördern von Wasser aus einem Brunnen ersichtlich. Mit A ist das Dampfrohr, mit B das Wassersteigerohr, mit C der Elevator und mit S das Saugsieb bezeichnet.

Auch Schaeffer & Budenberg-Magdeburg fertigen solche Elevatoren und zwar saugende (Abb. 149, rechts) und nicht saugende (Abb. 149, links).

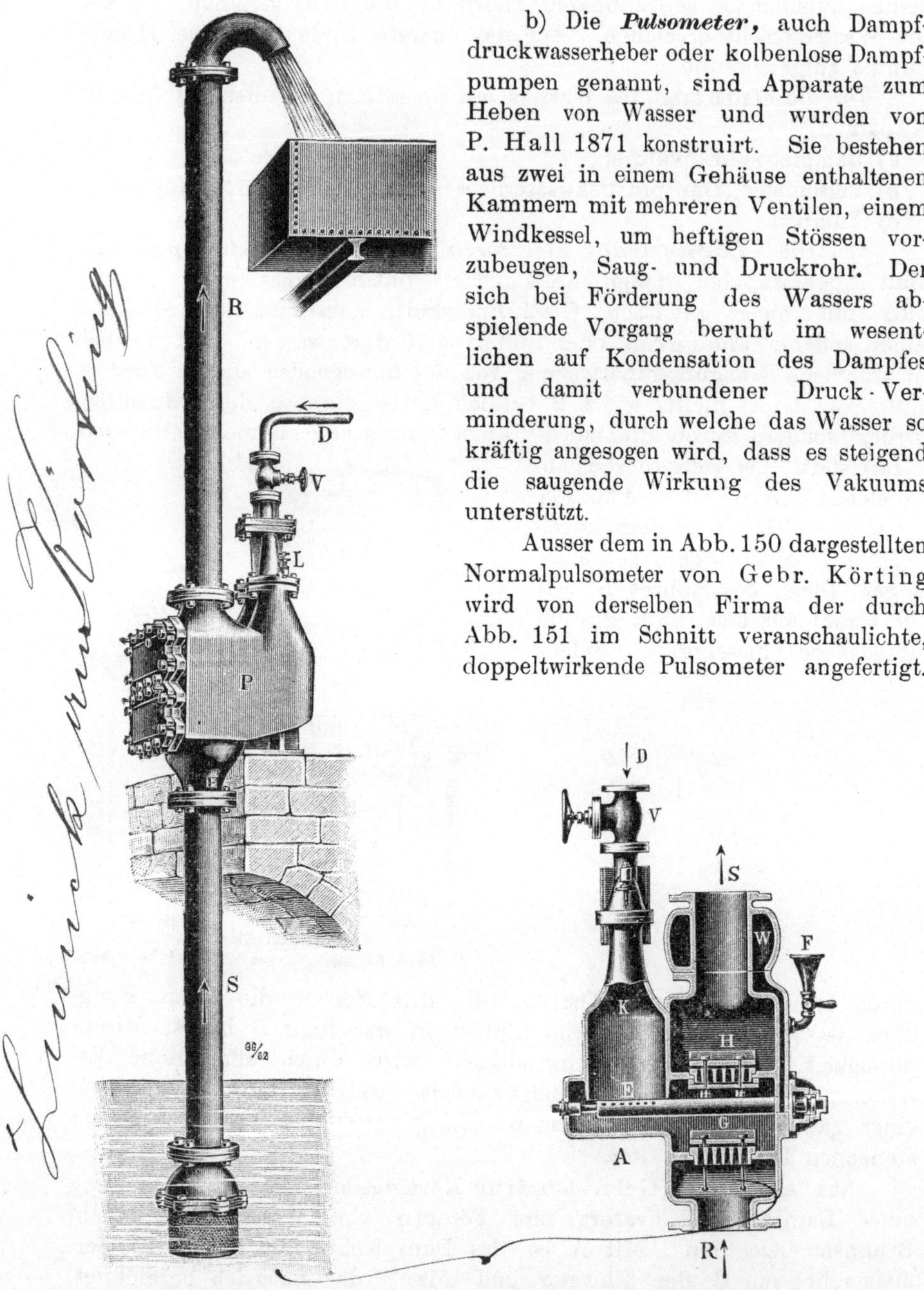

b) Die *Pulsometer*, auch Dampfdruckwasserheber oder kolbenlose Dampfpumpen genannt, sind Apparate zum
Heben von Wasser und wurden von
P. Hall 1871 konstruirt. Sie bestehen
aus zwei in einem Gehäuse enthaltenen
Kammern mit mehreren Ventilen, einem
Windkessel, um heftigen Stössen vorzubeugen, Saug- und Druckrohr. Der
sich bei Förderung des Wassers abspielende Vorgang beruht im wesentlichen auf Kondensation des Dampfes
und damit verbundener Druck - Verminderung, durch welche das Wasser so
kräftig angesogen wird, dass es steigend
die saugende Wirkung des Vakuums
unterstützt.

Ausser dem in Abb. 150 dargestellten
Normalpulsometer von Gebr. Körting
wird von derselben Firma der durch
Abb. 151 im Schnitt veranschaulichte,
doppeltwirkende Pulsometer angefertigt.

Abb. 150. Normalpulsometer von Körting.   Abb. 151. Doppeltwirkender Pulsometer von Körting.

Sehr verbreitete Pulsometer sind ferner von Schaeffer & Budenberg, Neuhaus u. a. m. konstruirt.

Da die Pulsometer nicht mehr Dampf verbrauchen als gute Kolbenpumpen und diesen gegenüber den Vorzug bieten, dass sie ausser den Ventilen keine beweglichen, dem Verschleiss ausgesetzten Theile enthalten und überall leicht montirt werden können, so finden sie vielfach Anwendung, zumal Verunreinigungen der zu hebenden Flüssigkeit den Betrieb nicht stören, und die Apparate weder Schmierung noch Packung gebrauchen.

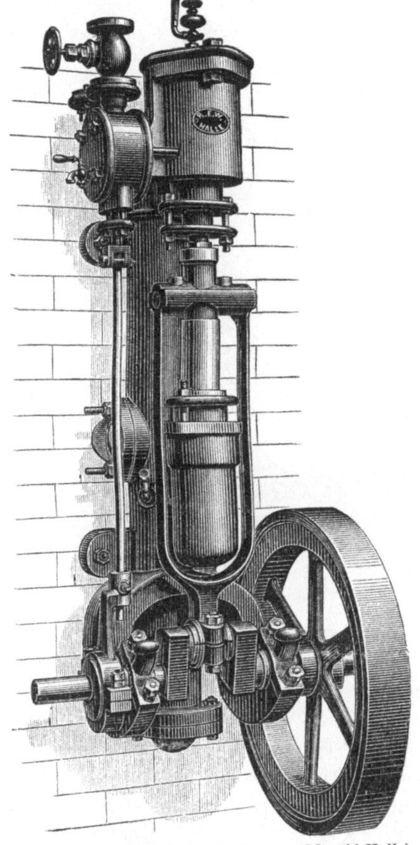

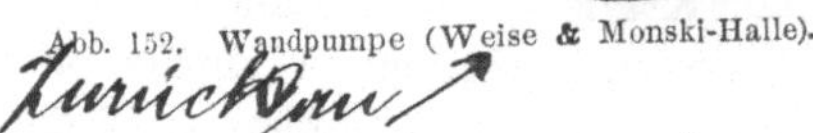

Abb. 152. Wandpumpe (Weise & Monski-Halle).

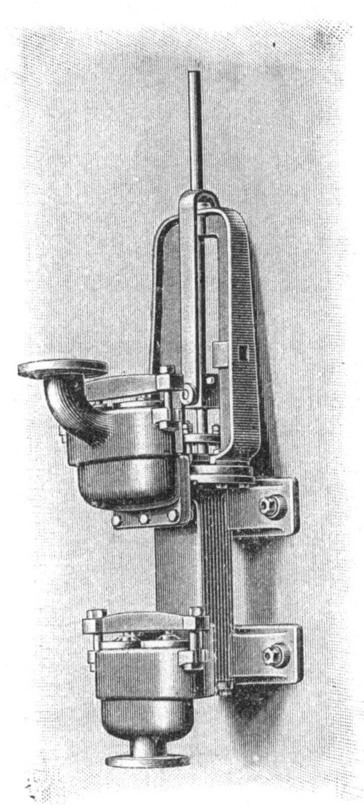

Abb. 153. Wandpumpe (L. A. Riedinger).

Die Körting'schen Pulsometer vermögen in einer Minute bei 5 m Förderhöhe bis zu 6000 und bei 20 m Förderhöhe noch immer 4500 l Wasser zu liefern. Der Preis (einschl. Ersatztheilen) schwankt je nach Leistung zwischen 180 M. (65 l bei 5 m Förderhöhe in der Minute) und 3450 M.

Die zweckmässigste Saughöhe ist bei 3 bis 4 m; die übrige Förderhöhe ist als Druckhöhe zu überwinden, indessen kann man mit der
Saughöhe bis zu 6 m gehen, wobei jedoch eine Abnahme der Leistung
eintritt.

    c) *Pumpen.* Man unterscheidet: stehende, liegende oder
hängende (Wand-) Pumpen oder ihrer Konstruktion bezw. Wirkungsweise nach:

Kolbenpumpen,
Rotationspumpen,
Centrifugalpumpen.

Abb. 154. Horizontale Duplexpumpe.

Die Konstruktion der gewöhnlichen Pumpen wird als bekannt vorausgesetzt; sie werden durch Menschenkraft betrieben und interessiren
uns hier weiter nicht. Dagegen kommen für unsere Zwecke die Pumpen
in Frage, welche durch maschinelle Kräfte: Kurbel-Mechanismen,
Balanciers u. s. w. oder durch Transmissionen, elektrischen Antrieb oder
endlich direkt durch Dampf bewegt werden. Letztere, denen eigentlich
nur die Bezeichnung »Dampfpumpe« zukommt, sind solche, die durch
eine besondere Dampfmaschine betrieben werden. Dabei unterscheidet
man Dampfpumpen mit Hilfsrotation, bei welchen die Steuerung
des Dampfcylinders von einer rotirenden Schwungradwelle aus bewirkt
wird, und solche ohne Hilfsrotation, gewöhnlich direkt wirkende ge-

nannt. Die Wahl einer dieser Typen richtet sich natürlich nach dem Bedürfniss und den örtlichen Verhältnissen, nach der Menge des vorhandenen Wassers, nach dem Platze u. s. w. Ist letzterer z. B. beschränkt,

Abb. 155. Compound - Plunger - Dampfpumpe.

so genügt, namentlich für kleinere Betriebe, eine Wandpumpe, wie sie in den Abb. 152 und 153, S. 143 abgebildet ist, vollständig. Bei stärkerem Wasserverbrauch sind die horizontalen Duplexpumpen (Abb. 154, S. 144) oder für grössere Förderhöhe (bis zu 20 m) die Duplex-Compound-Dampfpumpen ganz besonders zu empfehlen, weil ihre Leistungsfähigkeit eine

Abb. 156. Pumpe mit Riemenbetrieb.

Abb. 157. Pumpe für elektrischen Betrieb.

sehr grosse ist, die Anschaffungs- und Betriebskosten aber im Verhältniss hiorzu sehr gering sind.

Für grösseren Wasserverbrauch sollen ganz besonders die freistehenden Compound-Plunger-Dampfpumpen (Abb. 155, S. 145) geeignet sein.

Abb. 158. Kapselpumpe.

Als sehr wirksame Pumpen mit Riemenbetrieb (mit und ohne Rädervorgelege) werden die in Abb. 156, S. 146 abgebildeten, und für elektrischen Antrieb die in Abb. 157, S. 146 abgebildeten empfohlen.

Vielseitige Anwendung finden auch die Rotations- oder Kapselpumpen (Abb. 158), ebenfalls mit Riemenbetrieb. Dieselben dienen bei Kühlmaschinen auch zur Förderung der Soole u. s. w. Sie sind bedeutend billiger als die Kolbenpumpen, haben aber für gleiche Leistung höheren Kraftverbrauch. Zu gleichem Zweck verwendet man auch die in Abb. 159 abgebildeten Centrifugalpumpen. —

Ist der Wasserstand im Brunnen sehr tief, so kommt eine Gestängepumpe (Abb. 160, S. 148) in Frage. Ist der Wasserstand sehr variabel oder wurde nur ein Bohrloch zur Wassergewinnung geschlagen, so findet die in Abb. 161, S. 149 abgebildete Gestängepumpe Verwendung.

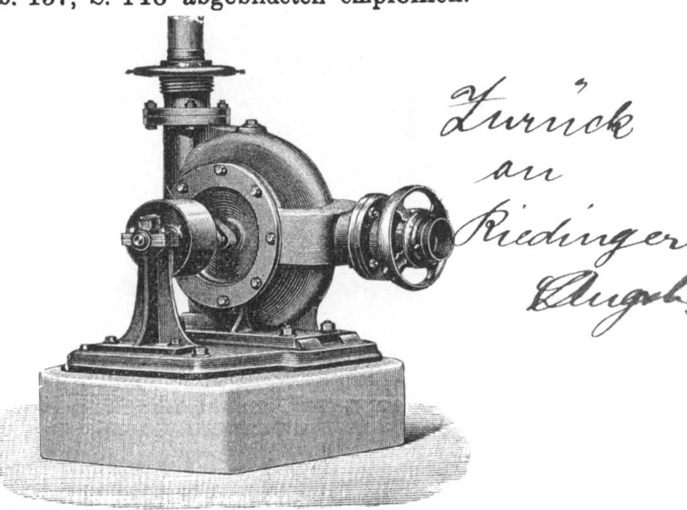

Abb. 159. Centrifugalpumpe.

Ausser den in Abb. 152/154 veranschaulichten Pumpen wird zur Kessel-speisung, über welche auf S. 37 bereits ausführlich gesprochen wurde, auch die in Abb. 162, S. 150 abgebildete Riemenbetriebspumpe vielfach verwendet.

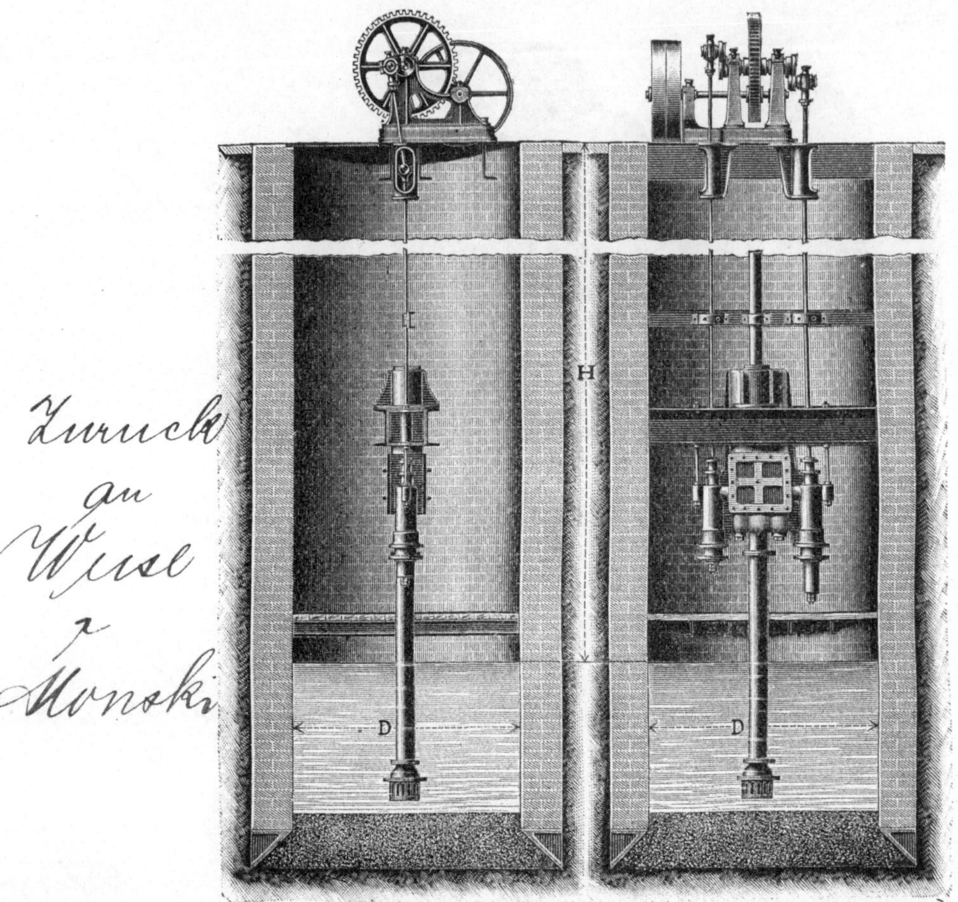

Abb. 160. Gestängepumpe.

Für die *Beschaffung warmen Wassers* giebt es zwei Mög-lichkeiten. Entweder wird dasselbe in einem besonderen, höher liegenden Reservoir auf die erforderliche Temperatur gebracht und dann den einzelnen Zapfstellen zugeführt, oder die Bereitung erfolgt an der Ver-wendungsstelle selbst.

Im ersteren Falle wird kaltes Wasser in ein eisernes Bassin ge-leitet, hier durch Heizschlangen (Abb. 163, S. 151) angewärmt und nun den in den einzelnen Räumen angebrachten Zapfstellen zugeführt. An Stelle der gewöhnlichen Niederschraubhähne kann man auch, um Wasservergeudung zu vermeiden, Hähne mit Hebelvorrichtung wählen, aus denen das Wasser nur solange läuft, als der Betreffende den Hebel hochhebt. Für die Kuttelei sind die in Abb. 164, S. 151 abgebildeten und der Maschinenbau-A.-G. vorm. Beck & Henkel-Kassel patentirten

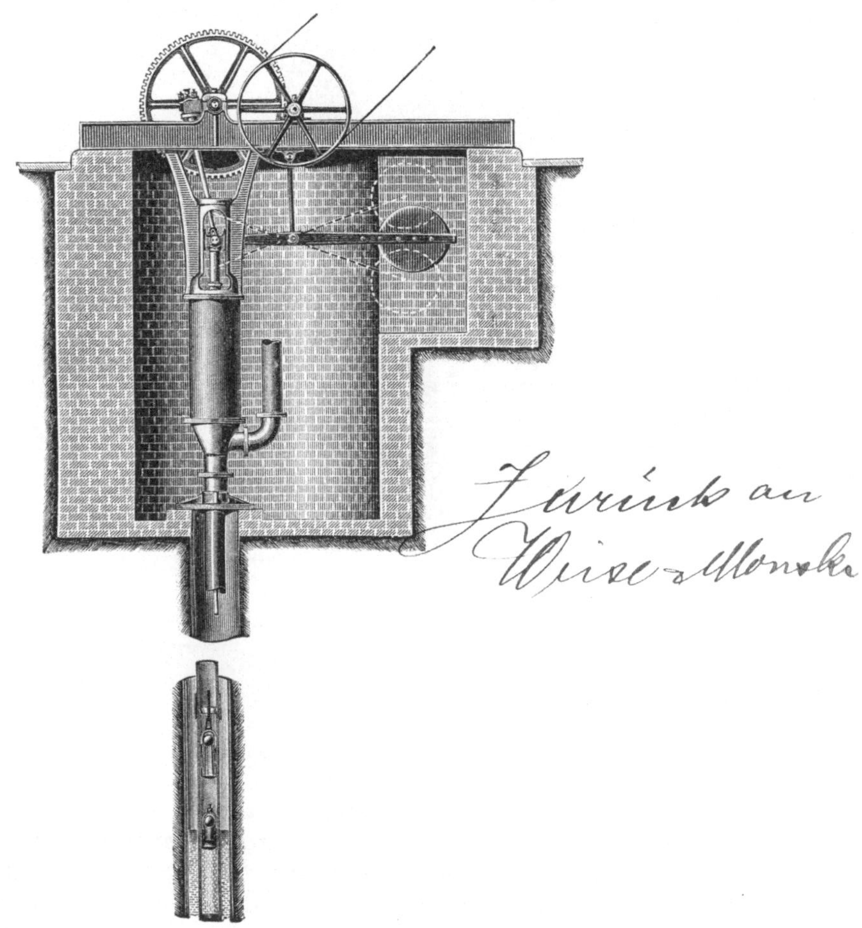

Abb. 161. Gestängepumpe.

Wassermischhähne zu empfehlen, welche sowohl die Entnahme warmen Wassers (in beliebigem Mischungsverhältniss) als auch kalten mittels eines nach zwei Becken drehbaren Auslaufs gestatten.

Statt kalten Wassers wird man natürlich, sofern vorhanden, Maschinen-Kondensationswasser zur Füllung der Bassins verwenden, durch dessen höhere Temperatur schon eine Menge Heizkraft erspart wird. Auch die Verwendung von Abdampf verbilligt eine solche Anlage nicht unwesentlich.

Uebrigens kann man das aus den (gewöhnlich kupfernen) Heizschlangen ablaufende Kondenswasser — also reines destillirtes Wasser — bei einer etwa vorhandenen Eisbereitungsmaschine sehr gut zum Füllen der Eiszellen benutzen, wodurch man bekanntlich ein schönes krystallklares und keimfreies Eis erzielt.

Abb. 162. Kesselspeisepumpe mit Riemenbetrieb.

In kleineren Schlachthöfen stellt man in der Kaldaunenwäsche auch wohl einen sog. freistehenden Warmwasserbereiter (Abb. 165/166, S. 151, Beck & Henkel-Kassel) auf. Derselbe ist aus Kesselblech gefertigt und steht auf drei Füssen. Er ist mit den nöthigen Ein- und Auslaufventilen, Ueberlaufrohr u. s. w. und einem geräuschlosen Dampfstrahlwasseranwärmer versehen. Das warme Wasser wird in Eimer gezapft und muss zu den Kaldaunenwaschgefässen getragen werden. Der Apparat dient also gewissermassen nur als ein Nothbehelf.

Die Aufspeicherung von Wärme, d. h. also die Aufstellung von Warmwasserreservoiren ist gegenüber den Apparaten, welche das heisse Wasser während des Ausfliessens erzeugen, eigentlich als Verschwendung zu bezeichnen. Abgesehen davon, dass erst eine Menge Wasser aus den Röhren abfliessen muss, bis das warme Wasser kommt, so ist auch eine Menge Dampf, also Brennmaterial nöthig, um das Wasser in dem Reservoir fortgesetzt auf höherer Temperatur zu halten.

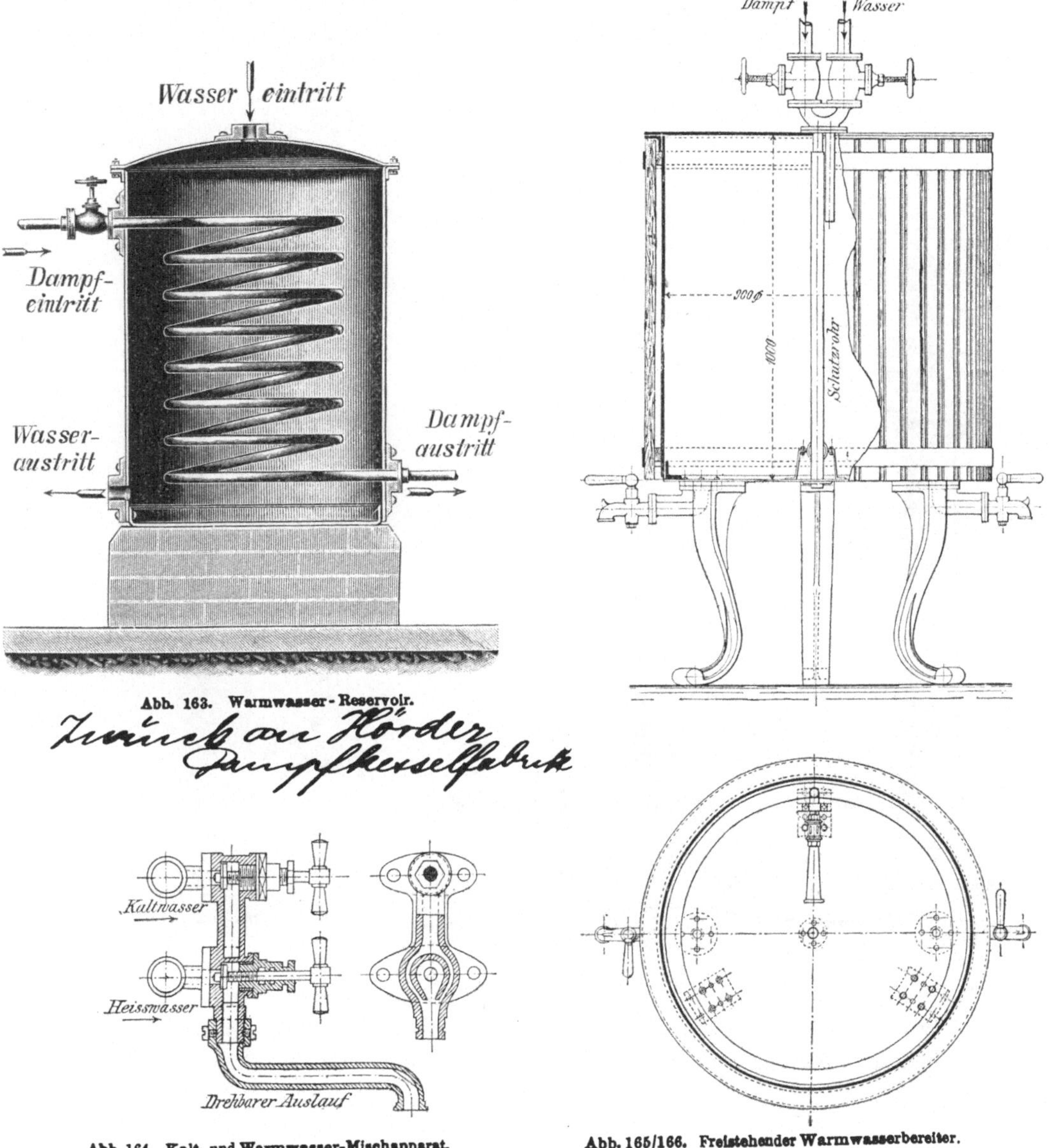

Abb. 163. Warmwasser-Reservoir.

Abb. 164. Kalt- und Warmwasser-Mischapparat.

Abb. 165/166. Freistehender Warmwasserbereiter.

Von derartigen Apparaten sind zu nennen: Die in Abb. 167, 168 und 169, S. 152 abgebildeten Gegenstrom-Apparate von H. Schaffstaedt-Giessen. Zu letzterem kann sowohl Frischdampf als auch Abdampf

der Maschine benutzt werden, ohne dass, wie beim Durchdrücken durch
eine in ein Reservoir gelegte Rohrschlange ein auf den Kolben wirkender
Rückdruck ausgeübt wird.

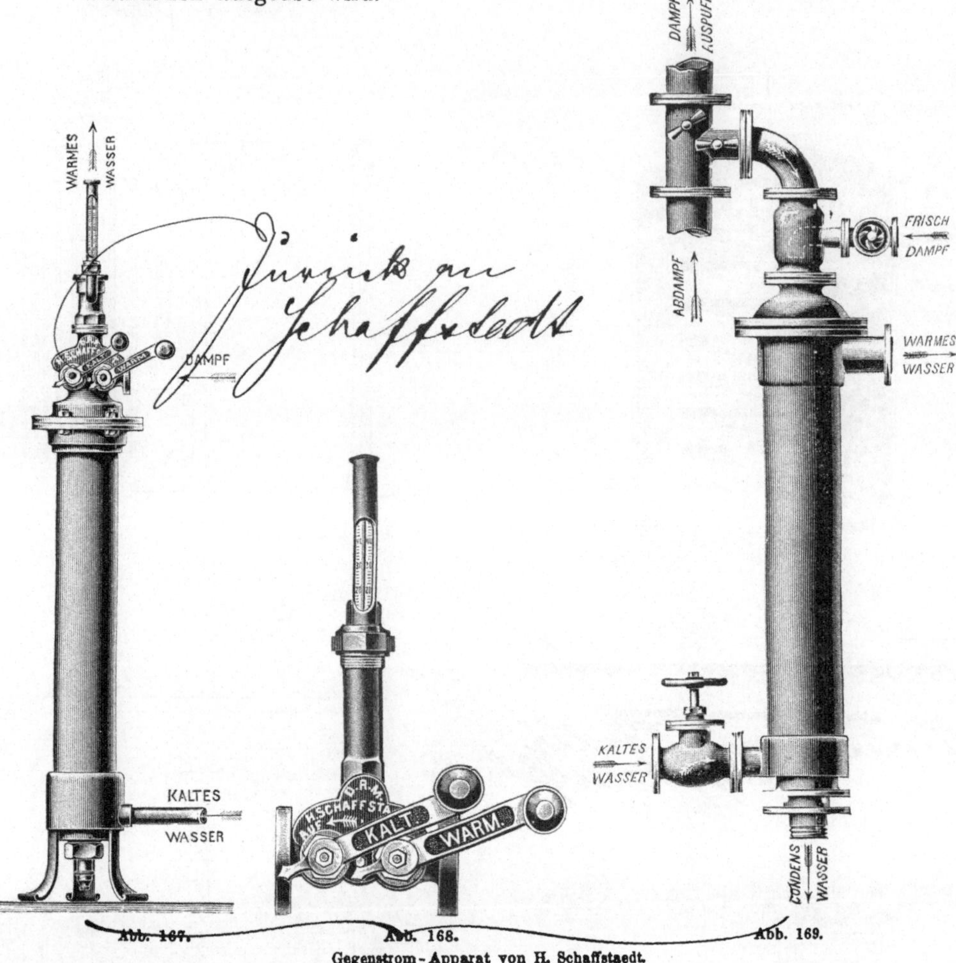

Gegenstrom-Apparat von H. Schaffstaedt.

Ferner gehören hierher die Patent-Mischapparate von Beck
& Henkel-Kassel, welche auch mit drehbarem Ausfluss ausgestattet
werden können, und die Sicherheitsmischapparate von Gebr. Körting.

Firmen-Verzeichniss*).

1. **A**dolph, Gust., Mainz.
2. **A**pparaten-Bau-Anstalt A. Bröhl-Brohl a./Rh.
3. **A**rmaturen- und Maschinen-Fabrik, A.-G., vorm. J. A. Hilpert-Nürnberg.

4. **B**echer & Comp.-Hagen-Eckesey.
5. **B**erk, H., Chemnitz.
6. **B**iertz, Joh., Viersen.
7. **B**oley, G., Esslingen a./N.
8. **B**ondy, H., & Comp.-Hohenlimburg i./W.
9. **B**reymann & Hübener-Hamburg.
10. **B**udach & Petersen-Flensburg.
11. **B**urgmann, Feodor, Dresden-B.

12. **C**ohnfeld, S. G., Zaukerode b. Dresden.
13. **C**ornely, P., & Comp.-Breslau.

14. **'D**ehne, A. L. G., Halle a./S.
15. **D**önitz, Aug., Zerbst.
16. **D**reyer, Rosenkranz & Droop-Hannover.
17. **D**üsseldorf-Ratinger Röhrenkessel-Fabrik, vorm. Dürr & Comp.-Ratingen b. Düsseldorf.

18. **E**bell, Gottfr., Neu-Ruppin.
19. **E**mmerling, Wilh., Nürnberg.
20. **E**rfurt, Aug., Berlin, N.W. 5.

21. **F**inke, Emil, Bremen.
22. **F**rankfurter Metallwerk J. Patrick-Frankfurt a./M.

23. **G**alvanische Metall-Papier-Fabrik, A.-G., Berlin, N. 39.
24. **G**arret, Smith, & Comp.-Magdeburg.
25. **G**asmotoren-Fabrik Deutz, Köln-Deutz.
26. **G**ehrkens, C. Otto, Hamburg.
27. **G**oebel, W. & R., Leipzig.
28. **G**rob, J.M., & Comp., Maschinenbau-Anstalt-Leipzig-E.
29. **G**rote, Dr. L., Uelzen i./H.
30. **G**rünzweig & Hartmann-Ludwigshafen a./Rh.
31. **G**uiremand, Rob. H., Berlin, N., Chausséestr. 96.

32. **H**aacke & Comp.-Celle.
33. **H**ack, Th. Hub., Köln a./Rh.
34. **H**olzmüller, L., Darmstadt.
35. **H**örenz, O., Dresden.
36. **H**örder Dampfkessel-Fabrik, W. Willich-Hörde i./W.
37. **H**owaldtswerke-Kiel.
38. **H**umboldt, Maschinenbau-Anstalt A.-G.-Kalk b. Köln.

39. **K**althoff, H., Walkmühle b. Kettwig.
40. **K**aniss, A. W., Wurzen i./S.
41. **K**aulhausen, J., & Sohn, Aachen.
42. **K**ayser, J. G., Maschinen-Fabrik-Nürnberg.
43. **K**empchen, Wm., sen.-Oberhausen.
44. **K**leemann, Gust., Hamburg.
45. **K**öhler & Willecke-Hannover.
46. **K**oenemann, Heinr., Nchfl.-Barmen.

47. Körting, Gebr., Körtingsdorf b. Hannover.
48. Kranenpoot, C., M.-Gladbach.
49. Kunz, Gust., A.-G., Treuen i./S.
50. Küstner, Franz, Dresden-N.

51. Lechler, Paul, Stuttgart.
52. Leipziger Dampfkessel-Fabrik Broda & Comp.-Schkeuditz-Leipzig.
53. Lohmann & Stolterfoth-Witten a. d. R.

54. Märkische Maschinenbau - Anstalt-Wetter, a. d. R.
55. Maschinen- und Armaturen-Fabrik, vorm. Klein, Schanzlin & Becker-Frankenthal (Rheinpfalz).
56. Maschinen- und Armaturen-Fabrik, vorm. L. Strube, A.-G., Magdeburg-B.
57. Maschinenbau-A.-G., vorm. Beck & Henkel-Kassel.
58. Maschinen-Fabrik Augsburg-Augsburg.
59. Maschinen - Fabrik Grevenbroich-Grevenbroich.
60. Maschinen- und Dampfkessel-Fabrik »Guilleaume-Werke«-Neustadt a. d. H.
61. Maschinenöl-Import, A.-G.-Hamburg.
62. Möller, K. & Th., G.m.b.H., Brackwede.
63. Morgner, Paul, Werdau i./S.

64. Nachtigall & Jacoby-Leipzig-R.
65. Neuhaus, M., & Comp.-Luckenwalde.
66. Nordische Elektricitäts- & Stahl-Werke-Danzig.

67. Paucksch, H., A.-G., Landsberg a./W.
68. Petry-Dereux, Dampfkessel-Fabrik-Düren.
69. Piedbeuf, Jaques, Aachen und Düsseldorf.

70. Reisser, Gust., Stuttgart, Tübingerstr. 33.
71. Reisert, Hans, Köln a./Rh.
72. Rheinhold & Comp.-Hannover.
73. Rheinische Dampfkessel - Fabrik A. Büttner & Comp.-Uerdingen.
74. Riedinger, L. A., Augsburg.
75. Roller, Jul., Frankfurt a./M.

76. Sachsenberg, Gebr., Rosslau.
77. Schaeffer & Budenberg-Magdeburg-Buckau.
78. Schaffstädt, H., Giessen.
79. Schlüter, J.,.Norddeutsches Kieselguhrwerk-Coswig.
80. Schmid, A., Zürich.
81. Schmidt & Brettschneider-Burgstädt i./S.
82. Schroeter, L., Reppen.
83. Schulze, Herm., Halle a./S.
84. Schumacher, Ww. Joh., Köln a./Rh.
85. Schwanitz, Carl, Gummiwerk-Berlin N.
86. Simonis & Lanz-Frankfurt a./M.
87. Steinmüller, L. & C., Gummersbach.
88. Sulzer, Gebr., Winterthur.

89. Tavote, Fr., Hannover.
90. Thörmer & Kroedel-Leipzig-Plagwitz.
91. Thost, A., Zwickau.

92. Vacuum Oil Company-Hamburg, Alterwall 36.

93. Walter, C., Malchow.
94. Weidner, Rich., Leipzig-Sellerhausen.
95. Weise & Monski-Halle a./S.
96. Weiss, Th., Reichenbach i./V.
97. Wilhelm, Otto, Stralsund.
98. Willmann, E., Dortmund.
99. Wolf, R., Maschinen-Fabrik-Magdeburg-Buckau.
100. Worthington-Pumpen-Compagnie, A.-G., Berlin C.

Verzeichniss der Gegenstände.

(Die Zahlen hinter den Gegenständen deuten auf die betreffenden Namen
in vorstehendem Firmenverzeichniss hin.)

Absperrventile s. Ventile.
Anwärmegebläse 47. 71.
Armaturen 3. 20. 22. 34. 43. 47. 55. 56.
   57. 64. 65. 71. 77. 90. 94.
Asbest 29. 32. 51. 72.

Balatariemen 15. 20. 26. 34. 49.
Baumwollentuchriemen 15. 20. 26. 34. 49.

Cario-Innenfeuerung 91.
Centrifugalpumpen 38. 74. 95. 99.
Cylinder-Oel s. Schmieröl.
Cylinderschmierapparate siehe Schmier-
   gefässe.

Dampfdichtungen s. Dichtungsmaterial.
Dampfentwässerungsapparate 3. 47. 56.
   64. 65. 71. 77. 88.
Dampfkessel (aller Art) 17. 24. 36. 38.
   42. 52. 54. 57. 58. 59. 60. 62. 66.
   67. 68. 69. 73. 74. 86. 87. 98. 99.
Dampfmaschinen 24. 36. 38. 42. 54. 55.
   57. 58. 59. 60. 62. 66. 67. 74. 77.
   95. 99.
Dampfpfeife 3. 22. 55. 56. 64. 71. 77.
Dampfpumpen 38. 47. 57. 58. 74. 95.
   99. 100.
Dampfstrahlpumpen s. Injektor.
Dampftrockener s. Dampfentwässerungs-
   apparate.
Dampfwasser-Ableiter siehe Dampfent-
   wässerungsapparate.
Dichtungsmaterial 1. 10. 11. 20. 22. 23.
   33. 34. 37. 43. 45. 51. 85.
Drahtglas-Schutzhülsen s. Armaturen.
Duplex-Pumpen 95.
Dynamobürsten 23.

Federbogen 3. 31. 55. 56. 77. 97.
Filter für Oel s. Oelfilter.
   »   für Wasser s. Speisewasser-Reiniger.
Fussventile 47. 77. 96.

Gasmotore 24. 25.
Gegenstrom-Apparat 78.
Gegenstrom-Vorwärmer 78.
Gliederriemen 15. 20. 26. 34. 49.
Gummidichtungen 20. 34. 45. 85.
Gummischläuche 20. 34. 45. 85.
Gummitreibriemen 45. 85.

Haartreibriemen 18. 20. 34. 49.
Hanfseile 20. 43. 49.

Indikator 16. 55. 56. 77.
Infusorit-Gloria 72.
Injektor 16. 47. 56. 65. 77.
Isolirmaterial 13. 19. 29. 30. 32. 72. 79.

Jenkins-Ventile 22. 27. 70. 77.

Kessel s. Dampfkeesel.
Kessel-Anzüge 43.
Kesselspeisewasser-Reinigungs-Apparat
   s. Speisewasser-Reiniger.
Kieselguhr s. Isolirmaterial.
Kondensations-Einrichtungen 47. 55. 58.
Kondensationswasser-Ableiter 20. 47. 55.
   56. 71. 77.
Kontroll-Uhr 56. 77.
Korkisolirmasse s. Isolirmaterial.

Liderungen s. Dichtungsmaterial.
Lokomobilen 99.
Luftpumpe 55. 59. 95.

Mannloch-Dichtungen siehe Dichtungs-
   material.
Manometer 3. 16. 55. 56. 71. 77.
Metallpackungen s. Packungen.
Mischhähne 47. 57. 77. 78.
Motore 25. 47. 65.

Oekonometer 84.
Oel-Abfüll-Apparat 8. 22.

Alphabetisches Sachregister.